普通高等教育创新型人才培养系列教材

Web开发技术实战教程

唐友　王丽辉　王佳婧　主编

化学工业出版社

·北京·

内容简介

JSP（Java Server Pages，Java 服务器页面）是由 Sun 公司倡导的、许多公司参与建立的一种动态网页技术标准。JSP 被赋予了 Java 技术的强大功能，能够为用户提供强大的技术支持；同时，JSP 继承了 Java 的优势，可以建立安全的、跨平台的动态网站。

本书从初学者的角度出发进行讲解，共 13 章，详细讲解了 JSP 的基本语法和 Web 程序设计方法。可分为三个部分：第 1 章和第 2 章是第一部分，介绍了 Web 技术概论、开发环境的搭建和 JDBC；第 3 章至第 9 章是第二部分，详细讲解了 Web 的核心开发技术；第 10 章至第 13 章是第三部分，引入真实的企业项目，揭示项目开发的真实内幕，可以让读者切身感受到项目开发带来的乐趣。

本书使用深入浅出、通俗易懂的语言阐述教材中涉及的概念，并通过结合典型翔实的 Web 应用案例、分析案例代码、解决常见问题等方式，帮助读者掌握 Web 应用程序开发的全过程。

本书附有源代码、习题、教学课件等资源，既可作为 JSP 初学者的入门教材，也可作为高等院校相关专业的教材和辅导用书，而且对 JSP 开发人员的自学也具有较高的参考价值，是一本适合广大计算机编程爱好者的读物。

图书在版编目（CIP）数据

Web 开发技术实战教程 / 唐友，王丽辉，王佳婧主编. —北京：化学工业出版社，2022.9
ISBN 978-7-122-41363-5

Ⅰ.①W… Ⅱ.①唐… ②王… ③王… Ⅲ.①网页制作工具-教材 Ⅳ.①TP393.092.2

中国版本图书馆 CIP 数据核字（2022）第 090018 号

责任编辑：韩庆利　　　　　　　　　　文字编辑：吴开亮
责任校对：宋　夏　　　　　　　　　　装帧设计：王晓宇

出版发行：化学工业出版社（北京市东城区青年湖南街 13 号　邮政编码 100011）
印　　刷：三河市航远印刷有限公司
装　　订：三河市宇新装订厂
787mm×1092mm　1/16　印张 17¼　字数 446 千字　2022 年 10 月北京第 1 版第 1 次印刷

购书咨询：010-64518888　　　　　　　　　　　　　　售后服务：010-64518899
网　　址：http://www.cip.com.cn
凡购买本书，如有缺损质量问题，本社销售中心负责调换。

定　　价：52.00 元　　　　　　　　　　　　　　　　　　　　版权所有　违者必究

前言
PREFACE

  JSP 是目前动态网站开发技术中最典型的一种，它继承了 Java 语言的优势，是一种与平台无关的开发技术，Java 技术也赋予了 JSP 为用户提供强大功能的技术支持。JSP 实现了动态页面与静态页面的分离，脱离了硬件平台的束缚，提高了执行效率而成为互联网上的主流开发技术，已经越来越受到编程者的关注和喜爱。

  JSP 虽然综合性地包括了 Java 和 HTML 这两类语法，但不能通过简单地使用 JSP，让它集显示、业务逻辑和流程控制于一身，因为用这种方式开发出来的 Web 应用程序难以维护，所以对 JSP 使用观念的建立，以及对 JavaBean、数据库、Servlet 等技术的了解运用，是利用 JSP 开发复杂的商业级网站的重点。为了让读者在学习的过程中能够彻底掌握相关概念，除了基本语法介绍外，还将重点集中在面向对象的观点和 JSP 程序架构方面。

  要使用 Java Web 进行企业级应用开发，首先就要学会 JSP/Servlet 与 Tomcat、MySQL（或其他数据库）相结合的技术。在学习 JSP 时，还必须掌握一些外延技术，如 HTML 的基础知识、CSS 和 JavaScript 的技术，并且还要了解 XML。在学习 JSP/Servlet 的过程中，应该结合 JDBC、数据库开发等知识进行一些实际 Java Web 项目的开发。待读者掌握了这些技术后，就可以不断地扩展知识面，进一步学习 Struts2、Spring、Hibernate 及各种 Web 框架技术等。

  本书的读者需要具有 Java 和数据库的基础知识。本书基于 Java Web 开发中最常用到的 JSP+Servlet+JavaBean 技术，采用基础知识案例和任务案例相结合的编写方式，通过基础知识案例的讲解，结合任务案例的巩固，详细讲解了这些技术的基本知识和使用方法，力求将一些非常复杂、难以理解的思想和问题简单化，让读者能够轻松理解并快速掌握 Web 技术的技能点。本书对每个知识点都进行了深入的分析，并针对知识点精心设计了示例、案例和综合任务，用以提高读者的实践操作能力。

  全书共分为 13 章，具体如下。

  第 1 章讲解了 Java Web 开发的一些基础技术，包括 XML、HTTP 和 Tomcat 服务器的使用，学习完本章，要求读者熟悉 XML 的语法、约束，HTTP 请求消息、HTTP 响应消息，掌握 Tomcat 安装和启动，以及在 Eclipse 中配置 Tomcat 的方法。

  第 2 章主要讲解了 JDBC 的相关知识，学习完本章，要求读者能够熟练使用 JDBC 操作数据库，实现对数据库中数据的增、删、改、查。

第 3 章至第 9 章讲解了 Web 的核心开发技术，主要介绍了前台页面与后台服务器交互必备的技术。学习完上面章节，要求读者学会编写简单的 Servlet 和 JSP，掌握 HttpServletRequest 对象和 HttpServletResponse 对象的使用，学会使用 Cookie 和 Session 保存信息，熟练使用 EL 和 JSTL 获取和输出信息，并能够编写过滤器和监听器实现特定的功能。

第 10 章至第 13 章是真实企业项目物业管理系统。其中第 10 章对比了 JSP 开发模型及 MVC 设计模式，以及介绍了它们的特点和发展历程。第 11 章介绍了项目环境的搭建。第 12 章介绍了前台程序的实现，包括管理员功能、业主信息、房产信息、通知公告、故障报修等功能。第 13 章介绍了后台程序的实现，包括系统用户注册和登录功能模块、业主信息管理模块、房产信息管理模块、通知公告管理模块和故障报修管理模块等。在学习物业管理系统综合项目时，要求读者能够根据项目需求搭建项目环境，并能够独立分析、编写各功能模块的实现代码。

本书由吉林农业科技学院唐友、王丽辉、王佳婧任主编，西南民族大学王嘉博、吉林农业大学毕春光、珠海世纪鼎利科技有限公司韩庆安任副主编，大连校联科技有限公司林建参编。作者编写分工如下：第 1~5 章由王丽辉编写；第 6~9 章由王佳婧编写；第 10 章由韩庆安编写；第 11 章由唐友编写；第 12 章和第 13 章 1~2 节由王嘉博编写；第 13 章 3~6 节由毕春光编写；第 13 章 7~8 节由林建编写。全书由唐友统稿。本书编写还得到了各单位有关领导的大力支持，在这里深表谢意。

由于时间仓促，加之水平有限，书中不足之处在所难免，敬请读者批评指正。欢迎各界专家和读者朋友们给予宝贵意见，我们将不胜感激。

编者

目录
CONTENTS

第 1 章　Java Web 概述 ··· 001
- 1.1　XML 基础 ··· 002
  - 1.1.1　XML 概述 ··· 002
  - 1.1.2　XML 语法 ··· 004
  - 1.1.3　DTD 约束 ··· 007
  - 1.1.4　XML Schema 约束 ·· 014
- 1.2　HTTP ·· 020
  - 1.2.1　HTTP 概述 ·· 021
  - 1.2.2　HTTP 请求消息 ·· 024
  - 1.2.3　HTTP 响应消息 ·· 028
- 1.3　Web 开发的相关知识 ·· 030
  - 1.3.1　B/S 架构和 C/S 架构 ·· 030
  - 1.3.2　Web 开发背景知识 ·· 031
- 1.4　Tomcat ·· 033
  - 1.4.1　Tomcat 简介 ·· 033
  - 1.4.2　Tomcat 的安装 ··· 033
- 1.5　本章小结 ·· 037

第 2 章　JDBC ··· 038
- 2.1　什么是 JDBC ··· 038
- 2.2　JDBC 常用 API ·· 039
  - 2.2.1　Driver 接口 ·· 039
  - 2.2.2　DriverManager 类 ··· 039
  - 2.2.3　Connection 接口 ·· 039
  - 2.2.4　Statement 接口 ·· 040

		2.2.5 PreparedStatement 接口	040
		2.2.6 ResultSet 接口	041
	2.3	实现第一个 JDBC 程序	042
	2.4	PreparedStatement 对象	047
	2.5	ResultSet 对象	049
	2.6	本章小结	054

第 3 章 Servlet 基础 ……………………………………………………………… 055

- 3.1 Servlet 概述 …………………………………………………………… 055
- 3.2 Servlet 开发入门 ……………………………………………………… 056
  - 3.2.1 Servlet 接口及其实现类 …………………………………… 056
  - 3.2.2 实现第一个 Servlet 程序 …………………………………… 058
  - 3.2.3 Servlet 的生命周期 ………………………………………… 065
- 3.3 Servlet 应用 …………………………………………………………… 067
- 3.4 ServletConfig 和 ServletContext ……………………………………… 071
  - 3.4.1 ServletConfig 接口 ………………………………………… 071
  - 3.4.2 ServletContext 接口 ………………………………………… 073
- 3.5 本章小结 ……………………………………………………………… 078

第 4 章 请求和响应 ……………………………………………………………… 079

- 4.1 HttpServletResponse 对象 …………………………………………… 080
  - 4.1.1 发送状态码的相关方法 ……………………………………… 080
  - 4.1.2 发送响应消息头的相关方法 ………………………………… 080
  - 4.1.3 发送响应消息体的相关方法 ………………………………… 082
- 4.2 HttpServletResponse 应用 …………………………………………… 083
  - 4.2.1 解决中文输出乱码问题 ……………………………………… 083
  - 4.2.2 请求重定向 …………………………………………………… 084
- 4.3 HttpServletRequest 对象 ……………………………………………… 086
  - 4.3.1 获取请求行信息的相关方法 ………………………………… 086
  - 4.3.2 获取请求消息头的相关方法 ………………………………… 088
- 4.4 HttpServletRequest 应用 ……………………………………………… 090
  - 4.4.1 获取请求参数 ………………………………………………… 090
  - 4.4.2 通过 HttpServletRequest 对象传递数据 …………………… 093
- 4.5 RequestDispatcher 对象的应用 ……………………………………… 093
  - 4.5.1 RequestDispatcher 接口 …………………………………… 093

	4.5.2 请求转发	094
	4.5.3 请求包含	095
4.6	本章小结	097

第5章 会话技术 098

5.1	会话技术概述	098
5.2	Cookie 对象	099
	5.2.1 Cookie	099
	5.2.2 Cookie API 介绍	101
5.3	Session 对象	104
	5.3.1 Session	104
	5.3.2 Session API 介绍	104
	5.3.3 Session 超时管理	105
5.4	本章小结	111

第6章 JSP 技术 112

6.1	JSP 概述	112
	6.1.1 什么是 JSP	112
	6.1.2 编写第一个 JSP 文件	113
	6.1.3 JSP 运行原理	113
6.2	JSP 基本语法	114
	6.2.1 JSP 脚本元素	115
	6.2.2 JSP 注释	119
6.3	JSP 指令	121
	6.3.1 page 指令	122
	6.3.2 include 指令	127
6.4	JSP 隐式对象	128
	6.4.1 隐式对象的概述	128
	6.4.2 out 对象	129
	6.4.3 pageContext 对象	131
	6.4.4 exception 对象	133
6.5	JSP 动作标记	134
	6.5.1 <jsp:include>动作标记	134
	6.5.2 <jsp:forward>动作标记	137
6.6	本章小结	139

第 7 章 EL 和 JSTL 140

7.1 初识 JavaBean 140
7.1.1 什么是 JavaBean 141
7.1.2 访问 JavaBean 的属性 141

7.2 EL 146
7.2.1 初始 EL 146
7.2.2 EL 中的标识符 146
7.2.3 EL 的保留字 147
7.2.4 EL 中的变量 147
7.2.5 EL 中的常量 149
7.2.6 EL 中的运算符 149
7.2.7 EL 隐式对象 152

7.3 JSTL 157
7.3.1 什么是 JSTL 157
7.3.2 JSTL 的安装和测试 158
7.3.3 JSTL 中的 Core 标记库 159

7.4 本章小结 170

第 8 章 Servlet 高级功能 171

8.1 Filter 171
8.1.1 什么是 Filter 171
8.1.2 Filter 接口 173
8.1.3 创建第一个 Filter 类 173
8.1.4 Filter 配置 175
8.1.5 FilterConfig 接口 179
8.1.6 Filter 链 182

8.2 Listener 186
8.2.1 Servlet 事件监听器概述 187
8.2.2 任务 188

8.3 本章小结 199

第 9 章 数据库连接池与 DBUtils 工具 200

9.1 数据库连接池 201
9.1.1 什么是数据库连接池 201

	9.1.2　DataSource 接口	202
	9.1.3　DBCP 连接池	203
	9.1.4　C3P0 连接池	206
9.2	DBUtils 工具	208
	9.2.1　DBUtils 工具介绍	208
	9.2.2　QueryRunner 类	208
	9.2.3　ResultSetHandler 接口	212
	9.2.4　ResultSetHandler 实现类	215
9.3	本章小结	218

第 10 章　JSP 开发模型 ····· 219

10.1	JSP 开发模型概述	219
10.2	MVC 设计模式	220
10.3	本章小结	224

第 11 章　物业管理系统 ····· 225

11.1	项目概述	225
	11.1.1　需求分析	226
	11.1.2　功能结构	226
	11.1.3　项目预览	226
11.2	项目设计	227
	11.2.1　系统设计	227
	11.2.2　数据库设计	228
	11.2.3　项目环境搭建	230
11.3	本章小结	230

第 12 章　物业管理系统前台程序 ····· 231

12.1	管理员功能	232
12.2	业主信息	236
12.3	房产信息	237
12.4	通知公告	238
12.5	故障报修	240
12.6	其他功能	241
12.7	本章小结	242

第13章 物业管理系统后台程序 243

13.1 后台管理系统概述 243
13.2 系统用户注册和登录功能模块 244
13.2.1 增加一条房产信息的后台实现 244
13.2.2 修改/删除一条房产信息的后台实现 246
13.3 业主信息管理模块 252
13.4 房产信息管理模块 254
13.5 通知公告管理模块 256
13.6 故障报修管理模块 258
13.7 物业管理系统后台的工具类 261
13.7.1 数据库连接工具 261
13.7.2 加密工具 263
13.8 配置文件 263
13.9 本章小结 265

参考文献 266

第1章 Java Web概述

- 了解 XML 的概念，可以区分 XML 与 HTML 的不同。
- 掌握 XML 语法，学会定义 XML。
- 熟悉 DTD 约束，会使用 DTD 对 XML 文档进行约束。
- 掌握 XML Schema 约束，熟练使用 XML Schema 对 XML 进行约束。
- 了解 HTTP 消息，明确 HTTP 1.0 和 HTTP 1.1 的区别。
- 熟悉 HTTP 请求行和常用请求头字段的含义。
- 熟悉 HTTP 响应状态行和响应消息头的含义。
- 掌握在 Eclipse 中配置 Tomcat 服务器的方法。

源文件

在现实生活中，计算机系统、数据库系统或网络系统中存储数据的方式多种多样，对于开发者来说，最消耗时间的就是在遍布网络的系统之间存储和交换数据。如何快速有效地存储和交换数据是 XML（Extensible Markup Language，可扩展标记语言）存在的意义。将系统中的数据转换或保存为 XML 格式，将会大幅降低交换数据的复杂性，并且这些数据能够被不同的程序读取，可提高数据的交互能力。XML 允许用户自己定义标记（也称标识），它是一种能够创建标记语言的元语言，某些 Web 应用可能并没有用到数据库独有的一些特性，如数据的关联、数据的一致性、隔离性、持续性等，而仅仅是查询数据而已，这种情况就非常适合使用 XML，这些 XML 数据不仅占用较小的存储空间，还可以提高程序运行的效率。XML 正在成为遍布网络的系统之间交互信息所使用的主要语言，并且适合作为各种数据存储和共享的通用平台，它在计算机和网络等领域起着举足轻重的作用。

1.1 XML 基础

1.1.1 XML 概述

（1）什么是 XML

XML 是 Internet（互联网）环境中跨平台的、依赖于内容的技术，是当前处理分布式结构信息的有效工具，它可以简化文档信息在 Internet 中的传输。XML 不仅满足 Web 应用开发人员的需要，而且还适用于电子商务、电子政务、数据交换等多个领域。

XML 是一套定义语义标记的规则，这些标记将文档分成许多部件并对其加以标识。它也是元标记语言，可以定义其他与特定领域有关的、语义的、结构化的标记。可扩展标记语言是 SGML（Standard Generalized Markup Language，标准通用标记语言）的子集，其目标是允许普通的 SGML 在 Web 上以 HTML（Hyper Text Markup Language，超文本标记语言）的方式被服务、接受和处理。XML 的定义方式易于实现，并且可以在 SGML 和 HTML 中进行操作。

XML 由 XML 工作组（原先的 SGML 编辑审查委员会）开发，此工作组由 World Wide Web Consortium（W3C）在 1996 年主持成立。工作组由 Sun Microsystems（以下简称 Sun 公司）的 Jon Bosak 负责，同样由 W3C 组织的 XML SIG（Special Interest Group，原先的 SGML 工作组）也积极参与了 XML 工作组的工作。

XML 最初的设计目标如下：
① XML 应该可以直接用于 Internet；
② XML 应该支持大量不同的应用；
③ XML 应该与 SGML 兼容；
④ 处理 XML 文件的程序应该容易编写；
⑤ XML 中的可选项应无条件地保持最少，理想状况下应该为 0 个；
⑥ XML 文件应该是可以直接阅读的、条理清晰的；
⑦ XML 的设计应能快速完成；
⑧ XML 的设计应该是形式化的、简洁的；
⑨ XML 文件应易于创建；
⑩ XML 标记的简洁性是最后考虑的目标。

下面是一段 XML 示例文档：

```xml
<mybook>
<title>人类简史</title>
<author>尤瓦尔·赫拉利</author>
<publisher>中信出版社</publisher>
<date>201411</date>
</mybook>
```

注意：
① 这段代码仅仅能让读者感性认识 XML，并不能实现具体应用。
② 其中类似<title>、<author>的语句就是自己创建的标记（Tag），它们和 HTML 标记不一样，例如这里的<title>是文章标题的意思，而在 HTML 中<title>指页面标题。

(2) XML 与 HTML 的比较

XML 不同于 HTML，超文本标记语言定义了一套固定的标记，用来描述一定数目的元素。例如 HTML 文档包括了格式化、结构和语义的标记。<B>就是 HTML 中的一种格式化标记，它使其中的内容变为粗体。<TD>是 HTML 中的一种结构标记，指明内容是表中的一个单元。XML 是一种元标记语言，用户可以定义自己需要的标记。这些标记必须根据某些通用的规则来创建，具有较大的灵活性。例如，若用户正在处理与学籍有关的内容，需要描述学生的学号、姓名、年龄、电话号码、家庭住址等信息，就必须创建用于每项的标记。新创建的标记可在文档类型定义（Document Type Definition，DTD）或是 XML Schema（XML 模式）中加以描述，而关于如何显示这些标记的内容则由附加在文档上的样式表提供。

例如，在 HTML 中，一首歌可以用定义标题的标记<dt>、定义数据的标记<dd>、无序的列表标记<ul>或列表项标记<li>来描述。但是事实上这些标记没有一个是与音乐有关的。

用 HTML 定义的歌曲如下：

```
<dt>金曲 1</dt>
<dd>我们的生活充满阳光</dd>
<ul>
<li>词：集体</li>
<li>曲：吕远</li>
</ul>
```

而在 XML 中，同样的数据可能标记为：

```
<SONG>
<TITLE>我们的生活充满阳光</TITLE>
<COMPOSER>集体</COMPOSER>
<LYRICIST>吕远</LYRICIST>
</SONG>
```

在这段代码中没有使用通用的标记，如<dt>和<li>等，而是使用了具有特别意义的标记，如<SONG>、<TITLE>、<COMPOSER>等。这种用法具有许多优点，包括源代码易于阅读、代码的含义简单明了等。

(3) XML 的优越性

XML 的优点主要表现在以下各方面。

① 为开发灵活的 Web 应用软件提供技术。数据一旦建立，XML 就能被发送到其他应用软件、对象或者中间层服务器以做进一步的处理，也可以被发送到桌面浏览器进行浏览。XML 和 HTML、脚本、公共对象模式一起共同为灵活的三层 Web 应用软件的开发提供了所需的技术。

② 是不同来源数据的集成。XML 能够使不同来源、结构化的数据很容易地结合在一起。软件代理商可以在中间层服务器对从后端数据库和其他应用发来的数据进行集成；然后，数据就能被发送到客户端或其他服务器上做进一步的集成、处理和分发。

③ 是由多种应用得到的数据。XML 的扩展性和灵活性允许它描述不同种类应用软件中的数据，同时，由于基于 XML 的数据是自我描述的，数据不需要有内部描述就能被交换和处理。

④ 本地计算和处理。XML 格式的数据发送给客户端后，客户端可以用应用软件解析数据并对数据进行编辑和处理。使用者可以用不同的方法处理数据，而不仅仅是显示它。XML 文档对象模式（DOM）允许用脚本或其他编程语言处理数据。此外，数据计算不需要回到服务器就能进行。以往只能建立在高端数据库上的 Web 软件，现在利用 XML 就能设计出来。

⑤ 数据的多样显示。数据发到桌面后，能够用多种方式显示，通过简单、开放、扩展

的方式描述结果化的数据。XML 补充了 HTML，被广泛地用来描述使用者界面。HTML 描述数据的外观，而 XML 描述数据本身，可以实现数据显示与内容分开。XML 定义的数据允许指定不同的显示方式，使数据更合理地表现出来。

⑥ 在 Web 上发布数据。由于 XML 是一个开放的、基于文本的格式，它可以和 HTML 一样使用 HTTP（超文本传输协议）进行传送，不需要对现存的网络进行改变。

⑦ 升级性。由于 XML 彻底把标识的概念同数据的显示分开，处理者能够在结构化的数据中嵌套程序化的描述，以表明如何显示数据。它使客户计算机同使用者间的交互尽可能地减少了，同时也减少了服务器的数据交换量和浏览器的响应时间。

⑧ 压缩性。XML 的压缩性能很好，因为用于描述数据结构的标签可以重复使用。XML 数据是否压缩不仅要根据应用来定，还取决于服务器与客户端之间数据的传送量。

（4）XML 应用

如何应用 XML 呢？在介绍这个内容之前，有一点必须明确，设计 XML 的目的是存储数据、携带数据和交换数据，而不是仅仅显示数据。可以应用 XML 进行如下工作。

① 使用 XML 从 HTML 文件中分离数据。XML 数据同样可以以"数据岛"的形式存储在 HTML 页面中。此时程序员仍然可以集中精力到 HTML 格式化的使用和数据的显示上。

② XML 用于交换数据。传统 EDI（Electronic Data Interchange，电子数据交换）的使用标准缺乏灵活性和可扩展性。使用 XML，程序能够理解在交换数据中所表示的商务数据及概念，并且可以根据明确的商务规则来进行数据处理。

③ 数据库领域。XML 文档可以定义数据结构，代替数据字典，用程序输出建库脚本。应用"元数据模型"技术，可以对数据源中不同格式的文件数据，按照预先定义的 XML 模板，以格式说明文档结构统一描述并提取数据或做进一步的处理，最后将其转换为 XML 格式输出。XML、数据库、网页或文档中的表格可以相互转换。

从技术上讲，XML 只是一种简单的信息描述语言。但从应用角度上说，XML 的价值就远不止是一种信息的表达工具了。事实上，借助 XML 可以准确地表示几乎所有类型的数字化信息，可以清晰地解释信息的内涵和信息之间的关联，也可以在最短的时间内准确地定位我们需要的信息资源。

总之，XML 使用一个简单而又灵活的标准格式，为基于 Web 的应用提供了一个描述数据和交换数据的有效手段。但是，XML 并非用来取代 HTML。HTML 着重于如何描述才能将文件显示在浏览器中，XML 与 SGML 相近，着重于如何描述才能将文件以结构化方式表示完整。就网页显示功能来说，HTML 比 XML 要强，但就文件的应用范畴来说，XML 比 HTML 有更多的应用领域。

1.1.2 XML 语法

（1）XML 文档结构

下面首先来看一个 XML 文档，具体代码定义如下：

```
<?xml version="1.0" encoding="GB2312"?>
<mybook>
<title>JSP 程序设计教程</title>
<author>张文祥</author>
<email>javabook@126.com</email>
<date>20190330</date>
</mybook>
```

第 1 行是一个 XML 声明，表示文档遵循的是 XML 1.0 版的规范。注意，有效的 XML 文件的第一行必须是 XML 文档的声明。

第 2 行定义了文档中的第一个元素 mybook，也称为根元素。这个就类似于 HTML 文档中的 <HTML>开头标记。注意，这个元素的名称是用户自定义的。然后定义了 4 个子元素：title、author、email 和 date，分别表示书的标题、作者、邮箱和出版日期。第 7 行表示根元素的结束。第 2 行是文档元素，以下就是包含在文档元素中的子元素、属性、注释和元素内容。

每个 XML 文档都分为两个部分：序言（Prolog）和文档元素（或文档节点）。序言出现在 XML 文档的顶部，其中包含关于该文档的一些信息，在上面的 XML 文档中，序言包含了一个 XML 声明。它也可以包含其他的元素，如注释、处理指令或者 DTD（文档类型定义）。

上面是一个基本的 XML 文档，从中可以了解 XML 文档是相当简单的。同 HTML 文档一样，XML 文档也是由一系列的标记组成的，不过，XML 文档中的标记是用户自定义的标记，具有明确的含义，用户可以对标记的含义做出说明。

将程序在记事本中编辑，保存时扩展名为 XML，在浏览器中打开 XML 文档。可用 Internet Explorer（IE）或其他浏览器来查看 XML 文档，将显示出文档中的根元素和子元素。上述 XML 文档在浏览器中的显示结果如图 1-1 所示。

图 1-1　在浏览器中打开 XML 文档

可以单击元素左边的加号（+）或减号（-）来展开或收缩元素的结构。例如，单击 mybook 元素左边的减号（-），可以收缩元素的结构，显示结果如图 1-2 所示。

图 1-2　在浏览器中收缩 XML 文档结构

若 XML 文档中有语法错误，浏览器就会报告这个错误。例如，将 XML 文档的第一行代码中的 encoding="GB2312"去掉，再次用 Internet Explorer 浏览器打开这个文档时，将显示如图 1-3 所示的错误信息。

（2）XML 语法规则

定义 XML 文档时必须遵守下列重要规则。

① 必须有 XML 声明语句。这一点在本节（1）中已经提到过。XML 声明是 XML 文档的第一句，其格式如下：

```
<?xml version="1.0" encoding="UTF-8"?>
```

图 1-3　XML 文档有语法错误时的浏览器信息

XML 声明的作用是通知浏览器或者其他处理程序这个文档是 XML 文档。

② 注意大小写。在 XML 文档中,大小写是有区别的,<P>和<p>是不同的标记。注意在写元素时,前后标记的大小写要保持一致。例如,把 <Author>TOM</Author> 写成 <Author>TOM</author>是错误的。建议养成一种好习惯,或者全部大写,或者全部小写,或者大写第一个字母。这样可以减少因为大小写不匹配而产生的文档错误。

③ 所有的 XML 文档必须有且只有一个根元素。格式良好的 XML 文档必须有一个根元素,就是紧接着声明后面建立的第一个元素,其他元素都是这个根元素的子元素,都属于根元素一组。根元素是一个完全包括文档中其他所有元素的元素。根元素的起始标记要放在所有其他元素的起始标记之前,根元素的结束标记要放在所有其他元素的结束标记之后。

④ 属性在赋值时必须使用引号(英文引号)。在 HTML 代码中,属性值可以加引号也可以不加。例如,<font color=red>word</font>和<font color="red">word</font>都可以被浏览器正确解释。但是在 XML 中规定,所有属性在赋值时必须加引号(可以是单引号,也可以是双引号),否则将被视为错误。

属性是元素的可选组成部分,作用是包含元素的额外信息。因此存储在子元素中的数据也可以存储在属性中。可以将属性与元素相互转换来表达相同的含义,例如:

```
<学生>
    <姓名>张天一</姓名>
    <性别>男</性别>
</学生>
```

也可以写成:

```
<学生>
    <姓名 性别="男">张天一</姓名>
<性别>男</性别>
</学生>
```

⑤ 所有的标记必须有相应的结束标记。在 HTML 中,标记可以不成对出现,而在 XML 中,所有标记必须成对出现,有一个开始标记,就必须有一个结束标记,否则将被视为错误。

⑥ 标记必须正确嵌套。标记之间不得交叉。在以前的 HTML 文件中,可以这样写:

```
<B><H>ABCD</B></H>
```

<B>和<H>标记之间有相互重叠的区域,而在 XML 中严格禁止这样的标记交叉写法,标记必须以规则性的次序出现。

(3) XML 文档的规范

在定义 XML 文档时必须符合一定的规则,按照规则定义的 XML 文档被称为格式良好的 XML 文档。如果 XML 文档在定义时按照与其关联的 DTD 或 XML Schema 中的规则来匹配,则这类 XML 文档被称为有效的 XML 文档。

① 格式良好的 XML 文档规则。一个遵守 XML 语法规则和 XML 规范的文档称为

Well-formed XML 文档（格式良好的 XML 文档）。XML 必须是 Well-formed 的，才能被解析器正确地解析出来，并显示在浏览器中。一个格式良好的 XML 文档包含一个或多个元素（用起始和结束标记将其分隔开），并且它们相互之间正确嵌套。其中有一个元素，即文档元素（或称根元素），包含文档中的其他所有元素。所有的元素构成一个简单的层次树，因此元素和元素之间唯一的直接关系就是父子关系。文档内容包括标记和"/"或是字符数据。

下面的例子就是一个格式良好的 XML 文档。

```
<?xml version="1.0" encoding="GB2312"?>
<书店>
<书>
<书名>人类简史</书名>
<作者>尤瓦尔·赫拉利</作者>
<价格>$19.00</价格>
</书>
<书>
<书名>未来简史</书名>
<作者>尤瓦尔·赫拉利</作者>
<价格>$12.00</价格>
</书>
</书店>
```

该文档的语法符合 XML 文档规范，第 1 行是 XML 文档的声明，第 2 行是文档的根元素，第 3～12 行是对根元素中子元素的定义，第 13 行是根元素的结束标记。

② 有效的 XML 文档。在 XML 文件中，用的大多是自定义的标记。但是如果两个同行业的公司需要用 XML 文件相互交换数据，则他们之间必须有一个约定，即编写 XML 文件可以用哪些标记、根元素中能够包括哪些子元素、各个元素出现的顺序、元素中的属性如何定义等。这样它们在用 XML 交换数据时才能畅通无阻。这种约定可以是 DTD，也可以是 XML Schema（XML 模式）。

一个格式良好的 XML 文档应该遵守 XML 语法规则，而一个有效的 XML 文档应该既是一个格式良好的 XML 文档，同时还必须符合 DTD 或 XML Schema 所定义的规则。因此，格式良好的 XML 文档不一定是有效的 XML 文档，但有效的 XML 文档一定是格式良好的 XML 文档。

DTD 定义了 XML 文档中可用的合法元素。它通过定义一系列合法的元素来决定 XML 文档的内部结构。XML Schema 是基于 XML 的 DTD 的替代品，而且 DTD 和 XML Schema 可以相互替代。

1.1.3 DTD 约束

（1）什么是 DTD 约束

前面内容可以看出 XML 的规则非常简单。在创建 XML 文档时，可以根据文档包含的元素和属性将其进行分组，同一组文档具有相似的文档类型。在 XML 文档中，组成一个文档类型的元素和属性称为文档的词汇。接下来讲述如何定义自己的文档类型，以及如何检查某个文档是否符合词汇的语法规则。

```
<?xml version="1.0" encoding="GB2312"?>
<书店>
<书>
<书名>未来简史</书名>
<作者>尤瓦尔·赫拉利</作者>
```

```
<售价>$12.00</售价>
<售价>$11.28</售价>
</书>
</书店>
```

在上面的示例中,尽管这个 XML 文档结构是正确的,用 IE 浏览器打开它也不会出现任何问题,但是,由于 XML 文档中的标记是可以随意定义的,同一本书出现了两种售价,如果仅根据标记名称区分哪个是普通的价格,哪个是会员价格,是很难实现的。为此,在 XML 文档中,定义了一套规则来对文档中的内容进行约束,这套规则称为 XML 约束。使用 DTD 规范的 XML 文档,在网络环境下更具实用性。DTD 文档作用如下。

① 每一个 XML 文档均可携带一个有关自身格式的描述,以验证数据的有效性。
② 独立的团队可以共同使用某个已制定好标准的 DTD 来交换和共享数据。
③ 应用程序可以使用某个标准的 DTD 来验证从外部接收到的数据信息。
④ 用户根据 DTD 就能够获知对应 XML 文档的逻辑结构。

对 XML 文档进行约束时,同样需要遵守一定的语法规则,这种语法规则就形成了 XML 约束语言。目前,最常用的两种约束是 DTD 约束和 XML Schema 约束,接下来,将针对这两种约束进行讲解。

(2) DTD 约束

DTD 约束是早期出现的一种 XML 约束模式,根据它的语法创建的文件称为 DTD 文件。在一个 DTD 文件中,可以包含元素的定义、元素之间关系的定义、元素属性的定义以及实体和符号的定义。接下来通过一个案例来简单认识 DTD 约束。

Book.xml 文档:

```
<?xml version="1.0" encoding="GB2312"?>
<书店>
<书>
<书名>人类简史</书名>
<作者>尤瓦尔·赫拉利</作者>
<售价>$49.00</售价>
</书>
<书>
<书名>未来简史</书名>
<作者>尤瓦尔·赫拉利</作者>
<售价>$12.00</售价>
</书>
</书店>
```

book.dtd 文档:

```
<!ELEMENT 书店(书+)>
<!ELEMENT 书(书名,作者,售价)>
<!ELEMENT 书名(#PCDATA)>
<!ELEMENT 作者(#PCDATA)>
<!ELEMENT 售价(#PCDATA)>
```

上面的 book.dtd 文档是一个简单的 DTD 约束文档,在 XML 文件中定义的每个元素都要按照 book.dtd 文档所规定的约束进行编写。接下来针对上面 book.dtd 文档进行详细的讲解,具体如下。

① 在第 1 行中,使用<!ELEMENT…>语句定义了一个元素,其中"书店"是元素的名称,"(书+)"表示书店元素中有一个或者多个书元素,字符"+"用来表示它所修饰的成分必须出现一次或者多次。

② 在第2行中,"书"是元素名称,"(书名,作者,售价)"表示元素书包含书名、作者、售价3个元素,并且这些子元素要按照顺序依次出现。

③ 在第3~5行中,"书名""作者"和"售价"都是元素名称,"(#PCDATA)"表示元素中嵌套的内容是普通的文本字符串。

(3) DTD 的调用

对 DTD 文件有了大致了解后,要利用 DTD 来校验 XML 文档的合格性,就必须把 XML 文档同 DTD 文件关联起来,这种关联就是 DTD 的调用。在 XML 文档中引入 DTD 文件有两种方式:内嵌 DTD 的声明及外部 DTD 的声明,具体如下。

① 内嵌 DTD 的声明。对于内嵌 DTD 的声明,就是指 DTD 定义语句包含在 XML 文档中的声明方式。实际上就是将 DTD 定义语句的详细内容书写在 XML 的文档类型声明中。它出现在文档的序言区,在 XML 的声明之后,在其他所有基本元素之前。

内嵌 DTD 的声明的格式如下:

```
<!DOCTYPE 根元素名[
DTD 定义语句
…
]>
```

其中包含在[ ]中间的省略号就是 DTD 定义语句。DTD 对 XML 文档的约束可以采用内嵌的方式,下面的示例说明了 XML 中直接嵌入 DTD 定义语句的使用方法。

```
<?xml version="1.0" encoding="GB2312" standalone="yes"?>
<!DOCTYPE 书店[
<!ELEMENT 书店 (书+)>
<!ELEMENT 书 (书名,作者,售价)>
<!ELEMENT 书名 (#PCDATA)>
<!ELEMENT 作者 (#PCDATA)>
<!ELEMENT 售价 (#PCDATA)>]>
<书店>
<书>
<作者>尤瓦尔·赫拉利</作者>
<售价>$19.00</售价>
</书>
<书>
<书名>未来简史</书名>
<作者>尤瓦尔·赫拉利</作者>
<售价>$12.00</售价>
</书>
</书店>
```

注意:关键字 DOCTYPE 必须大写,内嵌 DTD 在 XML 声明中要将 standalone 设置为"yes"。

在 Eclipse 环境下,建立一个 Java 项目,在项目中的 src 文件夹下新建一个 XML 文件,如果 XML 文件不符合 DTD 约束,会有语法错误的报错信息,如图1-4所示。

将上面的文件修改后,XML 文件符合 DTD 约束后,Eclipse 不再报错。

② 外部 DTD 的声明。上面 XML 文件内部直接嵌入 DTD 语句。需要注意的是,由于一个 DTD 文件可能会被多个 XML 文件引用,因此为了避免在每个 XML 文件中都添加一段相同的 DTD 定义语句,通常将其放在一个单独的 DTD 文件中定义,采用外部引用的方式对 XML 文件进行约束。这样,不仅便于管理和维护 DTD 定义,还可以使多个 XML 文件共享一个 DTD 文件。

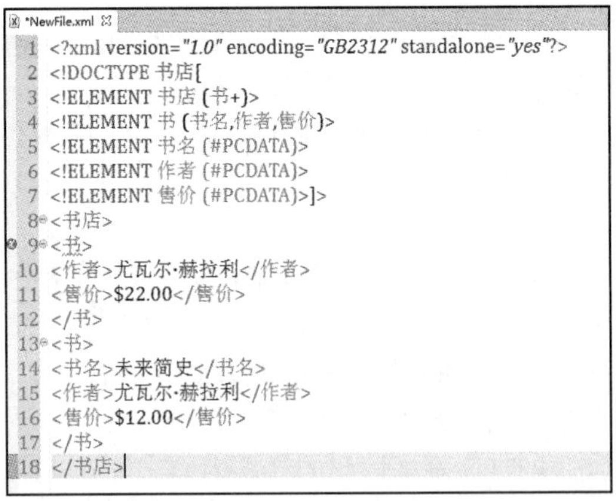

```
1  <?xml version="1.0" encoding="GB2312" standalone="yes"?>
2  <!DOCTYPE 书店[
3  <!ELEMENT 书店 (书+)>
4  <!ELEMENT 书 (书名,作者,售价)>
5  <!ELEMENT 书名 (#PCDATA)>
6  <!ELEMENT 作者 (#PCDATA)>
7  <!ELEMENT 售价 (#PCDATA)>]>
8  <书店>
9  <书>
10 <作者>尤瓦尔·赫拉利</作者>
11 <售价>$22.00</售价>
12 </书>
13 <书>
14 <书名>未来简史</书名>
15 <作者>尤瓦尔·赫拉利</作者>
16 <售价>$12.00</售价>
17 </书>
18 </书店>
```

图 1-4　报错信息

格式 1：<!DOCTYPE 根元素名称 SYSTEM"DTD 文件的 URL">

格式 2：<!DOCTYPE 根元素名称 PUBLIC"DTD 名称" "DTD 文件的 URL">

在上述两种引入 DTD 文件的方式中，第 1 种方式用来引用本地的 DTD 文件，第 2 种方式用来引用公共的 DTD 文件，其中"外部文件的 URL"指的是 DTD 文件的存放位置。对于第 1 种方式，它可以是相对于 XML 文件的相对路径，也可以是一个绝对路径；而对于第 2 种方式，它是 Internet 上的一个绝对 URL（统一资源定位器）地址。

如果引用的 DTD 文件是一个公共的文件，采用 PUBLIC 标识方式：

```
<!DOCTYPE 根元素 PUBLIC "DTD 名称" "DTD 文件的 URL">
```

例如：

```
<!DOCTYPE mapperPUBLIC "-//mybatis.org//DTD Mapper 3.0//EN"
    "http://mybatis.org/dtd/mybatis-3-mapper.dtd">
```

其中，"-//mybatis.org//DTD Mapper 3.0//EN" "http://mybatis.org/dtd/mybatis-3-mapper.dtd" 是 DTD 名称，它用于对 DTD 标准、所有者的名称以及 DTD 描述的文件进行说明，虽然 DTD 名称看上去比较复杂，但这完全是 DTD 文件发布者考虑的事情。编写 XML 文件只需将 DTD 文件发布者事先定义好的 DTD 标识名称进行复制即可。

（4）DTD 语法

在编写 XML 文档时，需要掌握 XML 语法。同理，在编写 DTD 文档时，也需要遵循一定的语法。DTD 的结构一般由元素类型定义、属性定义、实体定义、记号（Notation）定义等构成，一个典型的文档类型会把将来要创建的 XML 文档的元素结构、属性类型、实体引用等预先进行定义。接下来，针对 DTD 结构中所涉及的语法进行简单讲解。

① 叶子元素声明语句。

```
<!ELEMENT 元素名 元素内容类型>
```

说明：

a．<!ELEMENT：元素声明语句的开始，关键字 ELEMENT 必须大写。

b．元素名：表示所声明的元素的名称。

c．元素内容类型：表示元素中数据内容的类型，常用类型有#PCDATA、EMPTY 和 ANY。其中，#PCDATA 表示字符类型数据，EMPTY 表示空元素，ANY 表示元素为任意内容。

EMPTY：表示该元素既不包含数据，也不包含子元素。如<!ELEMENT 购物车 EMPTY>，表示购物车是一个有内容的空元素。

ANY：表示该元素可以包含任何的字符数据和子元素。如<!ELEMENT 联系人 ANY>，表示联系人可以包含任何形式的内容。在实际开发中，应尽量减少 ANY 的使用。因为除了根元素外，其他使用 ANY 的元素都失去 DTD 对 XML 文档的约束效果。

d．例：<!ELEMENT 书名(#PCDATA)>，表示元素"书名"所嵌套的内容是字符类型。
对应有效的 XML 文档为：

```
<书名>人类简史</书名>
```

② 枝干元素声明语句。

```
<!ELEMENT 元素名 (子元素1,子元素2,…)>
```

说明：

a．<!ELEMENT：元素声明语句的开始，关键字 ELEMENT 必须大写。
b．元素名：表示所声明的元素的名称。
c．(子元素 1,子元素 2,…)：表示枝干元素的若干子元素。
d．例：<!ELEMENT 书 (书名,作者,售价)>
   <!ELEMENT 书名 (#PCDATA)>
   <!ELEMENT 作者 (#PCDATA)>
   <!ELEMENT 售价 (#PCDATA)>

对应有效的 XML 文档为：

```
<书>
<书名>未来简史</书名>
<作者>尤瓦尔·赫拉利</作者>
<售价>$12.00</售价>
</书>
```

③ 选择性子元素的声明。

```
<!ELEMENT 元素名 (子元素1|子元素2|…)>
```

说明：

a．供选择的各个子元素之间须用"|"符号分隔，并只能在子元素列表中选择其一作为元素的子元素。
b．子元素既可以包含字符数据，也可以包含其他子元素。
c．例：<!ELEMENT 会员类型(钻石卡|金卡)>
   <!ELEMENT 钻石卡 (#PCDATA)>
   <!ELEMENT 金卡 (#PCDATA)>

对应有效的 XML 文档为：

```
<会员类型>
    <钻石卡>二倍积分</钻石卡>
</会员类型>
```

或者：

```
<会员类型>
    <金卡>一倍积分</金卡>
</会员类型>
```

在以上定义元素时，元素内容中可以包含一些符号，不同的符号具有不同的作用，接下来针对一些常见的符号进行讲解，具体见表 1-1。

④ 属性定义。在 DTD 文档中，定义元素的同时，还可以为元素定义属性。DTD 属性定义的基本语法格式如下所示：

表 1-1　DTD 约束符号说明

符号	用途	示例	示例说明
()	用来给元素分组	(古龙|金庸),(王朔|余杰)	分成两组
|	在列出的对象中选择一个	(男生|女生)	表示男生或者女生必须出现，两者选其一
+	该对象必须出现一次或者多次	(成员+)	表示成员必须出现，且可以出现多个成员
*	该对象允许出现 0 次或者多次	(爱好*)	爱好可以出现零次或多次
?	该对象必须出现 0 次或者 1 次	(菜鸟?)	菜鸟可以出现，也可以不出现，如果出现，则最多只能出现一次
,	对象必须按指定的顺序出现	(西瓜,苹果,香蕉)	表示西瓜、苹果、香蕉必须出现，并且按这个顺序出现

```
<!ATTLIST 元素名　属性名　属性值类型　属性附加声明>
```

其中，"元素名"是属性所属 XML 元素的名字，"属性名"是 XML 元素对应属性的名称，"属性值类型"则是用来指定属性值属于哪种类型，"属性附加声明"描述属性额外的相关信息。

a．使用说明。如果需要在一条语句中为某个元素定义多个属性，语法：

```
<!ATTLIST 元素名　属性1　属性1值类型　属性1附加声明
                  属性2　属性2值类型　属性2附加声明
                  …    >
```

b．属性附加声明要紧跟在属性值类型之后，主要有以下选择。

#REQUIRED：该元素的属性是必须存在的，且必须给出一个属性值。

#IMPLIED：在 XML 文档中该元素的属性可有可无。

#FIXED "固定值"：在 XML 文档中该元素的属性值是所给定的固定值，不能更改。

默认值：若 XML 文档没有规定必须设定元素的属性，但为了便于应用程序的处理需求，可以指定属性的默认值。

c．属性值的类型有如下选择：

（a）CDATA 类型：值为字符数据（Character Data）。表明属性值类型是字符数据，与元素内容说明中的#PCDATA 相同。如果在属性设置值中出现特殊的字符，要使用其转义字符序列来表示，例如用"&"表示字符&，用"<"表示字符<等。

（b）枚举类型：格式为(en1|en2|…)，表示此值是枚举列表中的一个值，可以限制属性的取值只能从一个列表中选择，这类属性属于 Enumerated（枚举类型）。需要注意的是，在 DTD 定义中并不会出现关键字 Enumerated。

例如：

```
<!ATTLIST person
性别 (男|女) #REQUIRED
>
```

（c）ID 类型：值为唯一的 ID。一个 ID 类型的属性用于唯一标识 XML 文档中的一个元素。其属性值必须遵守 XML 名称定义的规则。一个元素只能有一个 ID 类型的属性，而且 ID 类型的属性必须设置为#IMPLIED 或#REQUIRED。因为 ID 类型属性的每一个取值都用来标识一个特定的元素，所以为 ID 类型的属性提供固定的默认值是毫无意义的。

例如：

```
<?xml version="1.0" encoding="GB2312"?>
```

```xml
<!DOCTYPE 个人简历 [
<!ELEMENT 个人简历 (简历+)>
<!ELEMENT 简历 (联系人,联系方式+)>
<!ELEMENT 联系人 (#PCDATA)>
<!ELEMENT 联系方式 (#PCDATA)>
<!ATTLIST 联系人 编号 ID #REQUIRED>
]>
<!--每个联系人都必须有一个唯一的编号-->
<个人简历>
    <简历>
        <联系人 编号="No001">翟天一</联系人>
        <联系方式>66668888</联系方式>
        <联系方式>Zhai@126.com</联系方式>
    </简历>
    <简历>
        <联系人 编号="No002">李天临</联系人>
        <联系方式>Li@126.com</联系方式>
    </简历>
</个人简历>
```

- IDREF 类型。上述文件中，虽然翟天一和李天临两个联系人的 ID 编号是唯一的，但是这两个 ID 类型的属性没有发挥作用，这时可以使用 IDREF 类型，使这两个联系人之间建立一种一对一的关系。

IDREF 和 IDREFS 类型的属性必须引用对应的 ID 属性值。对于 IDREF 类型的属性，其属性值必须引用文档中出现的某一个 ID 值。下面通过实例来了解 IDREF 类型的使用方式：

```xml
<?xml version="1.0" encoding="GB2312"?>
<!DOCTYPE 个人简历[
<!ELEMENT 个人简历 (简历+,应聘职位+)>
<!ELEMENT 简历 (联系人,联系方式+)>
<!ELEMENT 联系人 (#PCDATA)>
<!ELEMENT 联系方式 (#PCDATA)>
<!ELEMENT 应聘职位 (#PCDATA)>
<!ATTLIST 联系人 编号 ID #REQUIRED>
<!ATTLIST 应聘职位 入选编号 IDREF #REQUIRED>
]>
<!--每个联系人都必须有一个唯一的编号-->
<!--入选编号对应的属性值必须是编号中曾经出现的一个值-->
<个人简历>
    <简历>
        <联系人 编号="No001">翟天一</联系人>
        <联系方式>66668888</联系方式>
        <联系方式>Zhai@126.com</联系方式>
    </简历>
    <简历>
        <联系人 编号="No002">李天临</联系人>
        <联系方式>Li@126.com</联系方式>
    </简历>
    <应聘职位 入选编号="No001">院长</应聘职位>
    <应聘职位 入选编号="No002">副院长</应聘职位>
</个人简历>
```

说明：<!ATTLIST 应聘职位 入选编号 IDREF #REQUIRED>定义了"应聘职位"元素的属性"入选编号"必须出现，且"入选编号"只能是从 ID 值中选取一个作为它的属性值出现。

● IDREFS 类型。IDREFS 对应的属性值必须引用文档中出现的某一个或多个 ID 值。如果对应多个 ID 属性值，则多个属性值之间用空格分开，并且放在同一对半角的引号中，示例如下：

```xml
<?xml version="1.0" encoding="GB2312"?>
<!DOCTYPE 个人简历 [
<!ELEMENT 个人简历 (简历+,应聘职位+)>
<!ELEMENT 简历 (联系人,联系方式+)>
<!ELEMENT 联系人 (#PCDATA)>
<!ELEMENT 联系方式 (#PCDATA)>
<!ELEMENT 应聘职位 (#PCDATA)>
<!ATTLIST 联系人 编号 ID #REQUIRED>
<!ATTLIST 应聘职位 入选编号 IDREFS #REQUIRED>
]>
<!--每个联系人都必须有一个唯一的编号-->
<!--入选编号对应的属性值必须是编号中曾出现的一个或多个值-->
<个人简历>
    <简历>
        <联系人 编号="No001">翟天一</联系人>
        <联系方式>66668888</联系方式>
        <联系方式>Zhai@126.com</联系方式>
    </简历>
    <简历>
        <联系人 编号="No002">李天临</联系人>
        <联系方式>Li@126.com</联系方式>
    </简历>
    <简历>
        <联系人 编号="No003">李天龙</联系人>
        <联系方式>Litianlong@126.com</联系方式>
    </简历>
    <应聘职位 入选编号="No001">院长</应聘职位>
    <应聘职位 入选编号="No003">副院长</应聘职位>
</个人简历>
```

<!ATTLIST 应聘职位 入选编号 IDREFS #REQUIRED>定义了"应聘职位"元素的属性"入选编号"必须出现，且"入选编号"是从 ID 值中选取一个或多个作为它的属性值出现。

1.1.4　XML Schema 约束

（1）了解 XML Schema 约束

同 DTD 一样，XML Schema 也是一种用于定义和描述 XML 文档结构与内容的模式，它的出现突破了 DTD 的局限性。接下来，通过与 DTD 进行比较，将 XML Schema 所具有的一些显著优点进行列举，具体如下。

① DTD 采用的是非 XML 语法格式，缺乏对文档结构、元素、数据类型等的全面描述。而 XML Schema 采用的是 XML 语法格式，而且它本身也是一种 XML 文档，因此，XML Schema 语法格式比 DTD 更好理解。

② XML 有非常高的合法性要求，虽然 DTD 和 XML Schema 都用于对 XML 文档进行描述，都被当作验证 XML 合法性的基础，但是 DTD 本身合法性的验证必须采用另外一套机制，而 XML Schema 则采用与 XML 文档相同的合法性验证机制。

③ XML Schema 对名称空间支持得非常好，而 DTD 几乎不支持名称空间。

④ DTD 支持的数据类型非常有限。例如，DTD 可以指定元素中必须包含字符文本（PCDATA），但无法指定元素中必须包含非负整数（Nonnegative Integer），而 XML Schema 比 DTD 支持更多的数据类型，包括用户自定义的数据类型。

⑤ DTD 定义约束的能力非常有限，无法对 XML 实例文档做出更细致的语义限制，例如，无法很好地指定一个元素中的某个子元素必须出现 7~12 次；而 XML Schema 定义约束的能力非常强大，可以对 XML 实例文档做出细致的语义限制。

通过上面的比较可以发现，XML Schema 的功能比 DTD 强大很多，但相应的语法也比 DTD 复杂很多。

（2）名称空间

一个 XML 文档可以引入多个约束文档，但是，由于约束文档中的元素或属性都是自定义的，因此在 XML 文档中，极有可能出现代表不同含义的同名元素或属性，导致名称发生冲突。为此，在 XML 文档中提供了名称空间（也称命名空间），它可以唯一标识一个元素或者属性。在 XML 文档中，命名空间采用一种独特的方式（标识符）来表示元素或属性所处的空间，这个独特的标识符需要在元素或属性名前使用，并且必须保证该标识符在 XML 文档中是唯一的。利用不同的标识符对元素或属性进行划分，使得具有相同名称的元素设置在不同的空间中，就不会引起命名冲突和混淆，如下例：

```
<?xml version="1.0" encoding="GB2312"?>
<信息档案>
    <学生信息 学号="2019001108">
        <姓名>翟天一</姓名>
        <性别>男</性别>
        <出生年月>1999-07-01</出生年月>
    </学生信息>
    <教师信息>
        <姓名>李天临</姓名>
        <性别>男</性别>
        <出生年月>1966-06-18</出生年月>
    </教师信息>
</信息档案>
```

上面文档<姓名>、<性别>、<出生年月>的元素命名一样，但是针对的对象所表示的内容不同。这在文档引用或搜索时会出现元素含义模糊，导致 XML 解析器无法处理。因此，为了避免 XML 文档的同名元素所表达不同含义的现象出现，W3C 制定了命名空间。

命名空间的标识符要求具有唯一性。XML 为了保证标识符的唯一性，采用了一种特殊而巧妙的方式对标识符进行标识。标识符在定义时，对应的值使用网络中的地址，即 URI（Universal Resource Identifier，通用资源标识符）进行标识。众所周知，网络中的 URI 肯定是独一无二的，这样就能保证命名空间对应的标识符也是独一无二的。需要注意的是：在命名空间中，标识符使用的 URI 通常起标识作用，并不是真正需要从网络资源获取任何信息，因此精确性不重要，该 URI 的作用仅仅是对命名空间的名字进行标识，因此这个地址可以是虚拟的。

在使用名称空间时，首先必须声明名称空间。名称空间的声明就是在 XML 实例文档中为某个模式文档的名称空间指定一个临时的简写名称，它通过一系列的保留属性来声明，这种属性的名字必须是以 "xmlns" 或 "xmlns:" 作为前缀。它与其他任何 XML 属性一样，都可以通过直接或者使用默认的方式给出。名称空间声明的语法格式如下所示：

```
<元素名  xmlns:prefixname="uri">
```

在上述语法格式中,"元素名"指的是在哪一个元素上声明名称空间。该元素上声明的名称空间适用于声明它的元素和属性,以及该元素中嵌套的所有元素及其属性。xmlns:prefixname 指的是该元素的属性名,它所对应的值是一个 URI 引用,用来标识该名称空间的名称。需要注意的是,如果有两个 URI 并且其组成的字符完全相同,就可以认为它们标识的是同一个名称空间,如下例:

```xml
<?xml version="1.0" encoding="GB2312"?>
<student:信息档案  xmlns:student="http://www.jlnku.com"
              xmlns:teacher="https://www.baidu.com">
    <student:学生信息 student:学号="2019001108">
        <student:姓名>翟天一</student:姓名>
        <student:性别>男</student:性别>
        <student:出生年月>1999-07-01</student:出生年月>
    </student:学生信息>
    <teacher:教师信息>
        <teacher:姓名>李天临</teacher:姓名>
        <teacher:性别>男</teacher:性别>
        <teacher:出生年月>1966-06-18</teacher:出生年月>
    </teacher:教师信息>
</student:信息档案>
```

上面文档中使用了两个标识符,即 student 和 teacher,将元素定义在不同的命名空间中,使得文档中的同名元素具有唯一性。

(3) XML Schema 文档结构

XML Schema 是基于 XML 编写的,保存文件的扩展名为.xsd,文档基本结构为:

```xml
<?xml version="1.0" encoding="UTF-8"?>
<xs:schema xmlns:xs="http://www.w3.org/2001/XMLSchema">
    <!--XMLSchema 文档中元素及属性的定义-->
</xs:schema>
```

由于 XML Schema 使用 XML 语法规则,因此第一行是 XML 声明语句。

根元素为"xs:schema",其中属性 xmlns:xs="http://www.w3.org/2001/XMLSchema"表明在 XML Schema 使用了命名空间机制,其标识符为 xs,位于 http://www.w3.org/2001/XMLSchema 这个命名空间中。

(4) XML Schema 的引用

把定义好的 XML Schema 文档引用到 XML 文本中,需要在 XML 的根元素定义格式:

```xml
<根元素 xmlns:xsi="http://www.w3.org/2001/XMLSchema-instance"
       xsi:noNamespaceSchemaLocation="xsdURI">
```

说明:

xmlns:xsi="http://www.w3.org/2001/XMLSchema-instance":用于定义命名空间,且标识符为"xsi"。

xsi:noNamespaceSchemaLocation="xsdURI":用于指定 XML Schema 文件的路径。

(5) XML Schema 语法

① 数据类型及简单类型声明。

a. W3C 为 XML Schema 定义了多种内置数据类型,用户在编写 XML Schema 文件时可以直接使用。数据类型如表 1-2 所示。

表 1-2　常用数据类型

类型	描述
integer	整数类型
string	字符串类型
decimal	十进制，包含任意精度和位数的数字
float	单精度 32 位浮点型数字
double	双精度 64 位浮点型数字
boolean	布尔类型，值分别为 true 或 false
date	日期类型，格式为 YYYY-MM-DD
time	时间类型，格式为 hh:mm:ss
dateTime	日期时间类型，格式为 YYYY-MM-DDThh:mm:ss
anyURI	元素中包含一个 URI

XML Schema 定义了多种元素用于规范和约束 XML 文档，常用元素如表 1-3 所示。

表 1-3　XML Schema 常用元素

名称	描述
element	声明元素
simpleType	简单类型，用于描述元素文本或属性值的内容
complexType	复杂类型，用于描述元素结构（子元素关系）或声明元素属性
simpleContent	描述复杂类型中的简单数据内容
complexContent	描述复杂类型中的复杂数据内容
attribute	声明属性
attributeGroup	声明属性组
restriction	设定约束条件
extension	设定扩展内容
sequence	序列关系，表示所选元素按序出现
choice	选择关系，表示所选元素能且只能出现一次
all	表示元素按任意顺序排列，但最多出现次数为 1，最少为 0
annotation	表示 XML 文档的注解
documentation	annotation 子元素，描述注解内容

b．XML Schema 中，使用"xs:simpleType"元素定义符合用户需要的简单类型元素。为 XML 文档元素和属性值自定义的简单数据类型的语法格式为：

```
<xs:simpleType >
    <xs:restriction base="xs:数据类型">
        <xs:数据类型细节描述 value="value"/>
        ……
    </xs:restriction>
</xs:simpleType>
```

其中：

"xs:simpleType"用于声明一个简单类型。

"xs:restriction"是"xs:simpleType"元素的子元素，用于定义文本的约束条件，其数据类型由 base 属性指定。

"xs:数据类型细节描述"是"xs:restriction"元素的子元素,可以多次使用该子元素描述元素的长度、范围、枚举等限制内容,通过属性 value 指定。

② 属性的定义。

a. 简单类型。简单类型本身不包含其他元素或属性,而只能作为元素或属性值的文本数据内容。因此在 XML Schema 中定义元素的属性,需要在"xs:complexType"元素中声明,属性声明使用"xs:attribute"元素。简易元素无法拥有属性。假如某个元素拥有属性,它就会被当作某种复合类型,但是属性本身总是作为简单类型被声明的。定义属性的语法是:

```
<xs:attribute name="xxx" type="yyy"/>
```

其中,xxx 指属性名称,yyy 则规定属性的数据类型。

例如:

带有属性的 XML 元素:<lastname lang="EN">Smith</lastname>

对应的属性定义:<xs:attribute name="lang" type="xs:string"/>

(a) 属性的默认值和固定值。属性可拥有指定的默认值或固定值。当没有其他的值被规定时,默认值就会自动分配给元素。同样情况,固定值会自动分配给元素,并且无法规定另外的值。

例如默认值是"EN",属性描述如下:

```
<xs:attribute name="lang" type="xs:string" default="EN"/>
```

固定值是"EN",属性描述如下:

```
<xs:attribute name="lang" type="xs:string" fixed="EN"/>
```

(b) 可选的和必需的属性。在默认的情况下,属性是可选的。如需规定属性为必选,请使用"use"属性。

例如:

```
<xs:attribute name="lang" type="xs:string" use="required"/>
```

(c) 对内容的限定。当 XML 元素或属性拥有被定义的数据类型时,就会向元素或属性的内容添加限定。假如 XML 元素的类型是"xs:date",而其包含的内容是类似"Hello World"的字符串,元素将不会(通过)验证,可以向 XML 元素及属性添加自己的限定。

例如:

带有一个限定且名为"age"的元素,age 的值不能低于 0 或者高于 120:

```
<xs:element name="age">
<xs:simpleType>
  <xs:restriction base="xs:integer">
    <xs:minInclusive value="0"/>
    <xs:maxInclusive value="120"/>
  </xs:restriction>
</xs:simpleType>
</xs:element>
```

b. 复杂类型。复杂类型表示一个能够包含多个元素或多个属性,或者既包含元素又包含属性的数据类型。复杂类型的元素可以包含元素和属性,这样的元素称为复合元素。其语法格式为:

```
<xs:complexType>
  <xs:sequence [minOccurs="最少出现次数"] [maxOccurs="最多出现次数"]>
```

```
        <xs:element name="子元素名"
              [type="xs:数据类型"]
              [minOccurs="最少出现次数"]
              [maxOccurs="最多出现次数"]
        />
         ……
  </xs:sequence >
</xs:complexType>
```

其中:

"xs:complexType"用于声明一个复杂类型,"xs:sequence"是"xs:complexType"的子元素,用于声明 XML 子元素的顺序,"xs:element"是"xs:sequence"的子元素,用于表示元素中存在子元素的相关内容。

name 属性表示子元素名称。

type 属性表示元素对应数据类型或用户自定义数据类型,可选。

minOccurs 属性表示子元素出现的最少次数,最小值为 0,可选。

maxOccurs 属性表示子元素出现的最多次数,最大值为 unbounded,表示子元素可出现无穷多次,可选。

(a) 空元素。这里的空元素指的是不包含内容只包含属性的元素,具体示例如下:

```
<product pro="555">
```

在上面的元素定义中,没有定义元素 product 的内容,这时空元素在 XML Schema 文档中对应的定义方式如下所示:

```
<?xml version="1.0" encoding="UTF-8"?>
<xs:schema xmlns:xs="http://www.w3.org/2001/XMLSchema">
   <xs:element name="product">
    <xs:complexType>
      <xs:attribute name="pro" type="xs:positiveInteger"/>
    </xs:complexType>
   </xs:element>
</xs:schema>
```

(b) 包含其他元素的元素。指 XML 文档中包含其他元素的元素,例如下面的 XML 示例代码:

```
<person>
<name>lianlin</name>
<surname>Li</surname>
</person>
```

在上面的示例代码中,元素 person 嵌套了两个元素,分别为 name 和 surname。这时在 XML Schema 文档中对应的定义方式如下所示:

```
<?xml version="1.0" encoding="UTF-8"?>
<xs:schema xmlns:xs="http://www.w3.org/2001/XMLSchema">
    <xs:element name="person">
       <xs:complexType>
         <xs:sequence>
           <xs:element name="name" type="xs:string"/>
           <xs:element name="surname" type="xs:string"/>
         </xs:sequence>
       </xs:complexType>
    </xs:element>
</xs:schema>
```

(c) 仅包含文本的元素。如果是仅含文本的复合元素,需要使用 simpleContent 元素来添加内容。在使用简易内容时,必须在 simpleContent 元素内定义扩展或限定,这时需要使用 extension 或 restriction 元素来扩展或限制元素的基本简易类型。下面的 XML 代码中"size"仅包含文本,具体示例如下:

```xml
<size country="chinese">175</size>
```

在上面的例子中,size 元素包含了属性和元素内容,针对这种仅包含文本的元素,需要使用 extension 来对元素的类型进行扩展,在 XML Schema 文档中对应的定义方式如下所示:

```xml
<?xml version="1.0" encoding="UTF-8"?>
<xs:schema xmlns:xs="http://www.w3.org/2001/XMLSchema">
    <xs:element name="size">
        <xs:complexType>
          <xs:simpleContent>
            <xs:extension base="xs:integer">
              <xs:attribute name="country" type="xs:string"/>
            </xs:extension>
          </xs:simpleContent>
        </xs:complexType>
    </xs:element>
</xs:schema>
```

(d) 包含元素和文本的元素。在 XML 文档中,某些元素经常需要包含文本及其他元素,例如下面的这段 XML 文档:

```xml
<message>
<name>Mike</name>
age is <age>35</age>
born in <birthday>2001-7-1</birthday>
</message>
```

上面的这段 XML 文档,在 XML Schema 文档中对应的定义方式如下所示:

```xml
<?xml version="1.0" encoding="UTF-8"?>
<xs:schema xmlns:xs="http://www.w3.org/2001/XMLSchema">
   <xs:element name="message">
     <xs:complexType mixed="true">
        <xs:sequence>
           <xs:element name="name" type="xs:string"/>
           <xs:element name="age" type="xs:positiveInteger"/>
           <xs:element name="birthday" type="xs:date"/>
        </xs:sequence>
     </xs:complexType>
   </xs:element>
</xs:schema>
```

需要注意的是,为了使字符数据可以出现在 message 元素的子元素之间,使用了 mixed 属性,该属性用来规定是否允许字符数据出现在复杂类型的子元素之间,默认情况下 mixed 的值为 false。

1.2 HTTP

当用户在浏览器【地址】栏上输入要访问的 URL(通用资源定位器)后,浏览器会分析出 URL 上面的域名，然后通过 DNS（域名服务器）查询出域名映射的 IP 地址。浏览器根据查询到的 IP 地址与 Web 服务器进行通信，这里通信的协议即 HTTP（超文本传输协议）。HTTP 用于定义浏览器与服务器之间交换数据的过程及数据本身的格式。对于从事 Web 开发的人员来说，只有深入理解 HTTP，才能更好地开发、维护、管理 Web 应用。

HTTP 最初设想的基本理念是：借助多文档之间相互关联形成的超文本（Hyper Text），连成可相互参阅的 WWW（World Wide Web，万维网）。其版本从 HTTP 1.0 到 HTTP 1.1 再到现在的 HTTP 2.0，目前主流版本还是 HTTP 1.1。HTTP 同时也是目前互联网上应用最为广泛的一种网络协议，所有的 WWW 文件都必须遵守这个标准，设计 HTTP 最初的目的是提供一种发布和接收 HTML 页面的方法。

可以将这个过程类比成一个电话对话的过程。如果我们要打电话给某个人，首先要知道对方的电话号码，然后进行拨号。打通电话后我们会进行对话，当然要对话肯定需要共同的语言，如果一个人说中文，而另一个人说英文，那肯定是不能进行沟通的。在这个通话过程中，电话号码相当于 IP 地址，而共同语言相当于 HTTP。

1.2.1 HTTP 概述

（1）HTTP 介绍

万维网发源于欧洲日内瓦量子物理实验室（CERN），正是 WWW 技术的出现使得 Internet 以超乎想象的速度迅猛发展。这项基于 TCP/IP（传输控制协议/互联网协议）的技术在短短的 10 年时间迅速成为已经发展了几十年的 Internet 上的规模最大的信息系统，它的成功归结于简单、实用。在 WWW 的背后有一系列的协议和标准支持它完成如此宏大的工作，这就是 Web 协议族，其中就包括 HTTP。

HTTP 是应用层协议，同其他应用层协议一样，是为了实现某一类具体应用的协议，并由某一运行在用户空间的应用程序来实现功能。HTTP 是基于请求与响应模式的、无状态的、应用层的协议，常基于 TCP 的连接方式，HTTP 1.1 版本中给出了一种持续连接的机制，绝大多数的 Web 开发，都是构建在 HTTP 之上的 Web 应用。

HTTP 的主要特点可概括如下。

① 支持客户端/服务器端模式，如图 1-5 所示。

图 1-5　客户端与服务器端的交互过程

② 简单快速：客户端向服务器端请求服务时，只需传送请求方法和路径。常用的请求方法有 GET、HEAD、POST。每种方法规定的客户端与服务器端联系的类型不同。由于 HTTP 简单，使得 HTTP 服务器的程序规模小，因而通信速率很快。

③ 灵活：HTTP 允许传输任意类型的数据对象。正在传输的类型由 Content-Type 加以标记。

④ 无连接：无连接的含义是限制每次连接只处理一个请求。服务器端处理完客户端的请求，并收到客户端的应答后，即断开连接。采用这种方式可以节省传输时间。

⑤ 无状态：HTTP 是无状态协议。无状态是指协议对于事务处理没有记忆能力。如果后续处理需要前面的信息，则必须将其重传，这样可能导致每次连接传送的数据量增大。

（2）HTTP 1.0 和 HTTP 1.1

HTTP 建立的主要目的是将超文本标记语言（HTML）文档从 Web 服务器端传送到客户端的浏览器。对于前端来说，HTML 页面放在 Web 服务器上，客户端通过浏览器访问 URL 地址来获取网页的显示内容，但是 Web 2.0 版本以来，页面变得复杂，不再单纯只是一些简单的文字和图片，还包含了 CSS 文件、JavaScript 文件，来丰富页面展示。同样，到了移动互联网时代，页面可以"跑到"手机端浏览器里面，但是和 PC 相比，手机端的网络情况更加复杂，这使得我们不得不开始对 HTTP 进行深入理解并不断优化。

① HTTP 1.0。HTTP 1.0 规定浏览器与服务器只保持短暂的连接，浏览器的每次请求都需要与服务器建立一个 TCP 连接，服务器完成请求处理后立即断开 TCP 连接，其不跟踪每个客户端也不记录过去的请求。这也造成了一些性能上的缺陷，例如，一个包含许多图像的网页文件中并没有包含真正的图像数据内容，而只是指明了这些图像的 URL 地址，当浏览器访问这个网页文件时，首先要发出针对该网页文件的请求，当浏览器解析 Web 服务器返回的该网页文档中的 HTML 内容，发现其中的<img>图像标签后，将根据<img>标签中的 src 属性所指定的 URL 地址再次向服务器发出下载图像数据的请求。

在 HTTP 1.0 时的会话方式如图 1-6 所示：

a．建立连接；
b．发出请求信息；
c．回送响应信息；
d．关闭连接。

图 1-6　HTTP 1.0 的交互过程

显然，访问一个包含有许多图像的网页文件的整个过程包含了多次请求和响应，每次请求和响应都需要建立一个单独的连接，每次连接只是传输一个文档和图像，上一次和下一次请求完全分离。即使图像文件都很小，客户端和服务器端每次建立和关闭连接也是一个相对比较费时的过程，并且会严重影响客户机和服务器的性能。当一个网页文件中包含 Applet、JavaScript 文件、CSS 文件等内容时，也会出现类似上述的情况。

② HTTP 1.1。为了克服 HTTP 1.0 的这个缺陷，HTTP 1.1 支持持久连接，在一个 TCP 连接上可以传送多个 HTTP 请求和响应，减少了建立和关闭连接的消耗和延迟。一个包含有许多图像的网页文件的多个请求和响应可以在一个连接中传输，但每个单独的网页文件的请求和响应仍然需要使用各自的连接。HTTP 1.1 还允许客户端不用等待上一次请求结果返回，就可以发出下一次请求，但服务器端必须按照接收到的客户端请求的先后顺序依次回送响应结果，以保证客户端能够区分出每次请求的响应内容，这样也显著地减少了整个下载过程所需的时间。基于 HTTP 1.1 的客户端与服务器端的信息交换过程，如图 1-7 所示。

图 1-7　HTTP 1.1 通信原理

可见，HTTP 1.1 在继承了 HTTP 1.0 优点的基础上，也解决了 HTTP 1.0 的性能问题。不仅如此，HTTP 1.1 还通过增加更多的请求头和响应头来改进和扩充 HTTP 1.0 的功能。例如，由于 HTTP 1.0 不支持 Host 请求头字段，Web 浏览器无法使用主机头名来明确表示要访问服务器上的哪个 Web 站点，这样就无法使用 Web 服务器在同一个 IP 地址和端口号上配置多个虚拟 Web 站点。在 HTTP 1.1 中增加 Host 请求头字段后，Web 浏览器可以使用主机头名来明确表示要访问服务器上的哪个 Web 站点，这才实现了在一台 Web 服务器上可以在同一个 IP 地址和端口号上使用不同的主机名来创建多个虚拟 Web 站点。HTTP 1.1 的持续连接，也需要增加新的请求头来帮助实现。例如，Connection 请求头的值为 Keep-Alive 时，客户端通知服务器端返回本次请求结果后保持连接；Connection 请求头的值为 Close 时，客户端通知服务器端返回本次请求结果后关闭连接。HTTP 1.1 还提供了与身份认证、状态管理和 Cache 缓存等机制相关的请求头和响应头。

（3）HTTP 消息

当客户端在浏览器中访问某个 URL 地址、单击网页的某个超链接或者提交网页上的 form 表单时，浏览器都会向服务器端发送请求数据，即 HTTP 请求消息。服务器端接收到请求数据后，会将处理后的数据回送给客户端，即 HTTP 响应消息。HTTP 请求消息和 HTTP 响应消息统称为 HTTP 消息。

在 HTTP 消息中，除了服务器端的响应实体内容（HTML 网页、图片等）以外，其他信息对客户端都是不可见的，要想观察这些"隐藏"的信息，需要借助一些网络查看工具。这里使用 Firefox 浏览器的 Firebug 插件，它是浏览器 Firefox 的一个扩展，是一个免费的、开源的网页开发工具，用户可以利用它编辑、删改任何网站的 CSS、HTML、DOM 与 JavaScript 等代码。Firebug 插件可以从"https://getfirebug.com"网站下载，安装后使 Firefox 浏览器包含丰富的功能。它集 HTML 查看和编辑、JavaScript 控制台、网络状况监视器于一体，是开发 JavaScript、CSS、HTML 和 Ajax 的得力助手。Firebug 从各个不同的角度剖析 Web 页面内部的细节层面，给 Web 开发者带来很大的便利。接下来分步骤说明如何利用 Firebug 插件查看 HTTP 消息，具体如下。

① 在浏览器的【地址】栏中输入"www.baidu.com"访问百度首页，在 Firebug 的【工具】栏中可以看到请求的 URL 地址，如图 1-8 所示。

② 单击 URL 地址左边的"+"号，在展开的默认信息选项卡中可以看到格式化后的响应头消息和请求头消息。单击【请求头消息】栏左边的【原始头消息】可以看到原始的请求头消息，具体如图 1-9 所示。

在上述请求消息中，第一行为请求行，请求行后面为请求头消息，空行代表请求头的结束。关于请求消息的其他相关知识，后续还会介绍。

③ 单击【响应头消息】一栏【原始头消息】，可以看到原始的响应头消息，如图 1-10 所示。

图 1-8　Firebug 显示请求消息

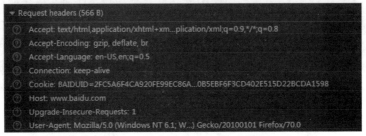

图 1-9　Firebug 显示请求头消息

图 1-10　Firebug 显示响应头消息

在上述响应消息中，第一行为响应状态行，响应状态行后面的为响应消息头，空行代表响应消息头的结束。关于响应消息的其他相关知识，后续还会介绍。

1.2.2　HTTP 请求消息

在 HTTP 中，一个完整的请求消息由请求行、请求消息头（简称请求头）和实体内容（也称消息体）三部分组成，每部分都有各自不同的作用。下面将围绕 HTTP 请求消息的请求行、请求头进行详细的讲解。

(1) HTTP 请求行

HTTP 请求行位于请求消息的第一行,它包括三个部分,分别是请求方式、请求资源路径以及所使用的 HTTP 版本,具体示例如下:

```
GET /index.html HTTP/1.1
```

其中,GET 是请求方式,index.html 是请求资源路径,HTTP/1.1 是通信使用的协议版本。需要注意的是,请求行中的每个部分需要用空格分隔,最后要以回车换行结束。

关于请求资源路径和协议版本,读者都比较容易理解,而对于 HTTP 请求方式则比较陌生,接下来就针对 HTTP 的请求方式进行介绍。

在 HTTP 的请求消息中,请求方式有 GET、POST、HEAD、OPTIONS、DELETE、TRACE、PUT 和 CONNECT 共 8 种,每种方式都指明了操作服务器中指定 URL 资源的方式,它们表示的含义如表 1-4 所示。

表 1-4 HTTP 的 8 种请求方式

请求方式	含义
GET	请求指定的页面信息,并返回实体主体
POST	向指定资源提交数据进行处理请求(例如提交表单或者上传文件)。数据被包含在请求体中。POST 请求可能会导致新的资源的建立和/或已有资源的修改
HEAD	类似于 GET 请求,只不过返回的响应中没有具体的内容,用于获取报头
PUT	用从客户端向服务器端传送的数据取代指定的文档的内容
DELETE	请求服务器删除指定的页面
CONNECT	HTTP 1.1 中预留给能够将连接改为管道方式的代理服务器
OPTIONS	允许客户端查看服务器端的性能
TRACE	回显服务器收到的请求,主要用于测试或诊断

表中列举了 HTTP 的 8 种请求方式,其中最常用的就是 GET 和 POST 方式,接下来针对这两种请求方式进行详细讲解,具体如下所示。

① GET 方式。当用户在浏览器【地址】栏中直接输入某个 URL 地址或者单击网页上的一个超链接时,浏览器将使用 GET 方式发送请求。如果将网页上的 form 表单的 method 属性设置为 "GET" 或者不设置 method 属性(默认值是 GET),当用户提交表单时,浏览器也将使用 GET 方式发送请求。

如果浏览器请求的 URL 地址中有参数部分,在浏览器生成的请求消息中,参数部分将附加在请求行中的资源路径后面。先来看一个 URL 地址,具体如下:

http://www.jlnku.com/javaforum?name=John&password=abcd

在上述 URL 地址中,"?" 后面的内容为参数信息。参数是由参数名和参数值组成的,并且中间使用等号(=)进行连接。需要注意的是,如果 URL 地址中有多个参数,参数之间需要用 "&" 分隔;使用 GET 方式传送的数据量有限,最多不能超过 1KB。

② POST 方式。如果将网页上 form 表单的 method 属性设置为 "POST",当用户提交表单时,浏览器将使用 POST 方式提交表单内容,并把各个表单元素及数据作为 HTTP 消息的实体内容发送给服务器,而不是作为 URL 地址的参数传递。另外,在使用 POST 方式向服务器传递数据时,Content-Type 消息头会自动设置为 "application/x-www-form-urlencoded",Content-Length 消息头会自动设置为实体内容的长度。对于使用 POST 方式传递的请求消息,服务器端程序会采用与获取 URL 地址后面参数相同的方式来获取表单各个字段的数据。需要注意的是,在实际开发中,通常会使用 POST 方式发送请求,其原因主要有两个,具体如下。

a. POST 传输数据大小无限制。由于 GET 请求方式是通过请求参数传递数据的，因此最多可传递 1KB 的数据。而 POST 请求方式是通过实体内容传递数据的，因此可以传递数据的大小没有限制。

b. POST 比 GET 请求方式更安全。由于 GET 请求方式的参数信息都会在 URL【地址】栏明文显示，而 POST 请求方式传递的参数隐藏在实体内容中，用户是看不到的，因此，POST 比 GET 请求方式更安全。

（2）HTTP 请求消息头

在 HTTP 请求消息中，请求行之后便是若干请求消息头。请求消息头主要用于向服务器端传递附加消息，例如，客户端可以接收的数据类型、压缩方法、语言，以及发送请求的超链接所属页面的 URL 地址等信息。每个请求消息头都是由一个头字段名称和一个值构成，头字段名称和值之间用冒号（:）和空格分隔，每个请求消息头之后使用一个回车换行符标志结束。需要注意的是，头字段名称不区分大小写，但习惯上将单词的第一个字母大写。

当浏览器发送请求给服务器时，根据功能需求的不同，发送的请求消息头也不同，接下来通过表 1-5 来列举常用的请求头字段。

表 1-5 常用请求头字段

头字段	说明
Accept	浏览器（或者其他基于 HTTP 的客户端程序）可以处理的 MIME 类型，例如 Accept: text/html
Accept-Charset	浏览器能识别的字符集，例如 Accept-Charset: utf-8
Accept-Encoding	浏览器可以处理的编码方式，注意这里的编码方式有别于字符集，通常指 gzip、deflate 等。
Accept-Language	浏览器接收的语言，其实也就是用户在什么语言地区，例如简体中文就是 Accept-Language: zh-CN
Authorization	在 HTTP 中，服务器可以对一些资源进行认证保护，如果用户要访问这些资源，就要提供用户名和密码，这个用户名和密码就是在 Authorization 中附带的，格式是"username:password"字符串的 Base64 编码
Proxy-Authorization	连接到某个代理时使用的身份认证信息，和 Authorization 类似
Host	指定服务器的域名或 IP 地址，如果不是通用端口，还包含该端口号
If-Match	通常用在使用 PUT 方法对服务器资源进行更新的请求中，即询问服务器现在正在请求的资源的 Tag 和 If-Match 的 Tag 是否相同，如果相同，则证明服务器上的这个资源还是旧的，现在可以更新，如果不相同，则证明该资源已更新过，现在不用再更新了（否则有可能覆盖其他人所做的更改）
If-Modified-Since	询问服务器现在正在请求的资源在某个时间是否有被修改过，如果没有，服务器则返回 304 状态来通知浏览器使用自己本地的缓存，如果有，则返回 200，并发送新的资源（当然如果资源不存在，则返回 404）
Range	在 HTTP 中，"Range"表示"资源的 Byte 形式数据的顺序排列，并且取其某一段数据"
If-Range	通知服务器如果这个资源没有更改过（根据 If-Range 后面给出的 Etag 判断），就发送这个资源中在浏览器缺少了的某些部分给浏览器，如果该资源已被修改过，则将整个资源重新发送给浏览器
Referer	指出当前请求的 URL 是在什么地址引用的。例如在 www.a.com/index.html 页面中单击一个指向 www.b.com 的超链接，那么这个 www.b.com 的请求中的 Referer 就是 www.a.com/index.html。通常的图片防盗链就是用这个实现的
User-Agent	通常就是用户的浏览器相关信息。例如 User-Agent: Mozilla/5.0 (X11; Linux x86_64; rv:12.0) Gecko/20100101 Firefox/12.0

① Accept。Accept 头字段用于指出客户端程序（通常是浏览器）能够处理的 MIME（Multipurpose Internet Mail Extensions，多用途互联网邮件扩展）类型。例如，如果浏览器和服务器同时支持 png 类型的图片，则浏览器可以发送包含 image/png 的 Accept 头字段。服

务器检查到 Accept 头字段中包含 image/png 这种 MIME 类型，可能在网页中的 img 元素中使用 png 类型的文件。MIME 类型有很多种，下面的这些 MIME 类型都可以作为 Accept 头字段的值。

Accept:text/html，表示客户端希望接收 HTML 文本。
Accept:image/gif，表示客户端希望接收 gif 图片资源。
Accept:image/*，表示客户端可以接收所有 image 格式的子类型。
Accept:*/*，表示客户端可以接收所有格式的内容。

② Accept-Encoding。Accept-Encoding 头字段用于指定客户端能够进行解码的数据编码方式，编码方式通常是指某种压缩方式。在 Accept-Encoding 头字段中，可以指定多个数据编码方式，它们之间以逗号分隔，具体示例如下：

```
Accept-Encoding:gzip,compress
```

其中，gzip 和 compress 这两种格式是最常见的数据编码方式。在传输较大的实体内容之前，对其进行压缩编码，可以节省网络带宽和传输时间。服务器端接收到这个请求头后，使用其中指定的一种格式对原始文档内容进行压缩编码，然后再将其作为响应消息的实体内容发送给客户端，并且在 Content-Encoding 响应头中指出实体内容所使用的压缩编码格式。浏览器在接收到这样的实体内容之后，需要对其进行解压缩。

需要注意的是，Accept-Encoding 和 Accept 请求头不同，Accept 请求头指定的 MIME 类型是指解压后的实体内容类型，Accept-Encoding 请求头指定的是实体内容压缩的方式。

③ Host。Host 头字段用于指定资源所在的主机名和端口号，格式与资源的完整 URL 地址中的主机名和端口号部分相同，具体示例如下所示：

```
Host:www.jlnku.com:80
```

在上述示例中，由于浏览器连接服务器时默认使用的端口号为 80，所以"www.jlnku.com"后面的端口号信息":80"可以省略。

需要注意的是，在 HTTP 1.1 中，浏览器和其他客户端发送的每个请求消息中必须包含 Host 头字段，以便 Web 服务器能够根据 Host 头字段中的主机名来区分客户端所要访问的虚拟 Web 站点。当浏览器访问 Web 站点时，会根据【地址】栏中的 URL 地址自动生成相应的 Host 请求头。

④ If-Modified-Since。If-Modified-Since 请求头的作用和 If-Match 类似，只不过它的值为 gmt 格式的时间。If-Modified-Since 请求头被视作一个请求条件，只有服务器中文档的修改时间比 If-Modified-Since 请求头指定的时间新，服务器才会返回文档内容。否则，服务器将返回一个 304（Not Modified）状态码来表示浏览器缓存的文档是最新的，而不向浏览器返回文档内容，这时，浏览器仍然使用以前缓存的文档。通过这种方式可以在一定程度上减少浏览器与服务器之间的通信数据量，从而提高通信效率。

⑤ Referer。浏览器向服务器发出的请求，可能是直接在浏览器中输入 URL 地址而发出，也可能是单击一个网页上的超链接而发出。对于第一种情况，浏览器不会发送 Referer 请求头，而对于第二种情况，浏览器会使用 Referer 头字段标识发出请求的超链接所在网页的 URL。例如，本地 Tomcat 服务器的 chapter02 项目中有一个 HTML 文件 GET.html，GET.html 中包含一个指向远程服务器的超链接，当单击这个超链接向服务器发送 GET 请求时，浏览器会在发送的请求消息中包含 Referer 头字段，如下所示：

```
Referer:http://localhost:8080/chap02/GET.html
```

Referer 头字段非常有用，常被网站管理人员用来追踪网站的访问者是如何导航进入网站的。同时 Referer 头字段还可以用于网站的防盗链。什么是盗链呢？假设一个网站的首页中想显示一些图片信息，而在该网站的服务器中并没有这些图片资源，它通过在 HTML 文件中使用<img>标记链接到其他网站的图片资源，将其展示给浏览者，这就是盗链。盗链的网站提高了自己网站的访问量，却加重了被链接网站服务器的负担，损害了别人的合法利益。所以，一个网站为了保护自己的资源，可以通过 Referer 请求头检测出从哪里链接到当前的网页或资源，一旦检测到不是通过本站的链接进行的访问，可以进行阻止访问或者跳转到指定的其他页面。

⑥ User-Agent。User-Agent（UA，用户代理）用于指示浏览器或者其他客户端程序使用的操作系统及版本、浏览器及版本、浏览器渲染引擎、浏览器语言等，以便服务器针对不同类型的浏览器而返回不同的内容。例如，如果服务器通过检查 User-Agent 请求头发现客户端是一个无线手持终端，就返回一个 WML 文档；如果发现客户端是一个普通的浏览器，则返回 HTML 文档。

1.2.3　HTTP 响应消息

当服务器端收到浏览器的请求后，会回送响应消息给客户端。一个完整的响应消息主要包括响应状态行、响应消息头（简称响应头）和实体内容，其中，每个组成部分都代表了不同的含义，下面将围绕 HTTP 响应消息的组成部分进行详细的讲解（实体内容除外）。

（1）HTTP 响应状态行

HTTP 响应状态行位于响应消息的第一行，它包括三个部分，分别是 HTTP 版本、一个表示请求成功或请求出现错误的整数代码（状态码）和对状态码进行描述的文本信息，具体示例如下：

```
HTTP/1.1 200 OK
```

上面的示例就是一个 HTTP 响应状态行，其中 HTTP/1.1 是通信使用的协议版本，200 是状态码，OK 是状态描述，说明客户端请求成功。需要注意的是，状态响应行中的每个部分需要用空格分隔，最后要以回车换行结束。

关于协议版本和文本信息，读者都比较容易理解，而 HTTP 的状态码则比较陌生，接下来就针对 HTTP 的状态码进行具体分析。

状态码由三位数字组成，表示请求是否被理解或被满足。HTTP 状态码的第一个数字定义了响应的类别，后面两位没有具体的分类，第一个数字有 5 种可能的取值，具体介绍如下：

1××：表示请求已接收，需要继续处理。
2××：表示请求已成功被服务器端接收、理解并接受。
3××：为完成请求，客户端需进一步细化请求。
4××：客户端的请求有错误。
5××：服务器端出现错误。

HTTP 的状态码数量众多，其中大部分无须记忆。接下来仅列举几个 Web 开发中比较常见的状态码，具体如表 1-6 所示。

表 1-6　常见状态码

状态码	状态码英文名称	中文描述
200	OK	请求成功。一般用于 GET 与 POST 请求
302	Found	临时移动。资源只是临时被移动，客户端应继续使用原有 URL

续表

状态码	状态码英文名称	中文描述
304	Not Modified	未修改。所请求的资源未修改，服务器返回此状态码时，不会返回任何资源。客户端通常会缓存访问过的资源，通过提供一个消息头信息指出客户端希望返回的在指定日期之后修改的资源
404	Not Found	服务器无法根据客户端的请求找到资源（网页）。通过此代码，网站设计人员可设置"您所请求的资源无法找到"的个性页面
500	Internal Server Error	服务器内部错误，无法完成请求

（2）HTTP 响应消息头

在 HTTP 响应消息中，第一行为响应状态行，紧接着的是若干响应消息头，服务器端通过响应消息头向客户端传递附加信息，包括服务程序名、被请求资源需要的认证方式、客户端请求资源的最后修改时间、重定向地址等信息。

从响应消息头可以看出，它们的格式和 HTTP 请求消息头的格式相同。当服务器端向客户端回送响应消息时，根据情况的不同，发送的响应消息头也不相同。接下来通过表 1-7 来列举常用的响应消息头字段。

表 1-7　常用的响应消息头字段

字段	说明
Accept-Range	用于说明服务器端是否接受客户端使用 Range 请求头字段请求资源
Age	从原始服务器到代理缓存形成的估算时间（以秒计，非负）
Etag	请求变量的实体标签的当前值
Location	用来重定向接收方到非请求 URL 的位置以完成请求或标识新的资源
Retry-After	如果实体暂时不可取，通知客户端在指定时间之后再次尝试
Server	Web 服务器软件名称
Vary	通知下游代理是使用缓存响应还是从原始服务器请求
WWW-Authenticate	表明客户端请求实体应该使用的授权方案
Proxy-Authenticate	它指出认证方案和可应用到代理的该 URL 上的参数
Refresh	用于告知浏览器自动刷新页面的时间，它的值是一个以秒为单位的时间数
Content-Location	请求资源可替代的备用的另一地址
Content-Dispasition	指定如何处理响应内容

① Location。Location 头字段用于通知客户端获取请求文档的新地址，其值为使用绝对路径的 URL 地址。Location 头字段和大多数 3×× 状态码配合使用，以便通知客户端自动重新连接到新的地址请求文档。由于当前响应并没有直接返回内容给客户端，所以使用 Location 头字段的 HTTP 消息不应该有实体内容，由此可见，在 HTTP 消息头中不能同时出现 Location 和 Content-Type 这两个头字段。

② Server。Server 头字段用于指定服务器软件产品的名称，具体示例如下：

```
Server:BSW/1.1
```

③ Refresh。Refresh 头字段用于告知浏览器自动刷新页面的时间，它的值是一个以秒为单位的时间数，具体示例如下所示：

```
Refresh:5
```

上面所示的 Refresh 头字段用于通知浏览器在 5s 后自动刷新此页面。需要注意的是，在 Refresh 头字段的时间值后面还可以增加一个 URL 参数，时间值与 URL 之间用分号（;）分隔，用于通知浏览器在指定的时间后跳转到其他网页，例如通知浏览器经过 5s 跳转到

www.jlnku.com 网站，具体示例如下：

```
Refresh:5;url=http://www.jlnku.com
```

④ Content-Disposition。如果服务器希望浏览器不是直接处理响应的实体内容，而是让用户选择将响应的实体内容保存到一个文件中，这需要使用 Content-Disposition 头字段。Content-Disposition 头字段没有在 HTTP 的标准规范中定义，它是从 RFC 2183 中借鉴过来的。在 RFC 2183 中，Content-Disposition 指定了接收程序处理数据内容的方式，有 inline 和 attachment 两种标准方式，inline 表示直接处理，而 attachment 则要求用户干预并控制接收程序处理数据内容的方式。而在 HTTP 应用中，只有 attachment 是 Content-Disposition 的标准方式。attachment 后面还可以指定 filename 参数。filename 参数值是服务器建议浏览器保存实体内容的文件名称，浏览器应该忽略 filename 参数值中的目录部分，只取参数中的最后部分作为文件名。在设置 Content-Disposition 之前，一定要设置 Content-Type 头字段。

1.3　Web 开发的相关知识

1.3.1　B/S 架构和 C/S 架构

在计算机发展历史上，网络的出现是个重要的里程碑。网络在计算机技术中发挥着越来越重要的作用。如果 20 世纪是桌面程序的时代，那么 21 世纪无疑就是网络程序的时代。

Web 程序也就是一般所说的网站，由服务器、客户端浏览器及网络组成。Web 程序的优点，是使用简单，有一台计算机、一根网线就可以使用。

但 Web 程序又不是一般意义上的网站。网站的目的是提供信息服务，重在内容，程序往往比较简单。但一个商用的 Web 程序往往比较复杂，背后结合数据库等技术，例如 ERP（财务）系统、CRM 系统、财务系统、网上办公、网上银行、在线业务办理等。下面从专业角度解释与 Web 程序相关的几个概念。

按照是否需要访问网络，程序可分为网络程序与非网络程序。其中网络程序又可分为 B/S 架构与 C/S 架构。

（1）C/S 架构

C/S 是指客户端（Client）/服务器端（Server）模式。它可以分为客户端和服务器端两层。

第一层：在客户端系统上结合了界面显示与业务逻辑。

第二层：通过网络结合了数据库服务器。

简单来说就是第一层是用户表示层，第二层是数据库层。这里需要补充的是，客户端不仅进行一些简单的操作，它也进行一些运算处理、业务逻辑的处理等操作。也就是说，客户端也做着一些本该由服务器端来做的事情，例如 QQ、MSN、PP Live、迅雷等使用的是 C/S 模式。

C/S 架构的优点是能充分发挥客户端（PC）的处理能力，很多工作可以在客户端处理后再提交给服务器端，响应速度快。

C/S 架构更适用于局域网。随着互联网的飞速发展，移动办公和分布式办公越来越普及，这需要系统具有扩展性。这种架构远程访问需要专门的技术，同时要对系统进行专门的设计来处理分布式的数据。客户端需要安装专用的客户端软件，首先涉及安装的工作量，其次任何一台计算机出问题，如病毒、硬件损坏，都需要进行安装或维护。另外，系统软件升级时，每一台客户机需要重新安装，其维护和升级成本非常高。

（2）B/S 架构

B/S（浏览器/服务器）架构的系统无须特别安装，只要有 Web 浏览器即可。其实就是前端现在主要实现一些数据渲染、请求等逻辑，大部分的逻辑交给后台来实现。

B/S 架构的分层：

与 C/S 架构不同的是，B/S 架构有三层，分别为：

第一层表现层：主要完成用户和后台的交互及最终查询结果的输出功能。

第二层逻辑层：主要是利用服务器端完成客户端的应用逻辑功能。

第三层数据层：主要是接受客户端请求后独立进行各种运算。

其工作过程如图 1-11 所示。

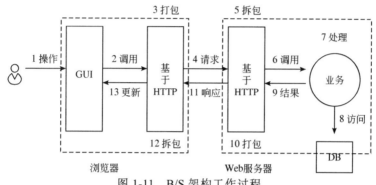

图 1-11　B/S 架构工作过程

Web 应用程序的访问不需要安装客户端程序，可以通过任一款浏览器（例如 IE 或者 Firefox）来访问各类 Web 应用程序。当 Web 应用程序进行升级时，并不需要在客户端做任何更改。和 C/S 架构的应用程序相比，Web 应用程序可以在网络上更加广泛地进行传播和使用。B/S 架构最大的优点就是可以在任何地方进行操作而不用安装任何专门的软件，只要有一台能上网的计算机即可，客户端零维护。最大的问题是，应用服务器端运行数据负荷较重。

B/S（浏览器/服务器）是随着 Internet 技术的兴起，对 C/S 架构的一种改进。在这种架构下，软件应用的业务逻辑完全在应用服务器端实现，用户表现完全在 Web 服务器实现，客户端只需要浏览器即可进行业务处理，是一种新的软件系统构造技术。

（3）N 层架构

在构建企业级应用时，通常需要大量的代码，而且这些代码一般分布在不同的计算机上，划分代码运行在不同计算机上的理论就是多层设计理论。

企业级应用系统通常分为两层、三层和 N 层架构。如果某个应用超过 3 个独立的代码层，那么这个应用叫作 N 层应用。

1.3.2　Web 开发背景知识

在了解如何开发 Web 应用程序之前，很有必要了解这些应用程序的运行平台和环境。下面将重点介绍 Web 应用程序所涉及的 Web 开发背景的相关知识，包括基本访问原理、Web 浏览器及 Web 服务器。

（1）Web 容器

Web 容器是为处于其中的应用程序组件（JSP 和 Servlet）提供的环境，使 JSP 和 Servlet

直接与容器中的环境变量接口交互，而不必关注其他系统问题，交互主要由 Web 服务器来实现，如 Tomcat、WebLogic、Resin、WebSphere 等。该容器提供的接口严格遵守 J2EE 规范中的 Web Application 标准。将遵守以上标准的 Web 服务器称为 J2EE 中的 Web 容器。

Web 容器提供了 Java Servlet API 相关的接口，并且简化了 JSP 网页。Web 容器负责初始化、调用以及管理 Java Servlet 和 Java Server Page 的存活期。没有 Web 容器，Web 应用程序就无法和真正的网络服务连接起来。

Servlet API 的源代码都是一些接口，而 JSP 网页则是首先编译成 Servlet，然后才投入运行。当 JSP 网页更新以后，由 Web 容器决定是否重新编译并更新这个 Servlet。但这些接口本身并没有任何实现代码，这些接口的实现是由 Web 容器来完成的。就像我们按下了电视机的遥控器，而实际电视的播放是由遥控器这个操作接口请求电视这个功能的实现来完成，而不是由遥控器来完成一样，它的作用只是一个功能的抽象。

一个容器可以同时运行多个 Web 应用程序，它们一般通过不同的 URL 来进行区分和访问。每个 Web 应用一般会包含下列部分：JSP、Servlet、静态资源及实施描述符。就 Tomcat 而言，每个 <%TOMCAT_HOME%>/webapps/ 下的子目录（如果这个目录包含一个 /Web-INF/web.xml 文件）就是一个单独的 Web 应用程序。Web 容器保证了它们之间的数据不会互相冲突，即每个应用的 Session、Application 等服务器变量具有自己的内存空间，不会互相影响，而是被分开。

（2）Web 访问基本原理

平时浏览网页的过程中，浏览器和 Web 服务器都会发生什么变化呢？网站是怎么实现请求和响应功能的呢？图 1-12 清晰地显示了浏览器访问 Web 服务器的整个过程。

图 1-12　浏览器访问 Web 服务器过程

① 用户打开浏览器（如 IE、Firefox 等），输入网站的 URL 地址，即网址。这个地址通知浏览器要访问互联网中的哪台主机。

② 浏览器寻找到指定的主机后向 Web 服务器发出请求。

③ Web 服务器接受请求并做出相应的处理，生成处理结果，大多数生成 HTML 格式，也有其他响应的格式。

④ Web 服务器把响应的结果返回发送给浏览器。

⑤ 浏览器（如 Web 页面）接收并显示对应的响应结果。

目前有很多 Web 浏览器，但是比较普及和流行的为 Microsoft 公司的 Internet Explorer(IE) 和 Mozilla 基金会的 Firefox 浏览器。这两个浏览器都能很好地支持最新、最好的 HTML 表示标准，以及各种 HTML 扩展功能。另外，它们也都能支持 JavaScript 脚本语言以及类似 Applet 的 Java 小程序运行。

其他的浏览器有傲游浏览器（Maxthon）、腾讯浏览器、Opera，以及 Google 最新推出的谷歌浏览器（Chrome）等。

（3）Web 服务器

在服务器端，与通信相关的处理都是由服务器软件负责，这些服务器软件都由第三方的软件厂商提供，开发人员只需要把功能代码部署在 Web 服务器中，客户端就可以通过浏览器访问到这些功能代码，从而实现向客户端提供的服务，下面简单介绍常用的服务器。

IIS 是微软提供的一种 Web 服务器，对 ASP 语言提供良好的支持，通过插件的安装，也可以对 PHP 语言提供支持。

Apache 服务器是由 Apache 软件基金会（Apache Software Foundation）提供的一种 Web 服务器，其特长是处理静态页面，且处理效率非常高。

JBoss 是一个开源的、重量级的 Java Web 服务器，对 J2EE 各种规范提供良好的支持，而且 JBoss 通过了 Sun 公司的 J2EE 认证，是 Sun 公司认可的 J2EE 容器。

另外，支持 J2EE 的服务器还有 BEA 的 WebLogic 和 IBM 的 WebSphere 等，适合大型的商业应用。这些产品的性能都是非常优秀的，用户可以根据自己的需要选择合适的服务器产品。

1.4 Tomcat

1.4.1 Tomcat 简介

Tomcat 服务器是开放源代码的 Web 应用服务器，是目前比较流行的 Web 应用服务器之一。Tomcat 是 Apache 软件基金会的 Jakarta 项目中的一个核心项目，由 Apache、Sun 和其他公司及个人共同开发而成。由于有了 Sun 公司的参与和支持，最新的 Servlet 和 JSP 规范总是能在 Tomcat 中得到体现。由于 Tomcat 技术先进、性能稳定且免费，因而深受 Java 爱好者的喜爱并得到了部分软件开发商的认可，成为目前比较流行的 Web 应用服务器。Tomcat 不仅具有 Web 服务器的基本功能，还提供了数据库连接池等许多通用组件功能。

Tomcat 运行稳定、可靠、效率高，不仅可以和目前大部分主流的 Web 服务器（如 Apache IIS 服务器）一起工作，还可以作为独立的 Web 服务器软件。因此，越来越多的软件公司和开发人员使用它作为运行 Servlet 和 JSP 的平台。

Tomcat 的版本在不断地升级，功能在不断地完善与增强。本书选用的版本为 Tomcat 8.0.20，初学者可以下载相应的版本进行学习。

1.4.2 Tomcat 的安装

（1）安装 Eclipse

Eclipse 是一个开放源代码的项目，可以从其官方网站 http://www.eclipse.org 上下载最新版本。本书所使用的 Eclipse 为 Windows 平台下支持 J2EE 开发的 4.11.0 版本。

只需要将下载的 Eclipse 压缩包直接解压即可。在解压缩之后的路径中有一个 eclipse.exe 文件，双击它可以启动 Eclipse。在启动时自动打开【Eclipse IDE Launcher】对话框，如图 1-13 所示。

Eclipse 会将编辑的所有文件存放在工作区指定的路径下。如果希望下次不重复工作区路径选择操作，可以选中【Use this as the default and do not ask again】复选框。设置完成后，单击【Launch】按钮，打开 Eclipse，如果显示【欢迎】页面，则说明 Eclipse 安装成功，如图 1-14 所示。

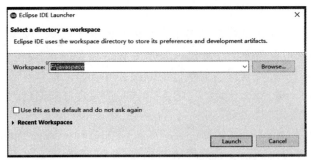

图 1-13 【Eclipse IDE Launcher】对话框

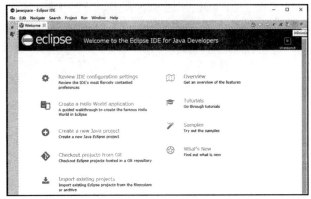

图 1-14 Eclipse【欢迎】页面

（2）配置 Tomcat

开发 Web 应用，还需要在 Eclipse 中配置 Tomcat 服务器。本书 Tomcat 的版本是 8.0.20。

① 启动 Eclipse 开发工具，单击工具栏的【Window】→【Preferences】选项，此时会弹出一个【Preferences】窗口，在该窗口中单击左边菜单中的【Server】选项，在展开的菜单中选择最后一项【Runtime Environments】，这时窗口右侧会出现【Server Runtime Environments】界面，具体如图 1-15 所示。

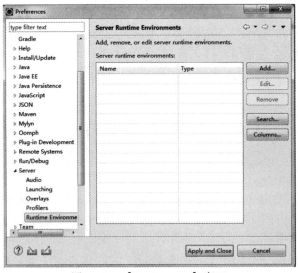

图 1-15 【Preferences】窗口

② 在【Preferences】窗口中单击【Add】按钮，弹出【New Server Runtime Environment】窗口，该窗口显示出可在 Eclipse 中配置的各种服务器及版本。将 Apache 官网的 Tomcat 8.0.20 解压后放到本地磁盘，在此选择【Apache Tomcat v8.0】选项，如图 1-16 所示。单击【Next】按钮后进入下一窗口。在此窗口找到本地 Tomcat 文件夹，将 Tomcat 8.0.20 配置到 Eclipse 环境中，如图 1-17 所示，单击【Finish】→【Apply and Close】按钮，此时已完成 Eclipse 和 Tomcat 的关联。

图 1-16 【New Server Runtime Environment】窗口

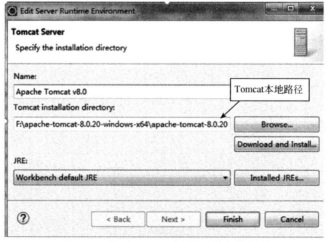

图 1-17 选择 Tomcat 服务器的安装目录

③ 在 Eclipse 中创建 Tomcat 服务器。单击 Eclipse 下侧窗口的【Servers】选项卡（如没有【Servers】选项，单击菜单中【Window】下的【Show View】选项，单击【Servers】菜单项，如图 1-18 所示），在该选项卡中可以看到一个"No servers are available.Click this link to create a new server..."链接，如图 1-19 所示。单击这个链接，会弹出【New Server】窗口，选择【Tomcat v8.0 Server】，单击【Finish】后结束，如图 1-20 所示。

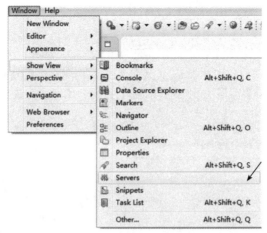

图 1-18　Servers 位置

图 1-19　【Servers】选项卡的选择位置

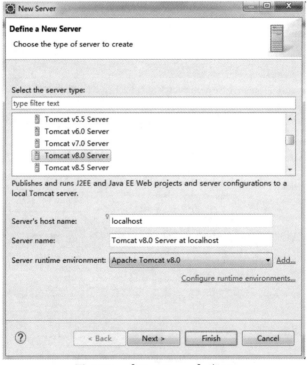

图 1-20　【New Server】窗口

④ Tomcat 服务器创建完毕后，还需要进行配置。双击图 1-21 中创建好的 Tomcat 服务器，在打开的【Overview】页面中，选择【Server Locations】选项中的【Use Tomcat installation】，并将【Deploy path】文本框内容修改为"webapps"，如图 1-22 所示。将窗口信息修改完后，关闭窗口，并保存当前信息。

图 1-21　创建好的 Tomcat 服务器

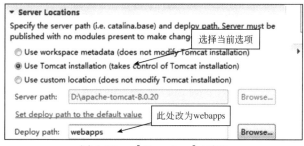

图 1-22　【Overview】页面

⑤ 单击【工具】栏中的按钮，启动 Tomcat 服务器。右击【Tomcat v8.0 Server at Localhost】，选择菜单项中的【start】启动服务器。为了检测 Tomcat 服务器是否正常启动，在浏览器【地址】栏中输入"http://localhost:8080"访问 Tomcat 首页，如果出现如图 1-23 所示的页面，则说明 Tomcat 在 Eclipse 中配置成功了。

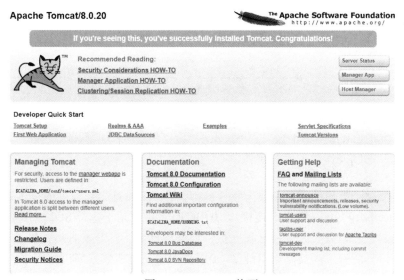

图 1-23　Tomcat 首页

1.5　本章小结

本章详细讲解了有关 XML 的相关知识，包括 XML 语法、DTD 约束、XML Schema 约束等。通过本章的学习，要求初学者掌握 XML 语法，学会书写 XML 文档，并且可以使用 DTD 和 XML Schema 约束作为 XML 的约束模式。介绍了 Web 应用开发的相关知识，然后讲解了 Tomcat 服务器，包括 Tomcat 服务器的安装配置。通过本章的学习，初学者可以对 Tomcat 服务器有一个整体的认识，对以后学习 Web 开发奠定坚实的基础。

第2章 JDBC

- 了解什么是 JDBC。
- 熟悉 JDBC 的常用 API。
- 掌握 JDBC 操作数据库的步骤。

源文件

数据库连接对动态网站来说是最为重要的部分，Java 中连接数据库的技术是 JDBC（Java Database Connectivity，Java 数据库连接）。JDBC 是一种可用于执行 SQL（结构化查询语言）语句的 Java API，它为数据库应用开发人员、数据库前台工具开发人员提供了一种标准的应用程序设计接口，使开发人员可以用纯 Java 语言编写完整的数据库应用程序。在 Web 开发中，不可避免地要使用数据库来存储和管理数据。为了在 Java 语言中提供对数据库访问的支持，Sun 公司于 1996 年提供了一套访问数据库的标准 Java 类库，即 JDBC。本章将主要围绕 JDBC 常用 API（应用程序接口）、JDBC 基本操作等知识进行详细的讲解。

2.1 什么是 JDBC

JDBC 是 Java 程序操作数据库的 API，也是 Java 程序与数据库交互的一门技术。JDBC 是 Java 操作数据库的规范，由一组用 Java 语言编写的类和接口组成，它为数据库的操作提供了基本方法，但数据库的细节操作由数据库厂商进行实现。使用 JDBC 操作数据库，需要数据库厂商提供数据库的驱动程序。

JDBC 在 Java 程序与数据库之间起到了一个桥梁的作用，有了 JDBC 就可以方便地与各种数据库进行交互，不必为某一个特定的数据库制定专门的访问程序。例如，访问 MySQL 数据库可以使用 JDBC，访问 SQL Server 同样可以使用 JDBC。因此，JDBC 对 Java 程序员而言，是一套标准的操作数据库的 API，而对数据库厂商而言，又是一套标准的模型接口。应用程序使用 JDBC 访问数据库的方式见图 2-1。

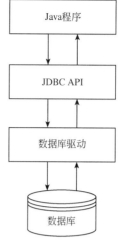

图 2-1　应用程序使用 JDBC 访问数据库的方式

2.2　JDBC 常用 API

在开发 JDBC 程序前，首先需要了解 JDBC 常用的 API。JDBC API 主要位于 java.sql 包中，该包定义了一系列访问数据库的接口（对象）和类。本节将对该包内常用的接口和类进行详细讲解。

2.2.1　Driver 接口

Driver 接口是所有 JDBC 驱动程序必须实现的接口，该接口专门提供给数据库厂商使用。需要注意的是，在编写 JDBC 程序时，必须要把所使用的数据库驱动程序或类库加载到项目的 classpath 中（这里指 MySQL 驱动 jar 包）。

2.2.2　DriverManager 类

使用 JDBC 操作数据库，需要使用数据库厂商提供的驱动程序，通过驱动程序可以与数据库进行交互。DriverManager 类主要作用于用户和驱动程序之间，它是 JDBC 中的管理层，通过 DriverManager 类可以管理数据库厂商提供的驱动程序，并建立应用程序与数据库之间的连接，其方法声明及说明如表 2-1 所示。

表 2-1　DriverManager 类的方法声明及说明

方法声明	说明
public static Connection getConnection(String url) throws SQLException	根据指定数据库连接 URL 建立数据库连接 Connection。参数 url 为数据库连接 URL
public static Connection getConnection(String url,Properties info) throws SQLException	根据指定数据库连接 URL 及数据库连接属性信息建立数据库连接 Connection。参数 url 为数据库连接 URL，参数 info 为数据库连接属性
public static Connection getConnection(String url,String user, String password) throws SQLException	根据指定数据库连接 URL、用户名及密码建立数据库连接 Connection。参数 url 为数据库连接 URL，参数 user 为连接数据库的用户名，参数 password 为连接数据库的密码
public static Enumeration<Driver> getDrivers()	获取当前 DriverManager 中已加载的所有驱动程序，它的返回值为 Enumeration
public static void registerDriver(Driver driver) throws SQLException	向 DriverManager 注册一个驱动对象，参数 driver 为要注册的驱动

2.2.3　Connection 接口

Connection 接口位于 java.sql 包中，是与特定数据库的连接会话，只有获得特定数据库的连接对象，才能访问数据库，操作数据库中的数据表、视图和存储过程等。Connection 接口的方法声明及说明如表 2-2 所示。

表 2-2 Connection 接口的方法声明及说明

方法声明	说明
void close() throws SQLException	立即释放 Connection 接口的数据库连接占用的 JDBC 资源，在操作数据库后，应立即调用此方法
void commit() throws SQLException	提交事务，并释放 Connection 接口当前持有的所有数据库锁。当事务被设置为手动提交模式时，需要调用该方法提交事务
Statement createStatement() throws SQLException	创建一个 Statement 接口来将 SQL 语句发送到数据库，该方法返回 Statement 接口
PreparedStatement prepareStatement(String sql)	用于创建一个 PreparedStatement 接口，并将参数化的 SQL 语句发送到数据库
CallableStatement prepareCall(String sql)	用于创建一个 Callable Statement 接口来调用数据库的存储过程

2.2.4 Statement 接口

在创建了数据库连接之后，就可以通过程序来调用 SQL 语句对数据库进行操作，在 JDBC 中，Statement 接口封装了这些操作。Statement 接口提供了执行语句和获取查询结果的基本方法，其方法声明及说明如表 2-3 所示。

表 2-3 Statement 接口的方法声明及说明

方法声明	说明
void addBatch(String sql) throws SQLException	将 SQL 语句添加到 Statement 接口的当前命令列表中，该方法用于 SQL 命令的批量处理
void clearBatch() throws SQLException	清空 Statement 接口中的命令列表
void close() throws SQLException	立即释放 Statement 接口的数据库和 JDBC 资源，而不是等待该对象自动关闭时进行此操作
boolean execute(String sql) throws SQLException	执行指定的 SQL 语句。如果 SQL 语句返回结果，该方法返回 true，否则返回 false
int[] executeBatch() throws SQLException	将一批 SQL 命令提交给数据库执行，返回更新计数组成的数组
ResultSet executeQuery(String sql) throws SQLException	执行查询类型（SELECT）的 SQL 语句，该方法返回查询所获取的结果集 ResultSet 接口

2.2.5 PreparedStatement 接口

Statement 接口封装了 JDBC 执行 SQL 语句的方法，它可以完成 Java 程序执行 SQL 语句的操作，但在实际开发过程中，SQL 语句往往需要将程序中的变量当作查询条件参数等。使用 Statement 接口进行操作过于烦琐，而且存在安全方面的缺陷，针对这一问题，JDBC API 中封装了 Statement 的扩展 PreparedStatement 接口。

PreparedStatement 接口继承于 Statement 接口，它拥有 Statement 接口中的方法，而且 PreparedStatement 接口针对带有参数 SQL 语句的执行操作进行了扩展。应用于 PreparedStatement 接口中的 SQL 语句，可以使用占位符"?"来代替 SQL 语句中的参数，然后再对其进行赋值。PreparedStatement 接口的方法声明及说明如表 2-4 所示。

表 2-4 PreparedStatement 接口的方法声明及说明

方法声明	说明
void setBinaryStream(int parameterIndex, InputStream x) throws SQLException	将二进制输入流 x 作为 SQL 语句中的参数值,parameterIndex 为参数位置的索引
void setBoolean(int parameterIndex,boolean x) throws SQLException	将布尔值 x 作为 SQL 语句中的参数值,parameterIndex 为参数位置的索引
void setByte(int parameterIndex, byte x) throws SQLException	将 byte 值 x 作为 SQL 语句中的参数值,parameterIndex 为参数位置的索引
void setDate(int parameterIndex, Date x) throws SQLException	将 java.sql.Date 值 x 作为 SQL 语句中的参数值,parameterIndex 为参数位置的索引
void setDouble(int parameterIndex, double x) throws SQLException	将 double 值 x 作为 SQL 语句中的参数值,parameterIndex 为参数位置的索引
void setFloat(int parameterIndex,float x) throws SQLException	将 float 值 x 作为 SQL 语句中的参数值,parameterIndex 为参数位置的索引
void setInt(int parameterIndex, int x) throws SQLException	将 int 值 x 作为 SQL 语句中的参数值,parameterIndex 为参数位置的索引
void setInt(int parameterIndex, long x) throws SQLException	将 long 值 x 作为 SQL 语句中的参数值,parameterIndex 为参数位置的索引
setCharacterStream(int parameterIndex,java.io.Reader reader, int length)	将指定的输入流写入数据库的文本字段
setBinaryStream(int parameterIndex,java.io.InputStream x,int length)	将二进制输入流数据写入二进制的字段中

2.2.6 ResultSet 接口

执行 SQL 语句的查询语句会返回查询的结果集,在 JDBC API 中,使用 ResultSet 接口接收查询结果集。

ResultSet 接口位于 java.sql 包中,封装了数据查询的结果集。ResultSet 接口包含了符合 SQL 语句的所有行,针对 Java 中的数据类型提供了一套 getXxx()方法,通过这些方法可以获取每一行中的数据。除此之外,ResultSet 还提供了定位数据库光标功能,通过光标可以自由定位到某一行数据,其方法声明及说明如表 2-5 所示。

表 2-5 ResultSet 接口的方法声明及说明

方法声明	说明
boolean absolute(int row) throws SQLException	将光标移动到 ResultSet 接口的给定行编号,参数 row 为行编号
void afterLast() throws SQLException	将光标移动到 ResultSet 接口的最后一行之后,如果结果集中不包含任何行,则该方法无效
void beforeFirst() throws SQLException	立即释放 ResultSet 接口的数据库和 JDBC 资源
void deleteRow() throws SQLException	从 ResultSet 接口和底层数据库中删除当前行
boolean first() throws SQLException	将光标移动到 ResultSet 接口的第一行
InputStream getBinaryStream(String columnLabel) throws SQLException	以二进制流的方式获取 ResultSet 接口当前行中指定列的值,参数 columnLabel 为列名称
Date getDate(String columnLabel) throws SQLException	以 java.sql.Date 的方式获取 ResultSet 接口当前行中指定列的值,参数 columnLabel 为列名称
double getDouble(String columnLabel) throws SQLException	以 double 的方式获取 ResultSet 接口当前行中指定列的值,参数 columnLabel 为列名称
float getFloat(String columnLabel) throws SQLException	以 float 的方式获取 ResultSet 接口当前行中指定列的值,参数 columnLabel 为列名称

续表

方法声明	说明
int getInt(String columnLabel) throws SQLException	以 int 的方式获取 ResultSet 接口当前行中指定列的值，参数 columnLabel 为列名称
String getString(String columnLabel) throws SQLException	以 string 的方式获取 ResultSet 接口当前行中指定列的值，参数 columnLabel 为列名称
boolean isClosed() throws SQLException	判断当前 ResultSet 接口是否已关闭
boolean last() throws SQLException	将光标移动到 ResultSet 接口的最后一行
boolean next() throws SQLException	将光标位置向后移动一行，如果移动的新行有效则返回 true，否则返回 false
boolean previous() throws SQLException	将光标位置向前移动一行，如果移动的新行有效则返回 true，否则返回 false

2.3 实现第一个 JDBC 程序

在了解了 JDBC 与 MySQL 数据库后，本节介绍使用 JDBC 操作数据的开发流程，通过 JDBC 连接 MySQL 数据库。

（1）注册数据库驱动

连接数据库前，需要将数据库厂商提供的数据库驱动类注册到 JDBC 的驱动管理器中。通常情况下，是通过将数据库驱动类加载到 JVM 来实现的。加载数据库驱动，注册到驱动管理器，代码如下：

```
Class.forName("com.mysql.jdbc.Driver");
```

（2）构建数据库连接 URL

要建立数据库连接，就要构建数据库连接的 URL，这个 URL 由数据库厂商制订，不同数据库的 URL 也有所区别，但都符合一个基本的格式，即"JDBC 协议+IP 地址或域名+端口+数据库名称"。如 MySQL 的数据库连接 URL 的字符串为"jdbc:mysql://localhost:3306/test"。

上面代码中，jdbc:mysql:是固定的写法，mysql 指的是 MySQL 数据库。Localhost（hostname）指的是主机的名称（如果数据库在本机中，hostname 可以为 localhost 或 127.0.0.1；如果要连接的数据库在其他计算机上，hostname 为所要连接计算机的 IP），3306（port）指的是连接数据库的端口号（MySQL 端口号默认为 3306），test（databasename）指的是 MySQL 中相应数据库的名称。

（3）获取 Connection 对象

在注册了数据库驱动及构建了数据库连接 URL 后，就可以通过驱动管理器获取数据库的连接 Connection。Connection 对象是 JDBC 封装的数据库连接对象，只有创建此对象后，才可以对数据进行相关操作，它的获取方法如下：

```
DriverManager.getConnection(url,username,password);
```

Connection 对象的获取需要用到 DriverManager 对象，DriverManager 的 getConnection() 方法是指通过数据库连接 URL、数据库用户名及数据库密码创建 Connection 对象。

（4）通过 Connection 对象获取 Statement 对象

Connection 创建 Statement 的方式有如下三种：

createStatement()：创建基本的 Statement 对象。

prepareStatement()：创建 PreparedStatement 对象。
prepareCall()：创建 CallableStatement 对象。
以创建基本的 Statement 对象为例，创建方式如下：

```
Statement stmt=conn.createStatement();
```

（5）使用 Statement 执行 SQL 语句

所有的 Statement 都有如下三种执行 SQL 语句的方法：
execute()：可以执行任何 SQL 语句。
executeQuery()：通常执行查询语句，执行后返回代表结果集的 ResultSet 对象。
executeUpdate()：主要用于执行 DML 和 DDL 语句。执行 DML 语句，如 INSERT、UPDATE 或 DELETE 时，返回受 SQL 语句影响的行数，执行 DDL 语句时，返回 0。
以 executeQuery()方法为例，其使用方式如下：

```
ResultSet rs=stmt.executeQuery(sql);
```

（6）操作 ResultSet 结果集

如果执行的 SQL 语句是查询语句，执行结果将返回一个 ResultSet 对象，该对象保存了 SQL 语句查询的结果。程序可以通过操作该 ResultSet 对象获得查询结果。

（7）关闭连接，释放资源

每次操作数据库结束后都要关闭数据库连接，释放资源，包括关闭 ResultSet、Statement 和 Connection 等资源。

注意：在 JDK 中，不包含数据库的驱动程序，使用 JDBC 操作数据库，需要事先下载数据库厂商提供的驱动包。本例中使用的是 MySQL 数据库，所以实例添加的是 MySQL 官方提供的数据库驱动包，其名称为 mysql-connector-java-5.1.6-bin.jar。通过左击项目名，在级联菜单中找到【Build Path】下的【Configure Build Path...】，如图 2-2 所示。

图 2-2　Eclipse　添加 jar 包操作路径

在弹出的对话框中找到【Libraries】选项卡，单击【Add External JARs...】按钮，找到 jar 文件，如图 2-3 所示将 jar 文件导入当前项目中。

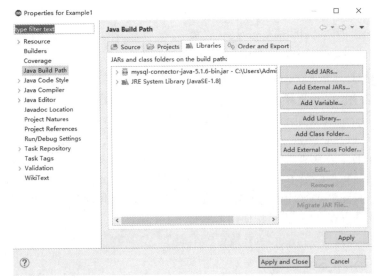

图 2-3　Eclipse 环境【Java Build Path】对话框

在 MySQL 中创建一个名称为 "test" 的数据库，然后在该数据中创建一个名为 books 的数据表，语句如下：

```
CREATE DATABASE test;
USE test;
CREATE TABLE books(id INT PRIMARY KEY AUTO_INCREMENT,name VARCHAR(40),price DOUBLE, PublishDate DATE, author VARCHAR(20)) CHARACTER SET utf8 COLLATE utf8_general_ci;
```

数据库和数据表创建成功后，再向表中插入几条数据，SQL 语句如下所示：

```
INSERT INTO books(name,price,PublishDate,author) VALUES("Harry Potter and the Philosopher's Stone",44.5,'1997-6-26','J.K.Rowling');
INSERT INTO books(name,price,PublishDate,author) VALUES('Harry Potter and the Chamber of Secrets',44.5,'1998-8-15','J.K.Rowling');
INSERT INTO books(name,price,PublishDate,author) VALUES('Harry Potter and the Prisoner of Azkaban ',49.5,'1999-9-8','J.K.Rowling');
INSERT INTO books(name,price,PublishDate,author) VALUES('Harry Potter and the Goblet of Fire',52.5,'2000-7-15','J.K.Rowling');
INSERT INTO books(name,price,PublishDate,author) VALUES('Harry Potter and the Order of Phoenix',49.5,'2003-6-21','J.K.Rowling');
INSERT INTO books(name,price,PublishDate,author) VALUES('Harry Potter and the Half-Blood Prince',54.5,'2005-7-16','J.K.Rowling');
INSERT INTO books(name,price,PublishDate,author) VALUES('Harry Potter and the Half-Blood Prince',58.9,'2007-7-21','J.K.Rowling');
```

为了查看数据是否添加成功，使用 SELECT 语句查询 books 表，执行结果如图 2-4 所示。

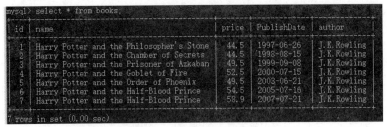

图 2-4　程序运行效果图

【例 2-1】 读取表中数据。

在工程 chap02 中，新建类 Example01，该类用于读取数据库中的 books 表，按照上面操作数据库的开发流程，程序代码如下：

```java
import java.sql.Connection;
import java.sql.DriverManager;
import java.sql.ResultSet;
import java.sql.SQLException;
import java.sql.Statement;
import java.sql.Date;
public class Example01 {
    public static void main(String[] args) throws SQLException {
        Statement stmt=null;
        ResultSet rs=null;
        Connection conn=null;
        // 1. 注册数据库的驱动
            DriverManager.registerDriver(new com.mysql.jdbc.Driver());
        try {
                Class.forName("com.mysql.jdbc.Driver");
            } catch (ClassNotFoundException e) {
                // TODO Auto-generated catch block
                e.printStackTrace();
            }
            // 2.通过 DriverManager 获取数据库连接
            String url = "jdbc:mysql://localhost:3306/test";
            String username = "root";
            String password = "root";
            conn = DriverManager.getConnection (url, username, password);
            // 3.通过 Connection 对象获取 Statement 对象
            stmt = conn.createStatement();
            // 4.使用 Statement 执行 SQL 语句
            String sql = "select * from books";
            rs = stmt.executeQuery(sql);
            // 5. 操作 ResultSet 结果集
            System.out.println("id | name   | price | PublishDate |author");
            while (rs.next()) {
                int id = rs.getInt("id"); // 通过列名获取指定字段的值
                String name = rs.getString("name");
                String price = rs.getString("price");
                Date publishDate = rs.getDate("PublishDate");
                String author = rs.getString("author");
                System.out.println(id + " | " + name + " | " + price + " | " + publishDate+
" | " + author);
            }
        rs.close();
            stmt.close();
                conn.close();
    }
}
```

程序运行后，从 books 表中读取到的数据会显示在控制台上，如图 2-5 所示。

Class 的 forName()方法的作用是将指定字符串名的类加载到 JVM 中，实例中调用该方法来加载数据库驱动，在加载后，数据库驱动程序将会把驱动类自动注册到驱动管理器中。首先

```
id| name                                        | price |PublishDate |author
1 | Harry Potter and the Philosopher's Stone    | 44.5  | 1997-06-26 | J.K.Rowling
2 | Harry Potter and the Chamber of Secrets     | 44.5  | 1998-08-15 | J.K.Rowling
3 | Harry Potter and the Prisoner of Azkaban    | 49.5  | 1999-09-08 | J.K.Rowling
4 | Harry Potter and the Goblet of fire         | 52.5  | 2000-07-15 | J.K.Rowling
5 | Harry Potter and the Order of Phoenix       | 49.5  | 2003-06-21 | J.K.Rowling
6 | Harry Potter and the Half-Blood Prince      | 54.5  | 2005-07-16 | J.K.Rowling
7 | Harry Potter and the Half-Blood Prince      | 58.9  | 2007-07-21 | J.K.Rowling
```

图 2-5　程序运行效果图（1）

通过 Class 的 forName()方法加载数据库驱动，然后使用 DriverManager 对象的 getConnection()方法获取数据库连接 Connection 对象，最后将获取结果输出到页面中。

由于数据库资源非常宝贵，数据库允许的并发访问连接数量有限，因此，当数据库资源使用完毕后，一定要记得释放资源。为了保证资源的释放，在 Java 程序中，应该将最终必须要执行的操作放在异常处理的 finally 代码块中，代码会更健壮，也更符合设计规范。

将例 2-1 的代码升级如下：

```java
package cn.jlnku.jdbc.example;
import java.sql.Connection;
import java.sql.DriverManager;
import java.sql.ResultSet;
import java.sql.SQLException;
import java.sql.Statement;
import java.sql.Date;
public class Example01 {
    public static void main(String[] args) throws SQLException {
    Statement stmt = null;
    ResultSet rs = null;
    Connection conn = null;
    try {
        Class.forName("com.mysql.jdbc.Driver");
        String url = "jdbc:mysql://localhost:3306/test";
        String username = "root";
        String password = "root";
        conn = DriverManager.getConnection (url, username, password);
        // 3.通过 Connection 对象获取 Statement 对象
        stmt = conn.createStatement();
        // 4.使用 Statement 执行 SQL 语句
        String sql = "select * from books";
        rs = stmt.executeQuery(sql);
        // 5.操作 ResultSet 结果集
        System.out.println("id| name | price  |PublishDate  |author");
        while (rs.next()) {
            int id = rs.getInt("id"); // 通过列名获取指定字段的值
            String name = rs.getString("name");
            String price = rs.getString("price");
            Date publishDate = rs.getDate("PublishDate");
            String author = rs.getString("author");
            System.out.println(id + " | " + name + " | " + price + " | " + publishDate+ " | " + author);
        } } catch (ClassNotFoundException e) {
        e.printStackTrace();
    } finally{
        if(rs!=null) {
            try {
```

```
                    rs.close();
                } catch (SQLException e) {
                    e.printStackTrace();
                }
                rs = null;
            }
            if(stmt!=null) {
                try {
                    stmt.close();
                } catch (SQLException e) {
                    e.printStackTrace();
                }
                stmt = null;
            }
            if(conn!=null) {
                try {
                    conn.close();
                } catch (SQLException e) {
                    e.printStackTrace();
                }
                conn = null;
            }
        }
    }}
```

注意：如果数据库连接失败，请确认数据库服务是否开启，因为只有数据库的服务处于开启状态才能成功地与数据库建立连接。

2.4　PreparedStatement 对象

PreparedStatement 接口（对象）继承于 Statement 接口（对象），所以它具有 Statement 接口的所有方法，同时添加了一些自己的方法。PreparedStatement 接口与 Statement 接口有以下两点不同：

- PreparedStatement 接口对象包含已编译的 SQL 语句；
- PreparedStatement 接口对象中的 SQL 语句可包含一个或多个 IN 参数，在语句中可用"?"作为占位符。

由于 PreparedStatement 对象已预编译过，其执行速度要高于 Statement 对象，因此，对于多次执行的 SQL 语句应该使用 PreparedStatement 对象，可极大地提高执行效率。

PreparedStatement 对象可以通过调用 Connection 接口对象的 prepareStatement( ) 方法得到，代码示例如下：

```
Connection con=DriverManager.getConnection(url,"user","password");
PreparedStatement pstmt= con.prepareStatement(String sql);
```

注意：在创建 PreparedStatement 对象时需要将 SQL 命令字符串作为 prepareStatement( )方法的参数，这样才能实现 SQL 命令预编译。SQL 命令字符串中可用"?"作为占位符，并且在执行 executeQuery 或 executeUpdate 之前用 setXxx(n,p)方法为占位符赋值，具体方法如表 2-6 所示。如果参数类型为 string,则使用 setString 方法。在 setXxx(n,p)方法中的第一个参数 n 表示要赋值的参数在 SQL 命令字符串中出现的次序，n 从 1 开始；第二个参数 p 为设置的参数值。

例如：

```
PreparedStatement pstmt=con.prepareStatement("updateEMPLOYEE setSalary=?where ID=?");
pstmt.setFloat(1,3833.18);
pstmt.setInt(2,110592) ;
```

这里的 SQL 语句中的参数可以像类中的参数一样依次设置。

在访问数据库时，不再提供 SQL 语句及参数信息，而是直接调用 PreparedStatement 对象的 executeQuery 或 executeUpdate 执行查询，可以很明显地看出这个类使用的便捷性。PreparedStatement 接口的主要方法如表 2-6 所示。

表 2-6 PreparedStatement 接口的主要方法

方法	说明
ResultSet executeQuery() int executeUpdate()	使用 SELECT 命令对数据库进行查询 使用 INSERT、DELETE 和 UPDATE 命令对数据库进行新增、删除和修改操作
ResultSetMetaData getMetaData() void setInt(int parameterIndex, int x)	获得 ResultSet 类对象有关字段的相关信息，设定整数类型数值给 PreparedStatement 类对象的 IN 参数
void setFloat(int parameterIndex,float x)	设定浮点数类型数值给 PreparedStatement 类对象的 IN 参数
void setNull(int parameterIndex,int sqlType)	设定 null 类型数值给 PreparedStatement 类对象的 IN 参数
void setString(int parameterIndex,String x)	设定字符串类型数值给 PreparedStatement 类对象的 IN 参数
void setDate(int parameterIndex. Date x)	设定日期类型数值给 PreparedStatement 类对象的 IN 参数
void setBigDecimal(int index, BigDecimal x)	设定十进制长类型数值给 PreparedStatement 类对象的 IN 参数
void setTime(int parameterIndex,Timex)	设定时间类型数值给 PreparedStatement 类对象的 IN 参数

为了帮助读者快速了解 PreparedStatement 对象的使用，接下来通过一个案例来演示。

【例 2-2】 通过使用 PreparedStatement 实现对数据库的插入。

```
package cn.jlnku.jdbc.example;
import java.sql.DriverManager;
import java.sql.SQLException;
import java.sql.Connection;
import com.mysql.jdbc.PreparedStatement;
public class Example02 {
    public static void main(String[] args) throws SQLException {
        Connection conn = null;
        PreparedStatement  preStmt = null;
        try {
            // 加载数据库驱动
            Class.forName("com.mysql.jdbc.Driver");
            String url = "jdbc:mysql://localhost:3306/test";
            String username = "root";
            String password = "root";
            // 创建应用程序与数据库连接的 Connection 对象
            conn = DriverManager.getConnection(url, username, password);
            // 执行的 SQL 语句
            String sql = "INSERT INTO books(name,price,PublishDate,author)"
                    + "VALUES(?,?,?,?)";
            // 创建执行 SQL 语句的 PreparedStatement 对象
            preStmt = (PreparedStatement) conn.prepareStatement(sql);
            preStmt.setString(1, "A brief history of mankind");
            preStmt.setString(2, "78.00");
```

```
                preStmt.setString(3,"2014-11-15");
                preStmt.setString(4, "Yuval Noah Harar");
                preStmt.executeUpdate();
        } catch (ClassNotFoundException e) {
            e.printStackTrace();
        } finally {      // 释放资源
            if (preStmt != null) {
                try {
                    preStmt.close();
                } catch (SQLException e) {
                    e.printStackTrace();
                }
                preStmt = null;
            }
            if (conn != null) {
                try {
                    conn.close();
                } catch (SQLException e) {
                    e.printStackTrace();
                }
                conn = null;
            }
        }
    }
}
```

例 2-2 演示了使用 PreparedStatement 对象执行 SQL 语句的步骤。首先通过 Connection 对象的 prepareStatement()方法生成 PreparedStatement 对象，然后调用 PreparedStatement 对象的 setXxx()方法，给 SQL 语句中的参数赋值，最后通过调用 executeUpdate()方法执行 SQL 语句。

上面例题执行成功后，会在数据库 "test" 的 books 表中插入一条数据，进入 MySQL，使用 SELECT 语句查看 books 表，结果如图 2-6 所示。

```
| id | name                                          | price | PublishDate | author          |
| 1  | Harry Potter and the Philosopher's Stone      | 44.5  | 1997-06-26  | J.K.Rowling     |
| 2  | Harry Potter and the Chamber of Secrets       | 44.5  | 1998-08-15  | J.K.Rowling     |
| 3  | Harry Potter and the Prisoner of Azkaban      | 49.5  | 1999-09-08  | J.K.Rowling     |
| 4  | Harry Potter and the Goblet of Fire           | 52.5  | 2000-07-15  | J.K.Rowling     |
| 5  | Harry Potter and the Order of Phoenix         | 49.5  | 2003-06-21  | J.K.Rowling     |
| 6  | Harry Potter and the Half-Blood Prince        | 54.5  | 2005-07-16  | J.K.Rowling     |
| 7  | Harry Potter and the Half-Blood Prince        | 58.9  | 2007-07-21  | J.K.Rowling     |
| 8  | A brief history of mankind                    | 78    | 2014-11-15  | Yuval Noah Harar|
```

图 2-6　程序运行效果图（2）

books 数据库中多了一条数据，说明 PreparedStatement 对象可以执行对数据库的操作。

2.5　ResultSet 对象

ResultSet 接口用于获取语句对象执行 SQL 语句返回的结果，它的实例对象包含符合 SQL 语句中条件的所有记录的集合。

程序中使用结果集名称作为访问结果集数据表的游标，当获得一个 ResultSet 时，它的游标正好指向第一行之前的位置。可以使用游标的 next 方法转到下一行，每调用一次 next 方法游标向下移动一行，当数据行结束时，该方法会返回 false。表 2-7 所示为 ResultSet 接口的主要方法。

表 2-7　ResultSet 接口的主要方法

方法	说明
boolean absolute(int row) throws SQLException	移动记录指针到指定的记录
void beforeFirst () throws SQLException	移动记录指针到第一笔记录之前
void afterLast() throws SQLException	移动记录指针到最后一笔记录之后
boolean first() throws SQLException	移动记录指针到第一笔记录
boolean last() throws SQLException	移动记录指针到最后一笔记录
boolean next() throws SQLException	移动记录指针到下一笔记录
boolean previous() throws SQLException	移动记录指针到上一笔记录
void deleteRow() throws SQLException	删除记录指针指向的记录
void moveToInsertRow() throws SQLException	移动记录指针以新增一笔记录
void moveToCurrentRow() throws SQLException	移动记录指针到被记忆的记录
void insertRow() throws SQLException	新增一笔记录到数据库中
void updateRow() throws SQLException	修改数据库中的一笔记录
void update [type] (int columnIndex, type x) throws SQLException	修改指定字段的值
int get [type] (int columnIndex) throws SQLException	获得指定字段的值
ResultSetMetaData getMetaData() throws SQLException	获得 ResultSetMetaData 类对象

在使用 ResultSet 之前，可以查询它包含多少列。此信息存储在 ResultSetMetaData 元数据对象中。下面是从元数据中获得结果集数据表列数的代码片段：

```
ResultSetMetaData rsmd;
rsmd = results. getMetaData();
intnumCols =rsmd.getColumnCount();
```

根据结果集数据列中数据类型的不同，需要使用相应的方法获取其中的数据。这些方法可以按列序号或列名作为参数。请注意，列序号从 1 开始，而不是从 0 开始。

ResultSet 对象获取数据列的一些常用方法如下：
- getInt(int n)：将序号为 n 的列的内容作为整数返回。
- getInt(String str)：将名称为 str 的列的内容作为整数返回。
- getFloat (int n)：将序号为 n 的列的内容作为一个 float 型数返回。
- getFloat(String str)：将名称为 str 的列的内容作为 float 型数返回。
- getDate(int n)：将序号为 n 的列的内容作为日期返回。
- getDate(String str)：将名称为 str 的列的内容作为日期返回。
- next()：将行指针移到下一行。如果没有剩余行，则返回 false。
- Close()：关闭结果集。
- getMetaData()：返回 ResultSetMetaData 对象。

为了帮助读者快速了解 ResultSet 对象的使用，接下来通过一个例子进行演示。

【例 2-3】使用 ResultSet 对象滚动读取结果集中的数据。

```
package cn.jlnku.jdbc.example;import java.sql.Connection;
import java.sql.Connection;
import java.sql.DriverManager;
import java.sql.ResultSet;
import java.sql.SQLException;
import java.sql.Statement;
import java.sql.Date;
```

```java
public class Example03 {
    public static void main(String[] args) throws SQLException {
        Statement stmt = null;
        ResultSet rs = null;
        Connection conn = null;
        try {
            Class.forName("com.mysql.jdbc.Driver");
            String url = "jdbc:mysql://localhost:3306/test";
            String username = "root";
            String password = "root";
            conn = DriverManager.getConnection (url, username, password);
            String sql = "select * from books";
            Statement st=conn.createStatement(ResultSet.TYPE_SCROLL_INSENSITIVE,ResultSet.CONCUR_READ_ONLY);
            rs=st.executeQuery(sql);
            System.out.println("第二条数据的 name 值为: ");
            rs.absolute(2);//将指针定位到结果集中第 2 行数据
            System.out.println(rs.getString("name"));
            System.out.println("第一条数据的 name 值为: ");
            rs.beforeFirst();//将指针定位到结果集中第 1 行数据之前
            rs.next();//指针再向后滚动到第 1 行数据
            System.out.println(rs.getString("name"));
            System.out.println("第 4 条数据的 name 值为: ");
            rs.afterLast();//将指针定位到结果集中最后一条数据之后
            rs.previous();//指针再向前滚动 1 行
            System.out.println(rs.getString("name"));
        }catch (ClassNotFoundException e) {
            e.printStackTrace();
        } finally{
            // 6.回收数据库资源
            if(rs!=null) {
                try {
                    rs.close();
                }
                catch (SQLException e) {
                    e.printStackTrace();
                }
                rs = null;
            }
            if(stmt!=null) {
                try {
                    stmt.close();
                } catch (SQLException e) {
                    e.printStackTrace();
                }
                stmt = null;
            }
            if(conn!=null) {
                try {
                    conn.close();
                } catch (SQLException e) {
                    e.printStackTrace();
                }
                conn = null;
```

```
                }
            }
        }
    }
```

程序运行效果如图 2-7 所示。

```
第二条数据的name值为：
Harry Potter and the Chamber of Secrets
第一条数据的name值为：
Harry Potter and the Philosopher's Stone
第4条数据的name值为：
A brief history of mankind
```

图 2-7　程序运行效果图（3）

了解了 JDBC 对数据库中数据表的查询和插入后，下面通过两个例题分别实现对数据表的删除和修改。

【例 2-4】 数据表中数据的删除。

```java
package cn.jlnku.jdbc.example;
import java.sql.Connection;
import java.sql.DriverManager;
import java.sql.ResultSet;
import java.sql.SQLException;
import java.sql.Statement;
import java.sql.Date;
public class Example04 {
    public static void main(String[] args) throws SQLException {
        Statement stmt = null;
        ResultSet rs = null;
        Connection conn = null;
        try {
            Class.forName("com.mysql.jdbc.Driver");
            String url = "jdbc:mysql://localhost:3306/test";
            String username = "root";
            String password = "root";
            conn = DriverManager.getConnection (url, username, password);
            // 通过 Connection 对象获取 Statement 对象
            stmt = conn.createStatement();
            // 使用 Statement 执行 SQL 语句
            String sql = "DELETE FROM books WHERE id= "+5;
            int num=stmt.executeUpdate(sql);
            if (num>0) {
                System.out.println("已成功删除！");
            }else {
                System.out.println("删除失败！");
            }
        } catch (ClassNotFoundException e) {
            e.printStackTrace();
        } finally{
            if(rs!=null) {
                try {
                    rs.close();
                } catch (SQLException e) {
                    e.printStackTrace();
```

```
            }
            rs = null;
        }
        if(stmt!=null) {
            try {
                stmt.close();
            } catch (SQLException e) {
                e.printStackTrace();
            }
            stmt = null;
        }
        if(conn!=null) {
            try {
                conn.close();
            } catch (SQLException e) {
                e.printStackTrace();
            }
            conn = null;
        }
    }
}
}
```

【例 2-5】数据表中数据的修改。

```
package cn.jlnku.jdbc.example;
import java.sql.Connection;
import java.sql.DriverManager;
import java.sql.PreparedStatement ;
import java.sql.SQLException;
import java.sql.Statement;
public class Example05 {
    public static void main(String[] args) throws SQLException {
        Connection conn = null;
        Statement  stmt = null;
int id=2;
        try {
            // 加载数据库驱动
            Class.forName("com.mysql.jdbc.Driver");
            String url = "jdbc:mysql://localhost:3306/test";
            String username = "root";
            String password = "root";
            // 创建应用程序与数据库连接的 Connection 对象
            conn = DriverManager.getConnection(url, username, password);
            // 执行的 SQL 语句
            stmt=conn.createStatement();
            float newprice=56.7f;
            String sql = "UPDATE books set price="+newprice +"WHERE " +"id="+id;
            int num = stmt.executeUpdate(sql);
            if (num > 0) {
                System.out.println("信息已成功替换!");
}
        } catch (ClassNotFoundException e) {
        e.printStackTrace();
        } finally {    // 释放资源
```

```java
            if (stmt != null) {
                try {
                    stmt.close();
                } catch (SQLException e) {
                    e.printStackTrace();
                }
                stmt = null;
            }
            if (conn != null) {
                try {
                    conn.close();
                } catch (SQLException e) {
                    e.printStackTrace();
                }
                conn = null;
            }
        }
    }
}
```

程序运行后，表的信息被更新，如图2-8所示。

```
id | name                                        | price | PublishDate | author
1  | Harry Potter and the Philosopher's Stone    | 44.5  | 1997-06-26  | J.K.Rowling
2  | Harry Potter and the Chamber of Secrets     | 56.7  | 1998-08-15  | J.K.Rowling
3  | Harry Potter and the Prisoner of Azkaban    | 49.5  | 1999-09-08  | J.K.Rowling
4  | Harry Potter and the Goblet of Fire         | 52.5  | 2000-07-15  | J.K.Rowling
5  | Harry Potter and the Order of Phoenix       | 49.5  | 2003-06-21  | J.K.Rowling
6  | Harry Potter and the Half-Blood Prince      | 54.5  | 2005-07-16  | J.K.Rowling
7  | Harry Potter and the Half-Blood Prince      | 58.9  | 2007-07-21  | J.K.Rowling
```

图 2-8　程序运行效果图（4）

2.6　本章小结

本章主要讲解了 JDBC 的基本知识，包括 JDBC 的 API、JDBC 的基本操作。通过对本章的学习，读者应该熟悉 JDBC 程序的开发流程，实现 MySQL 数据库数据的增、删、改、查。

第3章 Servlet基础

- 了解 Servlet 用途。
- 理解 Servlet 的生命周期。
- 掌握 Servlet 的运行环境以及 Servlet 的体系结构。
- 掌握 Servlet 的配置与执行。
- 理解如何使用 Web 程序和 Servlet 进行交互。

源文件

3.1 Servlet 概述

随着 Web 应用业务需求的增多，动态 Web 资源的开发变得越来越重要，得到了广泛的应用。目前，很多公司都提供了开发动态 Web 资源的相关技术，其中比较常见的有 ASP、PHP、JSP 和 Servlet 等。Servlet 技术是基于 Java 编程语言的 Web 服务器端编程技术，主要用于在 Web 服务器端获得客户端访问请求消息和动态生成对客户端的响应消息，同时，基于 Java 的动态 Web 资源开发，Sun 公司提供了 Servlet 和 JSP 两种技术。Servlet 技术是 JSP 技术的基础。接下来，本章将针对 Servlet 技术的相关知识进行详细的讲解。

Servlet 是位于 Web 服务器内部、服务器端的 Java 应用程序，具有独立于平台和协议的特性，可以生成动态的 Web 页面。它担当客户端请求（Web 浏览器或其他 HTTP 客户程序）与服务器端响应（HTTP 服务器上的数据库或应用程序）的中间层。Servlet 与传统的、从命令行启动的 Java 应用程序不同，它由 Web 服务器进行加载，该 Web 服务器必须包含支持 Servlet

的 Java 虚拟机。

Servlet 由 Servlet 容器提供，所谓 Servlet 容器，是指提供了 Servlet 功能的服务器（本书中指 Tomcat），Servlet 容器将 Servlet 动态地加载到服务器上。与 HTTP 相关的 Servlet 使用 HTTP 请求和 HTTP 响应与客户端进行交互，因此，Servlet 容器支持所有 HTTP 的请求和响应。

使用 Servlet 的基本流程如图 3-1 所示：

① 客户端通过 HTTP 提出请求。

② Web 服务器接收该请求并将其交给 Servlet 容器，然后调用 Servlet 中的方法来处理。如果这个 Servlet 尚未被加载，Servlet 容器将把它加载到 Java 虚拟机并且执行它。

③ Servlet 将接收该 HTTP 请求并用特定的方法进行处理：可能会访问数据库、调用 Web 服务、EJB 调用或直接给出结果，并生成一个响应。

④ 这个响应由 Servlet 容器返回给 Web 服务器。

⑤ Web 服务器包装这个响应，以 HTTP 响应的方式发送给 Web 浏览器（客户端）。

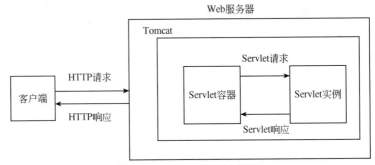

图 3-1 Servlet 的基本流程

Servlet 是 javax.servlet 包中 HttpServlet 类的子类的一个实例，由服务器负责创建并完成初始化工作。当多个用户请求一个 Servlet 时，服务器为每个用户启动一个线程而不是启动一个进程，这些线程由服务器来管理，与传统的 CGI 为每个用户启动一个进程相比较，效率要高得多。

Servlet 技术具有如下特点：

① 方便：Servlet 提供了大量的实用工具例程，如处理很难完成的 HTML 表单数据、读取和设置 HTTP 头，以及处理 Cookie 和跟踪会话等。

② 跨平台：Servlet 用 Java 类编写，可以在不同操作系统平台和不同应用服务器平台下运行。

③ 灵活性和可扩展性强：由于 Java 类的继承性及构造函数等特点，采用 Servlet 开发的 Web 应用程序变得应用灵活，可随意扩展。

除了上述几点外，Servlet 还具有功能强大、能够在各个程序之间共享数据、安全性强等特点，此处不再详细说明，读者了解即可。

3.2 Servlet 开发入门

3.2.1 Servlet 接口及其实现类

Servlet API 由 javax.servlet 和 javax.servlet.http 这两个包中的接口（对象）和类组成。

javax.servlet 包中的接口和类定义了与具体协议无关的 Servlet，javax.servlet.http 包中的接口和类定义了采用 HTTP 进行通信的 Servlet。Servlet API 继承层次结构如图 3-2 所示。

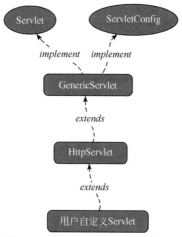

图 3-2　Servlet 继承层次结构图

（1）javax.servlet.Servlet 接口

Servlet 规范要求所有的 Servlet 类必须直接或间接实现 javax.servlet.Servlet 接口，该接口的方法说明见表 3-1。

表 3-1　javax.servlet.Servlet 接口的方法说明

方法	方法说明
init(ServletConfig config)	容器在创建好 Servlet 对象后就会调用此方法。该方法接收一个 ServletConfig 类型的参数，Servlet 容器通过这个参数向 Servlet 传递初始化配置信息，返回一个字符串，其中包含关于 Servlet 的信息，如作者、版本和版权等信息
service(ServletRequest request, ServletResponse response)	负责响应用户的请求，当容器接收到客户端访问 Servlet 对象的请求时，就会调用此方法。容器会构造一个表示客户端请求信息的 ServletRequest 对象和一个用于响应客户端的 ServletResponse 对象，并把它们作为参数传递给 service()方法。在 service()方法中，可以通过 ServletRequest 对象得到客户端的相关信息和请求信息，在对请求进行处理后，利用调用 ServletResponse 对象的方法设置响应信息
destroy()	负责释放 Servlet 对象占用的资源。当服务器关闭或者 Servlet 对象被移除时，Servlet 对象会被销毁，容器会调用此方法
getServletConfig()	返回 ServletConfig 对象，该对象代表了 Servlet 的配置信息
getServletInfo()	获取 Servlet 的文本信息，如作者、版本、版权等信息

在实现该接口时，必须实现该接口的 init()方法、service()方法和 destroy()方法。通过直接实现 Servlet 接口来创建 Servlet 的方式实际中很少用到。

（2）javax.servlet.GenericServlet 类

javax.servlet.GenericServlet 类（简称 GenericServlet 类）实现了 javax.servlet.Servlet 接口。如果需要开发与具体协议无关的 Servlet，那么就可以利用继承并覆盖 GenericServlet 的 service (ServletRequest request, ServletResponse response)方法。通过继承 GenericServlet 来创建 Servlet 的方式实际中也很少用到。GenericServlet 类的常用方法说明见表 3-2。

表 3-2 GenericServlet 类的常用方法

方法	方法说明
String getInitParameter(String name)	返回参数 name 指定的初始化参数值
ServletConfig getServletConfig()	返回 ServletConfig 对象，该对象代表 Servlet 配置对象
ServletContext getServletContext()	返回 ServletContext 对象
abstract void service(ServletRequest request, ServletResponse response)	Servlet 容器调用该方法响应客户请求，该方法是 GenericServlet 的唯一抽象方法，也是必须要被子类所覆盖的方法
String getServletName()	返回 web.xml 中指定的 Servlet 的名字

（3）javax.servlet.http.HttpServlet 类

大多数情况下，开发者需要继承 javax.servlet.http.HttpServlet（简称 HttpServlet）来创建基于 HTTP 的 Servlet。HttpServlet 类是 GenericServlet 的子类，重写了从父类继承的方法［如 service()方法等］，并增加了新的方法 ［doGet()、doPost()、doPut()、doDelete()方法等］。HttpServlet 类的常用方法说明见表 3-3。

表 3-3 HttpServlet 类的常用方法说明

方法	方法说明
void doGet(HttpServletRequest request,HttpServletResponse response)	在接收 HTTP GET 请求时，Servlet 容器调用该方法处理 GET 请求
void doPost(HttpServletRequest request, HttpServletResponse response)	在接收 HTTP POST 请求时，Servlet 容器调用该方法处理 POST 请求

继承 HttpServlet 类来派生 HttpServlet 子类时，如果处理的是 HTTP 的 GET 请求，那么在子类中重写 doGet()方法，如果处理的是 HTTP 其他请求，那么在子类中重写其他对应的方法。

3.2.2 实现第一个 Servlet 程序

Servlet 程序必须通过 Servlet 引擎来启动运行，并且存储目录有特殊要求，通常需要存储在指定目录中。Servlet 程序必须在 Web 应用程序的 web.xml 文件中进行注册和映射其访问路径，才能被 Servlet 引擎加载和被外界访问。

实际开发中通常使用集成开发环境 Eclipse 创建、部署和测试包含 Servlet 的 Java Web 项目，这样可以提高开发效率。

【例 3-1】实现第一个 Servlet 程序。

（1）创建 Java Web Project

在 Eclipse【菜单】栏单击【File】→【New】→【Project】→【Web】→【Dynamic Web Project】，在弹出的【New Dynamic Web Project】窗口输入项目名称"Chap03_1"，如图 3-3 所示。单击【Next】按钮进入下一步，出现如图 3-4 所示窗口，选中【Generate web.xml deployment descriptor】选项后，单击【Finish】按钮完成项目创建工作。

（2）创建并配置 HelloWorldServlet

① 打开【创建 Servlet 向导】。右击 chap03_1 项目中的【Java Resources\src】，选择【New】→【Servlet】命令，打开【创建 Servlet 向导】，如图 3-5 所示。

图 3-3 创建 Java Web Project

图 3-4 Eclipse【New Dynamic Web Project】对话框

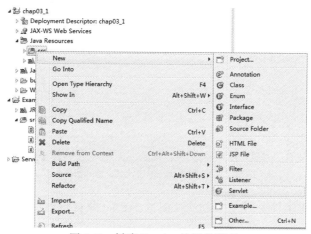

图 3-5 创建 Servlet 的操作路径

② 配置 Servlet 包名和类名。在【创建 Servlet 向导】打开的【Create Servlet】窗口中，配置包名和类名，如图 3-6 所示。在【Java package】文本框输入包名"cn.jlnku.servlet"，在【Class name】文本框输入类名"HelloWorldServlet"。单击【Next】按钮进入【配置 Servlet 映射信息】窗口。

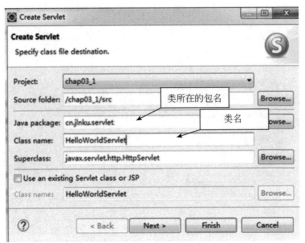

图 3-6 【Create Servlet】对话框中填写类名与包名

③ Servlet 映射信息。配置 Servlet 映射信息包括配置名字和映射路径。Eclipse 自动生成的 Servlet 映射信息如图 3-7 所示。这些信息指定了 Servlet 的名字是"HelloWorldServlet"，映射路径为"/HelloWorldServlet"。

图 3-7 创建 Servlet 中 URL mappings

④ 单击图 3-7 中的【Next】按钮进入【配置 Servlet 修饰符和选择 Servlet 方法】的窗口，如图 3-8 所示。

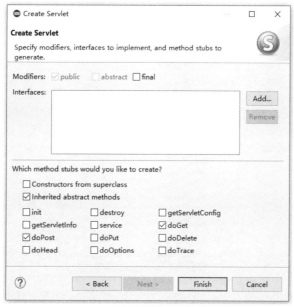

图 3-8 【Create Servlet】对话框中选择方法

⑤ 在图 3-8 中选择【Inherited abstract methods】【doGet】【doPost】方法即可，其他选项在此不需要选中。最后单击【Finish】按钮，Eclipse 会自动打开 HelloWorldServlet.java 的【编辑】窗口。HelloWorldServlet.java 文件是 Servlet 类的源代码，将源代码整理如下：

HelloWorldServlet.java 程序：

```java
package cn.jlnku.servlet;
import java.io.IOException;
import java.io.PrintWriter;
import javax.servlet.ServletException;
import javax.servlet.http.HttpServlet;
import javax.servlet.http.HttpServletRequest;
import javax.servlet.http.HttpServletResponse;
public class HelloWorldServlet extends HttpServlet {
    public HelloWorldServlet() {
        super();
    }
    protected void doGet(HttpServletRequest request, HttpServletResponse response) throws ServletException, IOException{
        PrintWriter out=response.getWriter();
        out.print("Hello World! MyServlet!");
    }
    protected void doPost(HttpServletRequest request, HttpServletResponse response) throws ServletException, IOException {
        doGet(request, response);
    }
}
```

（3）编写部署文件 web.xml

Servlet 类的字节码保存到指定的目录后，需要为 Tomcat 服务器编写一个部署文件，只有这样 Tomcat 服务器才会按照用户的请求使用 Servlet 类的字节码文件创建对象。该部署文件是一个 XML 文件，名字是 web.xml，存在位置如图 3-9 所示。由 Tomcat 服务器负责管理，

XML 文件是由标记组成的文件，使用该 XML 文件的应用程序（如 Tomcat 服务器）配有的内置解析器，可以解析 XML 文件。

图 3-9　web.xml 位置

部署到服务器的项目存放在 tomcat 文件夹，如图 3-10 所示，其中 web.xml 的存放目录是 WEB-INF。web.xml 文件的代码如下：

```xml
<?xml version="1.0" encoding="UTF-8"?>
<web-app xmlns:xsi="http://www.w3.org/2001/XMLSchema-instance" xmlns="http://xmlns.jcp.org/xml/ns/javaee"
    xsi:schemaLocation="http://xmlns.jcp.org/xml/ns/javaee http://xmlns.jcp.org/xml/ns/javaee/web-app_3_1.xsd" id="WebApp_ID" version="3.1">
  <display-name>chap03_1</display-name>
  <welcome-file-list>
    <welcome-file>index.html</welcome-file>
    <welcome-file>index.htm</welcome-file>
    <welcome-file>index.jsp</welcome-file>
    <welcome-file>default.html</welcome-file>
    <welcome-file>default.htm</welcome-file>
    <welcome-file>default.jsp</welcome-file>
  </welcome-file-list>
  <servlet>
    <servlet-name>HelloWorldServlet</servlet-name>
    <servlet-class>cn.jlnku.servlet.HelloWorldServlet</servlet-class>
  </servlet>
  <servlet-mapping>
    <servlet-name>HelloWorldServlet</servlet-name>
    <url-pattern>/HelloWorldServlet</url-pattern>
  </servlet-mapping>
</web-app>
```

① web.xml 声明部分。

```xml
<?xml version="1.0" encoding="UTF-8"?>
<web-app xmlns:xsi="http://www.w3.org/2001/XMLSchema-instance" xmlns="http://xmlns.jcp.org/xml/ns/javaee"
    xsi:schemaLocation="http://xmlns.jcp.org/xml/ns/javaee http://xmlns.jcp.org/xml/ns/javaee/web-app_3_1.xsd" id="WebApp_ID" version="3.1">
```

上面的模板文件是由 Sun 公司定义的，它必须标明 web.xml 使用的是哪个模板文件。上面模板文件是一般 XML 所需要做的声明，包含定义 XML 的版本、编码格式等。web-app 定义该文档的根元素。

② <servlet>标记及子标记。<servlet>标记有两个子标记：<servlet-name>和<servlet-class>。其中<servlet-name>标记的内容是创建的 Servlet 的名字，<servlet-class>标记的内容是指定用哪个 Servlet 类来创建 Servlet。本例中 cn.jlnku.servlet. HelloWorldServlet 是 HelloWorldServlet.class 在服务器中存在的位置，如图 3-10 所示。

图 3-10　服务器中已部署的项目 class 文件存放位置

③ <servlet-mapping>标记及子标记。一个<servlet>标记会对应地出现一个<servlet-mapping>标记，<servlet-mapping>标记需要有两个子标记：<servlet-name>和<url-pattern>。其中，<servlet-name>标记的内容是创建的 Servlet 的名字，<url-pattern>标记用来指定用户用怎样的 URL 格式来请求 Servlet，例如，<url-pattern>标记的内容是/HelloWorldServlet，且前面的"/"不能省略。

④ 浏览器通过用户请求，在 Web 容器中找到对应的 Servlet 步骤，如图 3-11 所示。

图 3-11　Web 容器找到 Servlet 的过程

（4）将项目部署到 Tomcat 下并运行

打开【Servers】选项卡，选中部署 Web 应用的 Tomcat 服务器，右键并选择【Add and Remove】选项（图 3-12）进入 Web 应用的界面。在图 3-13 中，【Available】选项中的内容是

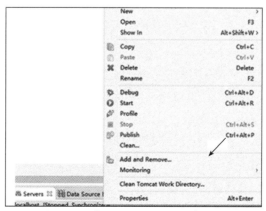

图 3-12　【Add and Remove】选项

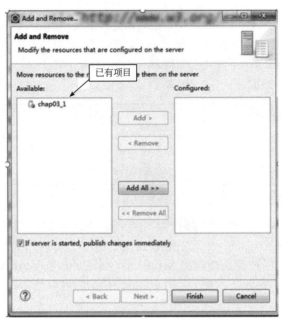

图 3-13　部署 Web 应用的界面

没有部署到 Tomcat 服务器的 Web 项目，【Configured】选项中的内容是已经部署到 Tomcat 服务器的 Web 项目，选中【chap03_1】，单击【Add】按钮，将"chap03_1"项目添加到 Tomcat 服务器中，如图 3-14 所示。

图 3-14　将项目部署到 Tomcat 服务器

（5）浏览器进行测试

启动 Tomcat 服务器，在浏览器【地址】栏中输入"http://localhost:8080/chap03_1/HelloWorldServlet"后按 Enter 键，HelloWorldServlet 在浏览器中的显示效果如图 3-15 所示。

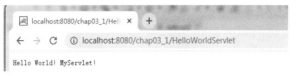

图 3-15　访问 Servlet 请求

3.2.3　Servlet 的生命周期

Servlet 的生命周期：Servlet 在容器中从创建到销毁的过程。

一个 Servlet 的生命周期主要由下列三个过程组成：

（1）初始化 init()方法

Servlet 第一次被请求加载时，服务器调用 init()方法完成 Servlet 必要的初始化工作，即创建一个 Servlet，init()方法只被调用一次，即在 Servlet 第一次被请求加载时调用该方法。该方法是 HttpServlet 类中的方法，可以在子类中重写这个方法。init()方法的声明格式：

public void init(ServletConfig config) throws ServletException

（2）service()方法

诞生的 Servlet 再调用 service()方法响应用户的请求，该方法是 HttpServlet 类中的方法，可以在子类中直接继承或重写这个方法。service()方法的声明格式：

public void service(HttpServletRequest request HttpServletResponse response) throws ServletException, IOException

当后续的用户请求该 Servlet 时，服务器将启动一个新的线程，在该线程中，Servlet 调用 service()方法响应用户的请求，即每个用户的请求都导致 service()方法被调用执行，调用过程运行在不同的线程中，互不干扰。

（3）destroy()方法

当服务器关闭时，调用 destroy()方法，销毁 Servlet。该方法是 HttpServlet 类中的方法，子类可直接继承这个方法，一般不需要重写。destroy()方法的声明格式：

public void destroy()

当服务器终止服务时，如关闭服务器等，服务器调用 destroy()方法卸载该 Servlet，释放 Servlet 运行时占用的资源。Servlet 生命周期如图 3-16 所示。

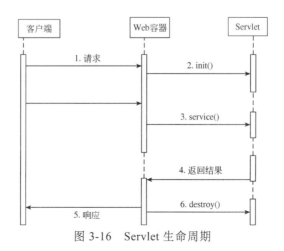

图 3-16　Servlet 生命周期

下面通过一个具体的例子演示 Servlet 生命周期方法的执行效果。

【例 3-2】 验证 Servlet 的生命周期。

对前文中的 HelloWorldServlet 进行修改，在文件中重写 init()方法、service()方法、destroy() 方法。修改后的代码如下：

HelloWorldServlet.java 程序如下：

```java
package cn.jlnku.servlet;
import java.io.IOException;
import java.io.PrintWriter;
import javax.servlet.GenericServlet;
import javax.servlet.ServletConfig;
import javax.servlet.ServletException;
import javax.servlet.ServletRequest;
import javax.servlet.ServletResponse;
import javax.servlet.annotation.WebServlet;
import javax.servlet.http.HttpServlet;
import javax.servlet.http.HttpServletRequest;
import javax.servlet.http.HttpServletResponse;
public class HelloWorldServlet extends GenericServlet {
    public void init(ServletConfig config) throws ServletException {
        System.out.println("init methed is called!");
    }
    public void service(ServletRequest request, ServletResponse response) throws ServletException{
        System.out.println("service methed is called!");
    }
    public void destroy() {
        System.out.println("destroy methed is called!");
    }
}
```

重新部署项目，启动 Tomcat 服务器，通过浏览器访问 HelloWorldServlet，运行结果如图 3-17 所示。

从图 3-17 看出，Tomcat 输出了"init methed is called!"和"service methed is called!"语句，说明用户第 1 次访问 HelloWorldServlet 时，Tomcat 就创建了 HelloWorldServlet 对象，并在调用 service()方法处理用户请求之前，通过 init()方法实现了对 Servlet 的初始化。

刷新浏览器，多次访问 HelloWorldServlet 后，程序运行效果如图 3-18 所示。

由图 3-18 可以看出，Tomcat 只输出了"service methed is called!"语句，由此可见，init() 方法只在第 1 次访问时执行，service()方法则在每次访问时都被执行。

如果想将 HelloWorldServlet 移除，可以通过 Tomcat 的管理平台将其停止运行，即终止此 Web 应用，此时，Servlet 容器会调用 HelloWorldServlet 的 destroy()方法，程序运行结果如图 3-19 所示。

```
信息: Server startup in 7431 ms
init methed is called!
service methed is called!
```

```
init methed is called!
service methed is called!
service methed is called!
service methed is called!
```

```
init methed is called!
service methed is called!
service methed is called!
service methed is called!
destroy methed is called!
```

图 3-17　程序运行效果图（1）　　图 3-18　程序运行效果图（2）　　图 3-19　程序运行效果图（3）

3.3 Servlet 应用

由于 Servlet 基本上是在 HTTP 下使用的，因此提供了 HttpServlet 类，此类继承自 GenericServlet 类，在使用 Servlet 时，只需继承 HttpServlet 类，然后覆盖以下方法：

service(HttpServletRequest request, HttpServletResponse response) throws ServletException, IOException

注意：HttpServletRequest 和 HttpServletResponse 分别从 ServletRequest 和 ServletResponse 继承。

此外，HttpServlet 还提供了 doPost()和 doGet()方法，参数和返回值与 service()方法相同，只是 service()方法可以针对客户端的任何请求类型（GET 和 POST），而 doPost()和 doGet()方法分别只能对应客户端的 POST 方式请求和 GET 方式请求。

一个 HttpServlet 的子类必须至少重载以下方法中的一个。

① doGet()方法，适用于 HTTP GET 请求。
② doPost()方法，适用于 HTTP POST 请求。
③ doPut()方法，适用于 HTTP PUT 请求。
④ doDelete()方法，适用于 HTTP DELETE 请求。
⑤ init()和 destroy()方法，管理 Servlet 生命周期中的资源。
⑥ getServletInfo()方法，提供 Servlet 本身的信息。

为了使读者可以更好地了解 HttpServlet，接下来分析 HttpServlet 类的源代码片段，具体如下：

```java
public abstract class HttpServlet extends GenericServlet
    implements Serializable
{
    protected void doGet(HttpServletRequest req, HttpServletResponse resp)
        throws ServletException, IOException
    {
        …
    }
    protected void doPost(HttpServletRequest req, HttpServletResponse resp)
        throws ServletException, IOException
    {
        …
    }
    protected void service(HttpServletRequest req, HttpServletResponse resp)
        throws ServletException, IOException
    {
        String method = req.getMethod();
        if(method.equals("GET"))
        {
            long lastModified = getLastModified(req);
            if(lastModified == -1L)
            {
                doGet(req, resp);
            } else
            {
```

```java
            long ifModifiedSince = req.getDateHeader("If-Modified-Since");
            if(ifModifiedSince < (lastModified / 1000L) * 1000L)
            {
                maybeSetLastModified(resp, lastModified);
                doGet(req, resp);
            } else
            {
                resp.setStatus(304);
            }
        }
    } else
    if(method.equals("HEAD"))
    {
        long lastModified = getLastModified(req);
        maybeSetLastModified(resp, lastModified);
        doHead(req, resp);
    } else
    if(method.equals("POST"))
        doPost(req, resp);
    else
    if(method.equals("PUT"))
        doPut(req, resp);
    else
    if(method.equals("DELETE"))
        doDelete(req, resp);
    else
    if(method.equals("OPTIONS"))
        doOptions(req, resp);
    else
    if(method.equals("TRACE"))
    {
        doTrace(req, resp);
    } else
    {
        String errMsg = lStrings.getString("http.method_not_implemented");
        Object errArgs[] = new Object[1];
        errArgs[0] = method;
        errMsg = MessageFormat.format(errMsg, errArgs);
        resp.sendError(501, errMsg);
    }
}

public void service(ServletRequest req, ServletResponse resp)
    throws ServletException, IOException
{
    HttpServletRequest request;
    HttpServletResponse response;
    try
    {
        request = (HttpServletRequest)req;
        response = (HttpServletResponse)resp;
    }
    catch(ClassCastException e)
    {
```

```
            throw new ServletException("non-HTTP request or response");
        }
        service(request, response);
    }
}
```

通过分析 HttpServlet 的源代码片段，发现 HttpServlet 主要有两大功能。第一，根据用户请求方式的不同，定义相应的 doXxx()方法处理用户请求。例如，与 GET 请求方式对应的 doGet()方法，与 POST 请求方式对应的 doPost()方法。第二，通过 service()方法将 HTTP 请求和响应分别强转为 HttpServletRequest 和 HttpServletResponse 类型的对象。

需要注意的是，由于 HttpServlet 类在重写的 service()方法中，为每一种 HTTP 请求方式都定义了对应的 doXxx()方法，因此，当定义的类继承了 HttpServlet 后，只需根据请求方式，重写对应的 doXxx()方法即可，而不需要重写 service()方法。由于客户端的大多数请求都是 GET 和 POST，学习如何使用 HttpServlet 中 doGet()和 doPost()方法变得相当重要。

【例 3-3】学习 HttpServlet 中的 doGet()和 doPost()方法。

① 在 Eclipse 的 chap03_1 项目包 cn.jlnku.servlet 下新建 GetPostServlet 的 Servlet 类。GetPostServlet.java 程序代码如下：

```java
package cn.jlnku.servlet;
import java.io.IOException;
import java.io.PrintWriter;
import javax.servlet.ServletException;
import javax.servlet.http.HttpServlet;
import javax.servlet.http.HttpServletRequest;
import javax.servlet.http.HttpServletResponse;
public class GetPostServlet extends HttpServlet {
    public void doGet(HttpServletRequest request,
                    HttpServletResponse response)
        throws ServletException, IOException {
      PrintWriter out = response.getWriter();
      out.write("doGet method");
    }
    public void doPost(HttpServletRequest request,
                    HttpServletResponse response)
        throws ServletException, IOException {
      PrintWriter out = response.getWriter();
      out.write("doPost method");
    }
}
```

② 在 Tomcat 的配置 web.xml 中，加入下面的配置信息：

```xml
<servlet>
  <servlet-name>GetPostServlet</servlet-name>
  <servlet-class>cn.jlnku.servlet.GetPostServlet</servlet-class>
</servlet>
<servlet-mapping>
  <servlet-name>GetPostServlet</servlet-name>
  <url-pattern>/GetPostServlet</url-pattern>
</servlet-mapping>
```

③ 启动 Tomcat 服务器，在浏览器的【地址】栏输入"http://localhost:8080/chap03_1/GetPostServlet"，浏览器显示的结果如图 3-20 所示。

图 3-20　程序运行效果图（4）

④ 采用 POST 方式访问 GetPostServlet，要在项目目录下编写一个名为"form.html"的文件，如图 3-21 所示。

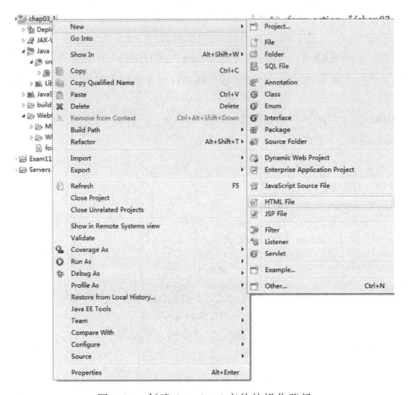

图 3-21　创建 form.html 文件的操作路径

其中表单的提交方式设计为 POST，代码如下：

```html
<!DOCTYPE html>
<html>
<head>
<meta http-equiv="content-type"
    content="text/html;charset=UTF-8">
<title>Hello</title>
</head>
<body style="font-size:30px">
  <form action="/chap03_1/GetPostServlet" method="post">
    <fieldset>
      <legend>欢迎</legend>
           用户信息:<input type="text" name="name"/><br/>
      用户密码:<input type="text" name="pwd"/><br/>
    <input type="submit"
       value="确定"/>
```

```
        </fieldset>
    </form>
</body>
</html>
```

⑤ 启动 Tomcat 服务器，在浏览器的【地址】栏中输入地址"http://localhost:8080/chap03_1/form.html"，访问 form.html 文件，浏览器显示的结果如图 3-22 所示。

⑥ 任意输入用户名和密码，单击【确定】按钮，容器会调用 doPost()方法，程序运行效果如图 3-23 所示。

图 3-22　程序运行效果图（5）　　　图 3-23　程序运行效果图（6）

采用 POST 方式请求 Servlet 时，会自动调用 doPost()方法。由于 GET 请求和 POST 请求是 HTTP 请求中最常见的请求方式，如果 GET 请求和 POST 请求的处理方式一致，则可以在 doPost()方法中直接调用 doGet()方法。

3.4　ServletConfig 和 ServletContext

API 接口（对象）ServletConfig 和 ServletContext 可以获得 Servlet 执行环境的相关数据。ServletConfig 对象接收 Servlet 特定的初始化参数，用于配置 Servlet。而 ServletContext 接收 Web Application 初始化参数。这两个接口都在 javax.servlet 包中。

3.4.1　ServletConfig 接口

在 Servlet 运行期间，经常需要一些辅助信息，如文件使用的编码、使用 Servlet 程序的共享等，这些信息可以在 web.xml 文件中使用一个或多个 init-param 元素进行配置。当 Tomcat 初始化一个 Servlet 时，会将该 Servlet 的配置信息封装到一个 ServletConfig 对象中，通过调用 init(ServletConfig config)方法将 ServletConfig 对象传递给 Servlet。此方法返回包含 Servlet 信息的 String，如作者、版本和版权。Servlet 引擎通过 init(ServletConfig config)方法和 GenericServlet.getServletConfig()方法获得 ServletConfig 对象。接下来通过表 3-4 来描述 ServletConfig 接口的常用方法。

表 3-4　ServletConfig 接口常用方法

方法名	功能描述
public String getServletName()	返回此 Servlet 实例的名称。该名称可能是通过服务管理器提供的，在 Web 应用程序部署描述符中分配，或者对于未注册（和未命名）的 Servlet 实例，该名称将是 Servlet 的类名称
public String getInitParameter(String name)	返回包含指定初始化参数的值的 String，如果参数不存在，则返回 null。该方法从 Servlet 的 ServletConfig 对象获取指定参数的值

续表

方法名	功能描述
public java.util.Enumeration getInitParameterNames()	以 String 对象的 Enumeration 的形式返回 Servlet 的初始化参数的名称，如果 Servlet 没有初始化参数，则返回一个空的 Enumeration
public ServletContext getServletContext()	返回对调用者在其中执行操作的 ServletContext 的引用。调用者用一个 ServletContext 对象与 Servlet 容器交互

【例 3-4】通过 ServletConfig 获取自身信息。

在 Eclipse 新建 Web 项目 chap03_2 下新建包名为 cn.jlnku.servlet、类名为 ServletConfigInfo 的 Servlet 类，项目中 web.xml 文件为 Servlet 配置了一些参数信息，具体的配置代码如下所示：

```xml
<servlet>
    <servlet-name>ServletConfigInfo</servlet-name>
    <servlet-class>cn.jlnku.servlet.ServletConfigInfo</servlet-class>
    <init-param>
        <param-name>schoolname</param-name>
        <param-value>jlnku</param-value>
    </init-param>
</servlet>
<servlet-mapping>
    <servlet-name>ServletConfigInfo</servlet-name>
    <url-pattern>/ServletConfigInfo</url-pattern>
</servlet-mapping>
```

以上代码表示要设置参数的节点，此节点中的<param-name>表示参数的名称，<param-value>表示参数对应的值，即在<init-param>节点中为 ServletConfigInfo 配置了一个名为 schoolname 的参数，其值为 jlnku。

ServletConfigInfo.java 程序代码如下：

```java
package cn.jlnku.servlet;
import java.io.IOException;
import java.io.PrintWriter;
import javax.servlet.ServletConfig;
import javax.servlet.ServletException;
import javax.servlet.http.HttpServlet;
import javax.servlet.http.HttpServletRequest;
import javax.servlet.http.HttpServletResponse;
public class ServletConfigInfo extends HttpServlet {
    protected void doGet(HttpServletRequest request,
        HttpServletResponse response) throws ServletException, IOException {
        PrintWriter out = response.getWriter();
        // 获得 ServletConfig 对象
        ServletConfig config = getServletConfig();
        // 获得参数名为 encoding 对应的参数值
        String schoolname = config.getInitParameter("schoolname");
        out.println("schoolname=" + schoolname);
    }
    protected void doPost(HttpServletRequest request,
        HttpServletResponse response) throws ServletException, IOException {
        this.doGet(request, response);
    }
}
```

ServletConfig 对象的 getServletConfig()方法可以返回多个 Servlet 的初始化参数信息，返回值类型为 Enumeration，进而根据名字获取每个参数的值。程序运行效果如图 3-24 所示。

图 3-24 程序运行效果图（7）

3.4.2 ServletContext 接口

当 Servlet 容器启动时，会为每个 Web 应用创建一个唯一的环境对象 ServletContext，该对象代表当前 Web 应用，Servlet 引擎通过这个对象向 Servlet 提供环境信息。一个 Servlet 的环境对象与其所驻留的主机是一一对应的，在一个处理多个虚拟主机的 Servlet 引擎中，每一个虚拟主机都必须被视为一个单独的环境。ServletContext 对象是服务器上一个 Web 应用的代表，它的多数方法都是用来获取服务器端信息。该对象不仅封装了当前 Web 应用的所有信息，而且实现了多个 Servlet 之间数据的共享。接下来将针对 ServletContext 接口的不同作用分别进行讲解，ServletContext 接口常用方法具体如表 3-5 所示。

表 3-5 ServletContext 接口常用方法

方法	功能描述
String getServerInfo()	获得 Servlet 引擎的服务器类型
getMajorVersion()	获得 Servlet 引擎的主版本号
getMinorVersion()	获得 Servlet 引擎的次版本号
Enumeration getInitParameterNames()	返回一个 Enumeration 对象，其中包含了所有的初始化参数名
Object getAttribute(String name)	根据参数指定的属性名返回一个与之匹配的域属性值
Object removeAttribute(String name)	根据参数指定的域属性名，删除与之匹配的域属性值
void setAttribute(String name, Object obj)	设置 ServletContext 的域属性值，其中 name 是域属性名，obj 是域属性值
Set getResourcePaths(String path)	返回 Set 集合，集合中包含资源目录中子目录和文件的路径名称
String getRealPath(String path)	返回资源文件在服务器中的绝对路径。参数 path 代表资源文件的虚拟路径，它应该以 "/" 开始，表示当前 Web 应用的根目录
URL getResource(String path)	返回映射到某个资源文件的 URL 对象，参数 path 必须以 "/" 开始，表示当前 Web 应用的根目录
InputStream getResourceAsStream(String path)	返回映射到某个资源文件的 InputStream 输入流对象。参数 path 传递规则和 getResource()方法一致
ServletContext getServletContext()	返回一个代表当前 Web 应用的 ServletContext 对象
String getServletName()	返回 Servlet 的名字，即 web.xml 中 servlet-name 元素的值

（1）获取 Web 服务器信息

【例 3-5】获取服务器信息。

在 Servlet 实例中可以获取服务器端信息，并在客户端显示。创建类名为 ServerInfoServlet 的 Servlet 类，包名为 cn.jlnku.servlet，ServerInfoServlet.java 程序代码如下：

```
package cn.jlnku.servlet;
```

```java
import java.io.IOException;
import java.io.PrintWriter;
import java.util.Enumeration;
import java.util.LinkedHashMap;
import java.util.Map;
import javax.servlet.ServletContext;
import javax.servlet.ServletException;
import javax.servlet.ServletRequest;
import javax.servlet.ServletResponse;
public class ServerInfoServlet extends javax.servlet.http.HttpServlet implements javax.servlet.Servlet {
    private Map initParams = new LinkedHashMap();
    private String servletName = null;
    public void service(ServletRequest request, ServletResponse response) throws ServletException,IOException {
        response.setContentType("text/html;charset=GB2312");
        PrintWriter out = response.getWriter();
        ServletContext sc = getServletContext();
        out.println("服务器类型" + sc.getServerInfo()+"<br>" );
        out.println("支持 Servlet 版本"+sc.getMajorVersion()+"."+ sc.getMinorVersion()+"<br>" );
        out.println("服务器属性");
        // 获得服务器属性集合
        Enumeration<String> attributes = sc.getAttributeNames();
        while (attributes.hasMoreElements()) {
            String name = (String)attributes.nextElement();
            out.println(name+"<br>" );
        }
    }
}
```

其配置文件如下：

```xml
<servlet>
  <servlet-name>ServerInfoServlet</servlet-name>
  <servlet-class>cn.jlnku.servlet.ServerInfoServlet</servlet-class>
</servlet>
<servlet-mapping>
  <servlet-name>ServerInfoServlet</servlet-name>
  <url-pattern>/ServerInfoServlet</url-pattern>
</servlet-mapping>
```

程序运行结果如图 3-25 所示。

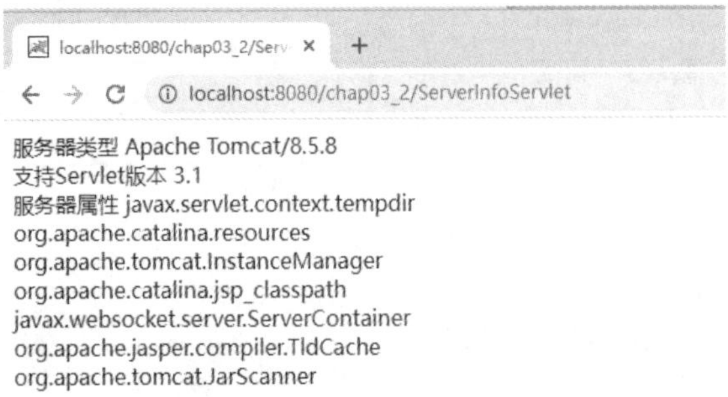

图 3-25　程序运行效果图（8）

（2）实现多个 Servlet 对象共享数据

由于一个 Web 应用中的所有 Servlet 共享一个 ServletContext 对象，因此 ServletContext 对象的域属性可以被该 Web 应用中的所有 Servlet 访问。在 Web 开发中常常需要统计某个页面的访问次数，可以使用 ServletContext 对象来保存访问的次数。在一个 Web 应用程序中只有一个 ServletContext 对象，并且它可以被所有 Servlet 访问，因此可以在 ServletContext 对象中保存共享的信息。例 3-6 可以使用 ServletContextCount 对象的 setAttribute()方法把共享信息保存到该对象中，使用 getAttribute()方法获得共享信息。

【例 3-6】 统计某一个页面的访问次数。

在 Eclipse 新建 Web 项目 chap03_2 下新建包名为 cn.jlnku.servlet2、类名为 ServletContextCount 的 Servlet 类，ServletContextCount.java 程序代码如下：

```java
package cn.jlnku.servlet2;
import java.io.IOException;
import java.io.PrintWriter;
import javax.servlet.Servlet;
import javax.servlet.ServletException;
import javax.servlet.http.HttpServlet;
import javax.servlet.http.HttpServletRequest;
import javax.servlet.http.HttpServletResponse;
import javax.servlet.ServletContext;
public class ServletContextCount extends HttpServlet implements Servlet {
    public  void doGet(HttpServletRequest request, HttpServletResponse response) throws ServletException, IOException {
        ServletContext context =getServletContext();
        Integer count = null;
        synchronized(context)
        {
            count = (Integer) context.getAttribute("counter");
            if (null == count)
            {
                count = new Integer(1);
            }
            else
            {
                count = new Integer(count.intValue() + 1);
            }
            context.setAttribute("counter", count);
        }
        response.setContentType("text/html;charset=gb2312");
        PrintWriter out = response.getWriter();
        out.println("页面" + "<b>" + count + "</b>" + "次被访问！ ");
        out.close();
    }
}
```

配置文件如下：

```xml
<servlet>
  <servlet-name>ServletContextCount</servlet-name>
    <servlet-class>cn.jlnku.servlet2.ServletContextCount</servlet-class>
  </servlet>
  <servlet-mapping>
    <servlet-name>ServletContextCount</servlet-name>
```

```
<url-pattern>/ServletContextCount</url-pattern>
</servlet-mapping>
```

启动 Tomcat 服务器,在浏览器中输入请求"http://localhost:8080/chap03_2/ServletContextCount",运行结果如图 3-26 所示。

图 3-26　程序运行效果图(9)

在 Firefox 浏览器继续发请求,页面的访问次数会继续增加,如图 3-27 所示。

图 3-27　程序运行效果图(10)

程序运行时,如果刷新页面,访问次数会增加到 2。如果再打开其他浏览器访问该页面,访问次数是 3。交替刷新这两个页面,访问次数会交替增加,说明 ServletContext 中保存的属性是多个客户端共享的。不同 Web 应用程序具有不同的 ServletContext,因此不能在不同的 Web 应用程序间利用 ServletContext 共享属性。每次服务器重启后 ServletContext 都会被再次初始化。

(3)读取 Web 应用下的资源文件

在实际开发中,有时可能会需要读取 Web 应用中的一些资源文件,如配置文件、图片等。为此,在 ServletContext 接口中定义了一些读取 Web 资源的方法,这些方法是依靠 Servlet 容器来实现的。Servlet 容器根据资源文件相对于 Web 应用的路径,返回关联资源文件的 I/O 流、资源文件在文件系统的绝对路径等。具体示例如下。

【例 3-7】通过 ServletContext 读取资源文件。

① 建立资源文件:在 chap03_2 项目中右键 src 文件夹,选择【New】→【Other】选项,进入创建文件的界面,如图 3-28 所示。单击【Next】按钮,进入下一个页面,填写文件名称。

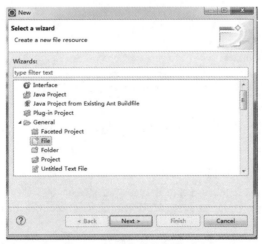

图 3-28　创建文件的操作路径

此文件名称为"jlnku.properties",并将其存于 src 文件夹下。单击【Finish】按钮,完成配置文件的建立。在此文件中输入如下信息:

jlnku.properties 文件内容:

```
city=jilin
school=jlnku
```

② 编写读取资源文件的 Servlet。新建包名为 cn.jlnku.servlet3、类名为 ServletContextInfo 的 Servlet 类,ServletContextInfo.java 程序代码如下:

```java
package cn.jlnku.servlet3;
import java.io.*;
import java.util.Properties;
import javax.servlet.*;
import javax.servlet.http.*;
public class ServletContextInfo extends HttpServlet {
    public void doGet(HttpServletRequest request,
        HttpServletResponse response)throws ServletException, IOException {
        PrintWriter out = response.getWriter();
            ServletContext context = this.getServletContext();
            //获取文件绝对路径
        String pathname = context
                    .getRealPath("/WEB-INF/classes/jlnku.properties");
        FileInputStream in = new FileInputStream(path);
        Properties properties = new Properties();
        pros.load(in);
        out.println("city=" + pros.getProperty("city"));
        out.println("schoolname=" + pros.getProperty("school"));
    }

    public void doPost(HttpServletRequest request,
      HttpServletResponse response)throws ServletException, IOException {
        this.doGet(request, response);
    }
}
```

上面的程序使用 ServletContext 的 getRealPath(String path)方法获得了 jlnku.properties 资源文件的绝对路径,然后使用其关联资源输入流对象。其中的 path 参数必须以"/"开始,表示资源文件相对于 Web 应用的绝对路径,其绝对路径为"/WEB-INF/classes/jlnku.properties",路径这样写的原因是,Tomcat 加载 Web 应用时,会将资源文件复制到项目的"WEB-INF/classes"目录下,如图 3-29 所示。配置文件略。

图 3-29 资源文件被部署到服务器的路径

启动 Tomcat 服务器,在浏览器的【地址】栏输入地址"http://localhost:8080/chap03_2/ServletContextInfo"访问 ServletContextInfo,浏览器的显示结果如图 3-30 所示。

图 3-30　程序运行效果图（11）

3.5　本章小结

　　本章主要介绍了 Java Servlet 的基本知识及其接口和类的用法。通过本章的学习，读者可以掌握 Servlet 接口及其实现类的使用方法，了解 Servlet 的生命周期，熟练使用 Eclipse 工具开发 Servlet，并能够掌握 Servlet 虚拟路径映射的配置。Servlet 技术在 Web 开发中非常重要，读者应该熟练掌握 Servlet 相关技术。

第4章 请求和响应

- 掌握 HttpServletRequest 对象的使用。
- 掌握 HttpServletResponse 对象的使用。
- 掌握如何利用 HttpServletRequest 对象和 HttpServletResponse 对象解决请求和响应过程中的中文乱码问题。
- 掌握如何实现请求转发与请求重定向。

源文件

  Servlet 最主要的作用是处理客户端请求，并向客户端做出响应。Servlet 是请求驱动，Web 容器收到一个对 Servlet 的请求时，就将其封装成一个 HttpServletRequest 对象，然后把对象传给 Servlet 的相应服务方法。为此，针对 Servlet 的每次请求，Web 服务器在调用 service() 方法之前，都会创建两个对象，分别是 HttpServletRequest 和 HttpServletResponse。获取客户端信息主要是通过调用 ServletRequest 接口或者子接口 HttpRequest 的方法。其中，HttpServletRequest 用于封装 HTTP 请求消息，简称 request 对象。HttpServletResponse 用于封装 HTTP 响应消息，简称 response 对象。

  需要注意的是，在 Web 服务器运行阶段，每个 Servlet 都只能创建一个实例对象。每次用户发出 HTTP 请求，Web 服务器都会调用 Servlet 实例的 service(HttpServletRequest request, HttpServletResponse response)方法，重新创建一个 request 对象和一个 response 对象。本章将针对 request 对象和 response 对象进行详细的讲解。

4.1 HttpServletResponse 对象

在 Servlet API 中定义了一个 HttpServletResponse 接口，它继承于 ServletResponse 接口，存放在 javax.servlet.http 包内，它代表了对客户端的 HTTP 响应。HttpServletResponse 接口给出了响应客户端的 Servlet 方法。由于 HTTP 响应消息分为状态行、响应消息头、消息体三部分，因此，在 HttpServletResponse 接口中定义了向客户端发送响应状态码（以下简称状态码）、响应（消息）头、响应（消息）体的方法，接下来将针对这些方法进行详细的讲解。

4.1.1 发送状态码的相关方法

当 Servlet 向客户端回送响应消息时，需要在响应消息中设置状态码。为此，在 HttpServletResponse 接口中，定义了两种发送状态码的方法，具体如下。

（1）setStatus(int status)方法

该方法用于设置 HTTP 响应消息的状态码，并生成状态行。由于状态行中的状态描述信息直接与状态码相关，而 HTTP 版本由服务器确定，因此，只要通过 setStatus(int n)方法设置了状态码，即可实现状态行的发送。需要注意的是，正常情况下，Web 服务器会默认产生一个状态码为 200 的状态行。

设定状态码的方法为 void setStatus(int n)，当服务器对请求进行响应时，发送的首行称为状态行。response 状态行包括 3 位数字的状态码。

对 5 类状态码的大概描述见表 1-6。

可以通过 response 对象的 setStatus(int n)方法来增加状态行的内容。

（2）sendError(int sc)方法

该方法用于发送表示错误信息的状态码，例如，404 状态码表示找不到客户端请求的资源。在 response 对象中，提供了两个重载的 sendError(int sc)方法，具体内容如表 4-1 所示。

表 4-1 sendError(int sc)方法说明

方法	说明
void sendError(int code)	发送错误信息的状态码
void sendError(int code,String message)	除发送状态码外，还可以增加一条用于提示说明的文本信息，该文本信息将出现在发送给客户端的正文内容中

4.1.2 发送响应消息头的相关方法

当 Servlet 容器向客户端发送响应消息时，HTTP 的响应头字段有多种，在 HttpServletResponse 接口中定义了设置 HTTP 响应头字段的方法，具体如表 4-2 所示。

表 4-2 设置响应头字段的方法

方法名	方法描述
setHeader(String name,String value)	该方法设置响应头字段信息，参数 name 表示响应头字段名称，参数 value 表示响应头字段的值
addHeader(String name,String value)	该方法设置有多个值的响应头字段信息，并且可以增加同名的响应头字段，参数含义同上

续表

方法名	方法描述
setIntHeader(String name,int value)	该方法用于设置只有一个值并且值的类型为 int 的响应头,可以省去在调用 setHeader 之前将 int 转换成字符串的麻烦。例如 Content-Length 响应头,该响应头是代表响应内容有多少字节数
addIntHeader(String name,int value)	该方法用于设置有多个值并且值的类型为 int 的响应头
setDateHeader(String name,long value)	该方法用于设置只有一个值并且值的类型为 long 的响应头
addDateHeader(String name,long value)	该方法用于设置有多个值并且值的类型为 long 的响应头
void　setContentLength()	该方法用于设置响应的实体内容大小,即设置 Content-Length 响应头字段的字节数
void　setContentType()	设置 Content-Type 响应头字段的值。如果发送给客户端的信息是 jpeg 格式的图像数据,响应头字段值类型设置为"image/jpeg",如果内容是文本,setContentType()方法可以设置字符集编码"text/html;charset=UTF-8"
void setLocale (Locale loc)	该方法用于设置响应消息的本地化信息。对 HTTP,就是设置 Content-Language 响应头字段和 Content-Type 响应头字段中的字符集编码部分。需要注意的是,如果 HTTP 消息没有设置 Content-Type 响应头字段,则 setLocale()方法设置的字符集编码不会出现在 HTTP 消息的响应头中,如果调用 setCharacterEncoding()或 setContentType()方法指定响应内容的字符集编码,则 setLocale()方法不再具有指定字符集编码的功能
void setCharacterEncoding(String charset)	该方法用于设置输出内容使用的字符集编码,对于 HTTP,就是设置 Content-Type 响应头字段中的字符集编码部分。如果没有设置 Content-Type 响应头字段,则 setCharacterEncoding()方法设置的字符集编码不会出现在 HTTP 消息的响应头中。setCharacterEncoding()方法的优先权比 setContentType()和 setLocale()方法高,它的设置结果将覆盖 setContentType()和 setLocale()方法所设置的字符集编码表

如表 4-2 所示,设置响应头字段有多种方法,其中最常用的方法就是 setHeader(String name,String value)。下面通过几个例子来了解如何使用这些方法:

① setHeader(String name ,String value):
response.setHeader("Content-Type","text/html;charset=UTF-8"),设置 Content-Type 响应头。

② addHeader(String name,String value):
response.addHeader("xxx","SSS"),这里的 xxx 表示某一响应头。

③ setIntHeader(String name,int value):
response.setIntHeader("Context-Length",888),通知客户端响应内容长度为 888 个字节。

④ setDateHeader(String name,int value):
response.setDateHeader("expires",当前时间+1000*60*60*24),设置过期时间为一天。

⑤ public void setContentType(String type):
动态响应 contentType 属性。

当一个用户访问一个 JSP 页面时,如果该页面用 page 指令设置的 contentType 属性为 text/html,那么 JSP 引擎将按照这种属性值作出反映。如果要动态改变这个属性值来响应客户端,就需要使用 response 对象的 setContentType(String s)方法来改变 contentType 的属性值。
设置输出数据的类型:
text/html:网页。
text/plain:纯文本。
application/x-msexcel:Excel 文件。
application/msword:Word 文件。

⑥ 设置刷新 public void setHeader(String name, String value)：

setHeader()可以设置 HTTP 应答报文的头字段和值；利用 setHeader()方法可以设置页面的自动刷新。

例如：

```
response.setHeader("Refresh","5");  //5s 后自动刷新本页面。
response.setHeader("Refresh","5;URL=http://www.163.com");//5s 后自动跳转到新页面。
```

4.1.3 发送响应消息体的相关方法

由于在 HTTP 响应消息中，大量的数据是通过响应消息体传递的，因此，ServletResponse 遵循以 I/O 流传递大量数据的设计理念。在发送响应消息体时，定义了两个与输出流相关的方法。

（1）getOutputStream()方法

该方法所获取的字节输出流对象为 ServletOutputStream 类型。由于 ServletOutputStream 是 OutputStream 的子类，它可以直接输出字节数组中的二进制数据，因此，要想输出二进制格式的响应正文，就需要使用 getOutputStream()方法。

（2）getWriter()方法

该方法所获取的字符输出流对象为 PrintWriter 类型。由于 PrintWriter 类型的对象可以直接输出字符文本内容，因此，要想输出内容全部为字符文本的网页文档，则需要使用 getWriter()方法。

注意：虽然 response 对象的 getOutputStream()和 getWriter()方法都可以发送响应消息体，但是，它们之间互相排斥，不可同时使用，否则会发生 IllegalStateException 异常。

（3）response 对象的其他方法

如表 4-3 所示。

表 4-3　response 对象的其他方法

方法	说明
void sendRedirect(String redirectURL)	将客户端重定向到指定的 URL
void setStatus(int n)	设置响应的状态行
ServletOutputStream getOutputStream()	获取二进制类型的输出流对象
PrintWriter getWriter()	获取字符类型的输出流对象
String encodeURL(String url)	编码指定的 URL
String encodeRedirectURL(String url)	编码指定的 URL，以便向 sendRedirect 发送
int getBufferSize()	获取缓冲区的大小
void setBufferSize(int bufferSize)	设置缓冲区的大小
void flushBuffer()	强制发送当前缓冲区的内容到客户端
void resetBuffer()	清除响应缓冲区中的内容
void addCookie(Cookie cookie)	向客户端发送一个 Cookie
boolean isCommitted()	判断服务器端是否已将数据输出客户端

4.2 HttpServletResponse 应用

4.2.1 解决中文输出乱码问题

由于计算机中的数据都是以二进制形式存储的，因此，当传输文本时，就会发生字符和字节之间的转换。字符与字节之间的转换是通过查码表完成的，将字符转换成字节的过程称为编码，将字节转换成字符的过程称为解码，如果编码和解码使用的码表不一致，就会导致乱码问题。对于有些解码错误，可以通过修改浏览器的解码方式解决。但是，这样的做法用户体验太差。为此，在 HttpServletResponse 对象中提供了解决乱码的方法。

通过 response 对象的 getWriter()获得字符流，通过字符流的 write(String s)方法可以将字符串发送到 response 缓冲区中，随后 Tomcat 服务器会将 response 缓冲区中的信息组装成 HTTP 响应返回给浏览器端。而 response 缓冲区的默认编码遵循 ISO 8859-1，此码表中没有中文，可以通过 setCharacterEncoding(String charset)设置 response 的编码，这种情况下客户端还是不能正常显示文字。原因是客户端浏览器的默认编码是中文系统的编码，即 GB 2312。可以通过设置缓冲区编码方式和浏览器打开的编码方式一致解决中文乱码。

解决方案一：

【例 4-1】通过设置 response 的相关方法，在浏览器页面输出中文。

```java
package cn.jlnku.response;
import java.io.*;
import javax.servlet.*;
import javax.servlet.http.*;
public class ChineseServlet extends HttpServlet {
    public void doGet(HttpServletRequest request,
        HttpServletResponse response) throws ServletException, IOException {
            //设置缓冲区编码
            response.setCharacterEncoding("UTF-8");
            //设置浏览器打开的编码方式
            response.setHeader("Content-Type","text/html;charset=UTF-8");
            String s = "输出汉字的解决方案1";
            PrintWriter out = response.getWriter();
            out.println(s);
    }
    public void doPost(HttpServletRequest request,
        HttpServletResponse response) throws ServletException, IOException {
        doGet(request, response);
    }
}
```

解决方案二：

```java
response.setContentType("text/html;charset=UTF-8");
```

上面的代码不仅可以指定浏览器解析页面时的编码，同时也内含 setCharacterEncoding 的功能，所以在实际开发中只需编写 response.setContentType("text/html;charset=utf-8")。

【例 4-2】利用解决方案二，在浏览器页面输出中文。

```java
public void doGet(HttpServletRequest request,
    HttpServletResponse response) throws ServletException, IOException {
```

```
            //设置字符集编码
            response.setContentType("text/html;charset=UTF-8");
            String s = "输出汉字的解决方案2";
            PrintWriter out = response.getWriter();
            out.println(s);
        }
```

程序运行效果如图 4-1 所示。

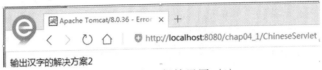

图 4-1　程序运行效果图（1）

4.2.2　请求重定向

在某些情况下，针对客户端的请求，一个 Servlet 类可能无法完成全部工作，可以使用请求重定向来完成。所谓请求重定向，指的是 Web 服务器接收到客户端的请求后，可能由于某些条件限制，不能访问当前请求 URL 所指向的 Web 资源，而是指定一个新的资源路径，让客户端重新发送请求。在 HttpServletResponse 接口中，定义了一个 sendRedirect()方法，该方法用于生成 302 状态码和 Location 响应头，从而通知客户端重新访问 Location 响应头中指定的 URL。

需要注意的是，参数 Location 可以使用相对 URL，Web 服务器会自动将相对 URL 翻译成绝对 URL，再生成 Location 头字段。

为了使读者更好地了解 sendRedirect()方法如何实现请求重定向，接下来，通过图 4-2 来描述 sendRedirect()方法的工作原理。

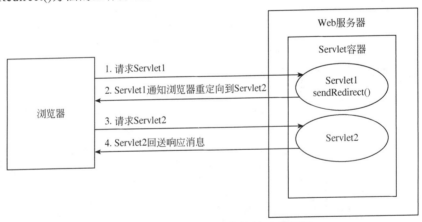

图 4-2　sendRedirect()方法的工作原理

在图 4-2 中，当客户端（浏览器）访问 Servlet1 时，由于在 Servlet1 中调用了 sendRedirect()方法将请求重定向到 Servlet2，因此，Web 服务器在收到 Servlet1 的响应消息后，立刻返回 302 状态码并向 Servlet2 发送请求。Servlet2 对请求处理完毕后，再将响应消息回送给客户端。实现重定向的语句如下：

```
void sendRedirect(String redirectURL)
```

在某些应用场景中，当服务器端响应客户端请求，需要将客户端重新引导至另一个页面时，可以使用 response 的 sendRedirect()方法实现客户端的重定向。

【例 4-3】用 sendRedirect()方法实现用户登录。

在 chap04_1 项目的 WebContent 目录下编写用户登录页面 login.html 和登录成功的页面 welcome.html。

login.html 程序内容如下：

```html
<!DOCTYPE html>
<html>
<head>
<meta http-equiv="content-type"
    content="text/html;charset=UTF-8">
<title>Hello</title>
</head>
<body style="font-size:30px">
  <form action="/chap04_1/LoginServlet" method="post">
    <fieldset>
      <legend>欢迎</legend>
            用户信息:<input type="text" name="name"/><br/>
            用户密码:<input type="text" name="pwd"/><br/>
      <input type="submit"
        value="提交"/>
    </fieldset>
  </form>
</body>
</html>
```

welcome.html 程序如下：

```html
<!DOCTYPE html>
<html>
<head>
<meta charset="UTF-8">
<title>登录页面</title>
</head>
<body style="font-size:30px">
    <fieldset>
        <legend>登录成功</legend>
                欢迎用户登录成功!!!
    </fieldset>
</body>
</html>
```

在 chap04_1 项目的 cn.jlnku.response 包下新建 LoginServlet 的 Servlet 类，用于处理用户发出的登录请求，程序如下：

```java
package cn.jlnku.response;
import java.io.IOException;
import javax.servlet.ServletException;
import javax.servlet.http.HttpServlet;
import javax.servlet.http.HttpServletRequest;
import javax.servlet.http.HttpServletResponse;
import java.io.*;
import javax.servlet.*;
import javax.servlet.http.*;
public class LoginServlet extends HttpServlet {
    public void service(HttpServletRequest request,
        HttpServletResponse response) throws ServletException, IOException {
```

```
response.setContentType("text/html;charset=UTF-8");
// 用 HttpServletRequest 对象的 getParameter()方法获取用户名和密码
    String username = request.getParameter("name");
    String pwd= request.getParameter("pwd");
    if (("jlnku").equals(username) &&("123").equals(pwd)) {
        // 如果用户输入的用户名是 jlnku,密码是 123,重定向到 welcome.html 页面
        response.sendRedirect("/chap04_1/welcome.html");
    } else {
      //如果用户输入的用户名或密码不是 jlnku、123,重定向到 login.html 页面
        response.sendRedirect("/chap04_1/login.html");
}}}
```

在 web.xml 文件中配置 LoginServlet 后,项目部署并启动 Tomcat 服务器,在浏览器【地址】栏输入 "http://localhost:8080/chap04_1/login.html",访问 login.html 文件,输入用户名(用户信息)和用户密码并单击【提交】后会以 POST 方式发出登录的请求,如输入的用户名和密码分别为 "jlnku" 和 "123",请求会重定向到 welcome.html 页面(图 4-3)。如果用户名和密码输入错误,请求会重定向到 login.html 页面,等待用户重新输入用户名和密码(图 4-4)。

图 4-3 请求成功页面

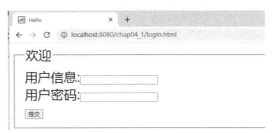

图 4-4 请求失败页面

4.3 HttpServletRequest 对象

在 Servlet API 中定义了一个 HttpServletRequest 接口(对象),它继承于 ServletRequest 接口,专门用来封装 HTTP 请求消息。由于 HTTP 请求消息分为请求(消息)行、请求(消息)头和请求(消息)体三部分,因此,在 HttpServletRequest 接口中定义了获取请求行、请求头和请求消息体的相关方法,接下来将针对这些方法进行详细的讲解。

4.3.1 获取请求行信息的相关方法

当访问 Servlet 时,在请求消息的请求行中包含请求方法、请求资源名、请求路径等信息,为了获取这些信息,在 HttpServletRequest 接口中,定义了一系列用于获取请求行的方法,如表 4-4 所示。

表 4-4 HttpServletRequest 获取请求行的方法

方法声明	功能描述
String getMethod()	该方法用于获取 HTTP 请求消息中的请求方式(如 GET、POST 等)
String getRequestURL()	该方法用于获取请求行中资源名称部分,即位于 URL 的主机和端口之后、参数之前的部分
String getQueryString()	该方法用于获取请求行中的参数部分,即资源路径后面问号以后的所有内容
String getProtocol()	该方法用于获取请求行中的协议名和版本,例如 HTTP 1.0 或 HTTP 1.1

续表

方法声明	功能描述
String getContextPath()	该方法用于获取请求 URL 中属于 Web 应用程序的路径，这个路径以"/"开头，表示相对于整个 Web 站点的根目录，路径结尾不含"/"。如果请求 URL 属于 Web 站点的根目录，那么返回结果为空字符串
String getServletPath()	该方法用于获取 Servlet 的名称或 Servlet 所映射的路径
String getRemoteAddr()	该方法用于获取请求客户端的 IP 地址，其格式类似于 "192.168.0.1"
String getRemoteHost()	该方法用于获取请求客户端的完整主机名，其格式类似于"pc1.xxxx.cn"。需要注意的是，如果无法解析出客户端的完整主机名，该方法会返回客户端的 IP 地址
int getRemotePort()	该方法用于获取请求客户端网络连接的端口号
String getLocalAddr()	该方法用于获取 Web 服务器上接收当前请求网络连接的 IP 地址
String getLocalName()	该方法用于获取 Web 服务器上接收当前网络连接 IP 所对应的主机名
int getLocalPort()	该方法用于获取 Web 服务器上接受当前网络连接的端口号
String getServerName()	该方法用于获取当前请求所指向的主机名，即 HTTP 请求消息中 Host 头字段所对应的主机名部分
int getServerPort()	该方法用于获取当前请求所连接的服务器端口号，即 HTTP 请求消息中 Host 头字段所对应的端口号部分
String getScheme()	该方法用于获取请求的协议名，例如 HTTP、HTTPS 或 FTP
StringBuffer getRequestURL()	该方法用于获取客户端发出请求时的完整 URL，包括协议、服务器名、端口号、资源路径等信息，但不包括后面的查询参数部分。注意，getRequestURL() 方法返回的是 StringBuffer 类型，而不是 String 类型

下面通过例题来帮助读者理解表 4-4 中用于获取请求消息行信息的方法。

【例 4-4】获取请求行中相关信息。

在 chap04_2 项目的 src 目录下，新建一个名称为 RequestLineServlet、包名为 cn.jlnku.request 的类文件，该类中使用了表 4-4 中有关获取请求行相关信息的方法，具体程序如下：

```
package cn.jlnku.request;
import java.io.IOException;
import java.io.PrintWriter;
import javax.servlet.ServletException;
import javax.servlet.annotation.WebServlet;
import javax.servlet.http.HttpServlet;
import javax.servlet.http.HttpServletRequest;
import javax.servlet.http.HttpServletResponse;
public class RequestLineServlet extends HttpServlet {
    protected void doGet(HttpServletRequest request, HttpServletResponse response) throws ServletException, IOException {
        response.setContentType("text/html;charset=UTF-8");
        PrintWriter out = response.getWriter();
        //获取请求行的相关信息
        out.println("getMethod:" + request.getMethod() + "<br/>");
        out.println("getQueryString:" + request.getQueryString() + "<br/>");
        out.println("getProtocol:" + request.getProtocol() + "<br/>");
        out.println("getContextPath" + request.getContextPath() + "<br/>");
        out.println("getPathInfo:" + request.getPathInfo() + "<br/>");
        out.println("getServletPath:" + request.getServletPath() + "<br/>");
        out.println("getLocalName:" + request.getLocalName() + "<br/>");
        out.println("getLocalAddr:" + request.getLocalAddr() + "<br/>");
        out.println("getLocalPort:" + request.getLocalPort() + "<br/>");
        out.println("getRemoteAddr:" + request.getRemoteAddr() + "<br/>");
```

```
            out.println("getRemoteHost:" + request.getRemoteHost() + "<br/>");
            out.println("getRemotePort:" + request.getRemotePort() + "<br/>");
            out.println("getRequestURL:" + request.getRequestURL() + "<br/>");
            out.println("getServerName:" + request.getServerName() + "<br/>");
            out.println("getServerPort:" + request.getServerPort() + "<br/>");
    }
}
```

在 web.xml 文件中配置 RequestLineServlet 后，项目部署并启动 Tomcat 服务器，在浏览器【地址】栏输入"http://localhost:8080/chap04_2/RequestLineServlet"，浏览器会显示运行结果，如图 4-5 所示。

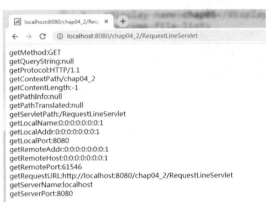

图 4-5　程序运行效果图（2）

4.3.2　获取请求消息头的相关方法

当请求 Servlet 时，需要通过请求头向服务器传递附加信息，如客户端可以接收的数据类型、压缩方式、语言等。为此，在 HttpServletRequest 接口中定义了一系列用于获取 HTTP 请求头字段的方法，如表 4-5 所示。

表 4-5　HttpServletRequest 获取 HTTP 请求头字段的方法

方法声明	功能描述
String getHeader(String name)	该方法用于获取一个指定头字段的值。如果请求消息中没有包含指定的头字段，getHeader()方法返回 null；如果请求消息中包含多个指定名称的头字段，getHeader()方法返回其中第一个头字段的值
Enumeration getHeader(String name)	该方法返回一个 Enumeration 集合对象，该集合对象由请求消息中出现的某个指定名称的所有头字段值组成。在多数情况下，一个头字段名在请求消息中只出现一次，但有时可能会出现多次
Enumeration getHeaderNames()	该方法用于获取一个包含所有请求头字段的 Enumeration 对象
int getIntHeader(String name)	该方法用于获取指定名称的头字段，并且将其值转换为 int 类型。需要注意的是，如果指定名称的头字段不存在，返回值为-1；如果获取到的头字段的值不能转为 int 类型，将发生 NumberFormatException 异常
Long getDateHeader(String name)	该方法用于获取指定头字段的值，并将其按 GMT 时间格式转换成一个代表日期/时间的长整数，这个长整数是自 1970 年 1 月 1 日 0 时 0 分 0 秒算起的以毫秒为单位的时间值
String getContentType()	该方法用于获取 Content-Type 头字段的值，结果为 String 类型
int getContentLength()	该方法用于获取 Content-Length 头字段的值，结果为 int 类型
String getCharacterEncoding()	该方法用于返回请求消息的实体部分的字符集编码，通常是从 Content-Type 头字段中进行提取，结果为 String 类型

下面通过例题来帮助读者理解表 4-5 中用于获取请求消息头信息的方法。

【例 4-5】获得请求消息头信息。

在 chap04_2 项目的 src 目录下，新建一个名称为 RequestHearderRequest、包名为 cn.jlnku.request 的类文件，该类中使用了表 4-5 中有关获取请求行中相关信息的方法，具体程序如下：

```java
package cn.jlnku.request;
import java.io.IOException;
import java.io.PrintWriter;
import java.util.Enumeration;
import javax.servlet.ServletException;
import javax.servlet.annotation.WebServlet;
import javax.servlet.http.HttpServlet;
import javax.servlet.http.HttpServletRequest;
import javax.servlet.http.HttpServletResponse;
public class RequestHearderRequest extends HttpServlet {
    protected void doGet(HttpServletRequest request, HttpServletResponse response) throws ServletException, IOException {
        response.setContentType("text/html;charset=UTF-8");
        PrintWriter out = response.getWriter();
        //获取请求头信息
        Enumeration names = request.getHeaderNames();
        //使用循环遍历请求头，并通过getHeader()方法获取一个指定名称的头字段
        while (names.hasMoreElements()){
            String name = (String) names.nextElement();
            out.println("headerName" + " : " + request.getHeader(name) + "<br/>");
        }
    }
    protected void doPost(HttpServletRequest request, HttpServletResponse response) throws ServletException, IOException {
        // TODO Auto-generated method stub
        doGet(request, response);
    }
}
```

在 web.xml 文件中配置 RequestHearderRequest 后，项目部署并启动 Tomcat 服务器，在浏览器的【地址】栏输入 "http://localhost:8080/chap04_2/RequestHearderRequest"，浏览器运行结果如图 4-6 所示。

图 4-6 程序运行效果图（3）

4.4 HttpServletRequest 应用

4.4.1 获取请求参数

在实际开发中,经常需要获取用户提交的表单数据,如用户名、密码、电子邮件等,为了方便获取表单中的请求参数,在 HttpServletRequest 接口中定义了一系列获取请求参数的方法,如表 4-6 所示。

表 4-6 HttpServletRequest 获取请求参数的方法

方法声明	功能描述
String getParameter(String name)	该方法用于获取某个指定名称的参数值。如果请求消息中没有包含指定名称的参数,getParameter()方法返回 null;如果指定名称的参数存在但没有设置值,则返回一个空字符串;如果请求消息中包含多个该指定名称的参数,getParameter()方法返回第一个出现的参数值
String[] getParameterValues(String name)	HTTP 请求消息中可以有多个相同名称的参数(通常由一个包含多个同名的字段元素的 form 表单生成),如果要获得 HTTP 请求消息中的同一个参数名所对应的所有参数值,那么应该使用 getParameterValues()方法,该方法用于返回一个 String 类型的数组
Enumeration getParameterNames()	该方法用于返回一个包含请求消息中所有参数名的 Enumeration 对象,在此基础上,可以对请求消息中的所有参数进行遍历处理
Map getParameterMap()	该方法用于将请求消息中的所有参数名和值装入一个 Map 对象中返回

表 4-6 列出了 HttpServletRequest 获取请求参数的一系列方法。其中,getParameter()方法用于获取某个指定的参数,而 getParameterValues()方法用于获取多个同名的参数。下面通过一个具体的案例来讲解。

【例 4-6】获取用户提交的表单数据。

① 在 chap04_2 项目的 WebContent 根目录下编写一个表单文件 Hello.html,程序内容如下所示:

```html
<!DOCTYPE html>
<html>
<head>
<meta http-equiv="content-type"
    content="text/html;charset=UTF-8">
<title>Hello</title>
</head>
<body style="font-size:30px">
  <form action="RequestParamsServlet" method="post">
    <fieldset>
      <legend>欢迎</legend>
          次数: <input type="text" name="count"/><br/>
      输出字符: <input type="text" name="name"/><br/>
    <input type="submit"
      value="确定"/>
    </fieldset>
  </form>
</body>
</html>
```

② 在 chap04_2 项目的 src 目录下，新建一个名称为 RequestParamsServlet、包名为 cn.jlnku.request 的类文件，该类中使用了表 4-6 中有关获取请求参数相关信息的方法，具体程序如下：

```java
package cn.jlnku.request;
import java.io.IOException;
import java.io.PrintWriter;
import javax.servlet.ServletException;
import javax.servlet.annotation.WebServlet;
import javax.servlet.http.HttpServlet;
import javax.servlet.http.HttpServletRequest;
import javax.servlet.http.HttpServletResponse;
public class RequestParamsServlet extends HttpServlet {
    protected void service(HttpServletRequest request, HttpServletResponse response) throws ServletException, IOException {
        response.setContentType("text/html;charset=UTF-8");
        PrintWriter out=response.getWriter();
        String ucount=request.getParameter("count");
        String uname=request.getParameter("name");
        for (int i=0;i<Integer.parseInt(ucount);i++) {
            out.print(uname+"<br/>");
        }
    }
}
```

上面程序中 getParameter()方法可以返回一个表单中用户提交的数据，但括号中的参数必须和表单中 "name="count"" 中的名称一致。如果用 getParameterValues()方法，可以获取一组同名参数的值，返回一个 String 类型的数组。

③ 在 web.xml 文件中配置 RequestParamsServlet 后，项目部署并启动 Tomcat 服务器，在浏览器的【地址】栏输入 "http://localhost:8080/chap04_2/Hello.html"，浏览器运行结果如图 4-7 所示。

图 4-7　程序运行效果图（4）

④ 按【确定】程序的运行结果如图 4-8 所示。

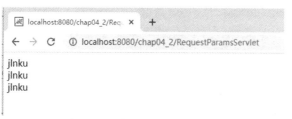

图 4-8　程序运行效果图（5）

上面程序在填写表单数据时输入的都是英文，但实际应用中，经常会输入姓名、单位名称等中文信息，重新运行程序，此次用户名是"吉林农业科技学院"，提交后会发现输出的是乱码，如图4-9所示。这是由于浏览器在传递请求参数时，HTML设置采用的编码是UTF-8，但在解码时采用的是默认的ISO 8859-1，进而导致乱码情况。

图4-9 程序运行效果图（6）

解决方案：对于POST请求，设置request对象的解码方式，解决POST提交方式的乱码。request.setCharacterEncoding("UTF-8")方法用于设置request对象的解码方式。修改上面的程序，具体代码如下：

```java
protected void service(HttpServletRequest request, HttpServletResponse response) throws ServletException, IOException {
    response.setContentType("text/html;charset=UTF-8");
    PrintWriter out=response.getWriter();
    request.setCharacterEncoding("UTF-8");
    String ucount=request.getParameter("count");
    String uname=request.getParameter("name");
    for (int i=0;i<Integer.parseInt(ucount);i++) {
        out.print(uname+"<br/>");
    }
}
```

程序运行效果如图4-10所示。

图4-10 程序运行效果图（7）

⑤ 将上面程序的Hello.html中请求改为GET请求，项目运行后，输出信息仍然出现乱码，即"request.setCharacterEncoding("UTF-8");"语句仅对POST请求有效。为了解决GET方式提交表单时出现的中文乱码问题，可以先使用错误码表GB 2312将用户名重新编码，然后使用码表UTF-8进行解码，下面对程序再做修改，代码如下：

```java
protected void service(HttpServletRequest request, HttpServletResponse response) throws ServletException, IOException {
    response.setContentType("text/html;charset=UTF-8");
    PrintWriter out=response.getWriter();
    request.setCharacterEncoding("UTF-8");
    String ucount=request.getParameter("count");
    String uname=request.getParameter("name");
```

```
        String username=new String(uname.getBytes("gb2312"),"UTF-8");
        for (int i=0;i<Integer.parseInt(ucount);i++) {
            out.print(uname+"<br/>");
        }
    }
```

4.4.2 通过 HttpServletRequest 对象传递数据

HttpServletRequest 对象不仅可以获取一系列数据，还可以通过属性传递数据。在 HttpServletRequest 接口中，定义了一系列操作属性的方法，具体如表 4-7 所示。

表 4-7　HttpServletRequest 操作属性的方法

方法声明	功能描述
setAttribute(String name ,Object o)	如果 ServletRequest 对象中已经存在指定名称的属性，setAttribute()方法则会先删除原来的属性，然后再添加新的属性。如果传递给 setAttribute()方法的属性值对象为 null，则删除指定名称的属性，这时的效果等同于 removeAttribute()方法
getAttribute(String name)	该方法用于从 ServletRequest 对象中返回指定名称的属性对象
removeAttribute(String name)	该方法用于从 ServletRequest 对象中删除指定名称的属性对象
getAttributeNames()	该方法用于返回一个包含 ServletRequest 对象中的所有属性名的 Enumeration 对象

需要注意的是，只有属于同一个请求中的数据才能通过 HttpServletRequest 对象传递数据。关于 HttpServletRequest 对象操作属性的具体应用，本书后面应用会详细讲解。

4.5　RequestDispatcher 对象的应用

当一个 Web 资源收到客户端的请求后，如果希望服务器通知另外一个资源去处理请求，除了使用 sendRedirect()方法实现请求重定向外，还可以通过 RequestDispatcher 接口的实例对象来实现。

4.5.1　RequestDispatcher 接口

在 Servlet 中，使用下面的 3 种方法可以得到 RequestDispatcher 对象。

① 利用 ServletContext 接口中 getRequestDispatcher(String path)方法，具体语句如下所示：

```
ServletConfig config = getServletConfig();
ServletContext context = config.getServletContext();
RequestDispatcher dispatcher = context.getRequestDispatcher(String path);
```

② 利用 ServletContext 接口中 getNamedDispatcher(String path)方法，具体语句如下所示：

```
RequestDispatcher dispatcher=
getServletConfig().getServletContext().getNamedDispatcher (String path);
```

③ 利用 ServletRequest 接口中的 getRequestDispatcher()方法，具体语句如下所示：

```
RequestDispatcher dispatcher = request.getRequestDispatcher(String path);
```

RequestDispatcher 对象接收来自任何客户端的请求并将它们发送到服务器上（如 Servlet、HTML 文件或 JSP 文件）。Servlet 容器可创建 RequestDispatcher 对象，该对象是被用作包装位于特定路径上的服务器资源或通过特定名称给定的服务器资源的包装器。获取 RequestDispatcher 对象后，最重要的工作是通知其他 Web 资源处理当前的 Servlet 请求，为此，在 RequestDispatcher 接口中定义了两个相关方法，如表 4-8 所示。

表 4-8 RequestDispatcher 接口中的方法

方法声明	功能描述
forward(HttpServletRequest request,HttpServletResponse response)	将请求从 Servlet 传递给 Web 资源。在实际使用中，可以对请求做一个预先处理，然后调用这个方法，将请求传递给其他资源进行研究响应。但该方法必须在响应提交给客户端之前被调用，否则将发生 IllegalStateException 异常
include(HttpServletRequest request,HttpServletResponse response)	该方法用于将其他的资源作为当前响应内容包含进来

4.5.2 请求转发

在 Servlet 中，如果当前 Web 资源不想处理请求，可以通过 forward()方法将当前请求传递给其他的 Web 资源进行处理，即转发到服务器上的另一个资源（Servlet、JSP 文件或 HTML 文件）。为了使读者更好地理解使用 forward()方法实现请求转发的工作原理，接下来通过图 4-11 来描述。

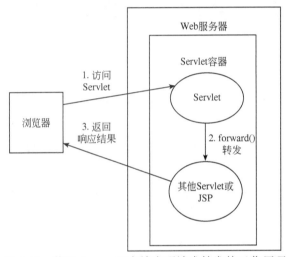

图 4-11 使用 forward()方法实现请求转发的工作原理

从图 4-11 中可以看出，当客户端（浏览器）访问 Servlet 时，可以通过 forward()方法将请求转发给其他 Web 资源，其他 Web 资源处理完请求后，直接将响应结果返回到客户端。其中，参数 request 和 response 必须是传入调用的 Servlet service()方法的对象。

【例 4-7】请求转发。

在 chap04_2 项目的 src 目录下，新建一个名称为 ForwardServlet、包名为 cn.jlnku.forward 的类文件，该类中使用了表 4-8 中有关请求转发的方法，具体程序如下：

```java
package cn.jlnku.forward;
import java.io.IOException;
import javax.servlet.RequestDispatcher;
import javax.servlet.ServletException;
import javax.servlet.annotation.WebServlet;
import javax.servlet.http.HttpServlet;
import javax.servlet.http.HttpServletRequest;
import javax.servlet.http.HttpServletResponse;
public class ForwardServlet extends HttpServlet {
    protected void service(HttpServletRequest request, HttpServletResponse response)
```

```
throws ServletException, IOException {
        RequestDispatcher dispatcher=request.getRequestDispatcher("/forward.html");
      dispatcher.forward(request, response);
    }
    protected void doPost(HttpServletRequest request, HttpServletResponse response)
throws ServletException, IOException {
        doGet(request,response);
    }
}
```

在 chap04_2 项目的 WebContent 根目录下编写一个表单文件 forward.html，程序内容如下所示：

```
<html>
<head>
<meta http-equiv="Content-Type" content="text/html; charset=UTF-8">
<title>ForwardServlet</title>
</head>
<body>
<h2>转发后的页面</h2>
</body>
</html>
```

在 web.xml 文件中配置 ForwardServlet 后，项目部署并启动 Tomcat 服务器，在浏览器的【地址】栏输入"http://localhost:8080/chap04_2/ForwardServlet"，浏览器运行结果如图 4-12 所示。

图 4-12　程序运行效果图（8）

4.5.3　请求包含

请求包含是使用 include()方法将 Servlet 请求转发给其他 Web 资源进行处理，与请求转发不同的是，在请求包含返回的响应消息中，既包含了当前 Servlet 的响应消息，也包含了其他 Web 资源所作出的响应消息。为了使读者更好地理解使用 include()方法实现请求包含的工作原理，接下来通过图 4-13 来描述。

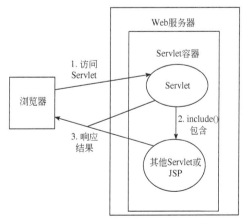

图 4-13　使用 include()方法实现请求包含的工作原理

从图 4-13 中可以看出，当客户端访问 Servlet 时，通过调用 include()方法将其他 Web 资源包含了进来，这种情况下，当请求处理完毕后，回送给客户端的响应结果既包含当前 Servlet 的响应结果，也包含其他 Web 资源的响应结果，即请求包含后，原先的 Servlet 输出响应的信息，包含的 Servlet 对请求作出响应并加入到原先 Servlet 的响应对象中。

【例 4-8】请求包含。

在 chap04_2 项目的 src 目录下，新建名称分别为 IncludeServlet、IncludeServlet2，包名为 cn.jlnku.include 的两个 Servlet 文件，具体程序如下：

IncludeServlet.java 程序如下：

```java
package cn.jlnku.include;
import java.io.*;
import javax.servlet.*;
import javax.servlet.http.*;
public class IncludeServlet extends HttpServlet {
    public void doGet(HttpServletRequest request,
        HttpServletResponse response) throws ServletException, IOException {
        response.setContentType("text/html;charset=UTF-8");
        PrintWriter out = response.getWriter();
        RequestDispatcher rd = request
                .getRequestDispatcher("/IncludeServlet2");
            out.println("IncludeServlet" + "<br>");
            rd.include(request, response);
    }
    public void doPost(HttpServletRequest request,
        HttpServletResponse response) throws ServletException, IOException {
            doGet(request, response);
    }
}
```

IncludeServlet2.java 程序如下：

```java
package cn.jlnku.include;
import java.io.*;
import javax.servlet.*;
import javax.servlet.http.*;
public class IncludeServlet2 extends HttpServlet {
    public void doGet(HttpServletRequest request,
        HttpServletResponse response) throws ServletException, IOException {
        PrintWriter out = response.getWriter();
        out.println("IncludeServlet2" + "<br>");
    }
    public void doPost(HttpServletRequest request,
        HttpServletResponse response) throws ServletException, IOException {
        doGet(request, response);
    }
}
```

在 web.xml 文件中配置 IncludeServlet 和 IncludeServlet2 后，项目部署并启动 Tomcat 服务器，在浏览器【地址】栏输入"http://localhost:8080/chap04_2/IncludeServlet"，浏览器运行结果如图 4-14 所示。

图 4-14　程序运行效果图（9）

4.6　本章小结

本章主要介绍了 HttpServletResponse 对象和 HttpServletRequest 对象的使用，其中 HttpServletResponse 对象封装了 HTTP 响应消息，并且提供了发送状态码、响应消息头、响应消息体的方法。使用这些方法可以解决中文输出乱码问题，实现网页的定时刷新跳转、请求重定向等。HttpServletRequest 对象封装了 HTTP 请求消息，也提供了获取请求行、请求消息头、请求参数的方法。使用这些方法可以解决请求参数的中文乱码问题，并且使用 request 域对象传递数据的方法，还可以实现请求转发和请求包含。HttpServletResponse 和 HttpServletRequest 在 Web 开发中至关重要，读者需深入掌握。

第5章 会话技术

学习目标

- 了解 Cookie 的基本概念，掌握 Cookie 对象的使用。
- 掌握设置 Cookie 存在期限的方法。
- 了解 Session 的基本概念，掌握 Session 对象的使用。
- 学会使用 Session 对象实现购物车功能。

源文件

5.1 会话技术概述

在商场里面购买东西，一般会使用会员卡，会员卡记录了用户的相关信息（姓名、身份证号、电话号码、积分信息等），商场方可以通过这张会员卡将信息识别出来。

Cookie 相当于这张会员卡。当用户第一次访问网站时，服务器端（商场）会将 Cookie（会员卡）发送到客户端（用户），下一次客户端再次访问服务器端（商场）时，就会在 HTTP 请求中自动地将之前的 Cookie 带过去，服务器端根据这个 Cookie 就可以识别出该用户。

在日常生活中，拨通电话和挂断电话之间的一连串的你问我答的过程就是一个会话。Web 应用中的会话过程类似于生活中的打电话过程，它是指一个客户端（浏览器）与 Web 服务器之间连续发生的一系列请求和响应过程，例如，一个用户在某网站上的整个购物过程就是一个会话。

在打电话过程中，通话双方会有通话内容，同样，在客户端与服务器端交互的过程中，也会产生一些数据。例如，用户甲和乙分别登录了购物网站，甲购买了一部华为手机，乙购买了一台 iPad，当这两个用户结账时，Web 服务器需要对用户甲和乙的信息分别进行保存。在前面章节讲解的对象中，HttpServletRequest 对象和 ServletContext 对象都可以对数据进行保存，但是这两个对象都不可用，具体原因如下：

① 客户端请求 Web 服务器时，针对每次 HTTP 请求，Web 服务器都会创建一个 HttpServletRequest 对象，该对象只能保存本次请求所传递的数据。由于购买和结账是两个不同的请求，因此，在发送结账请求时，之前购买请求中的数据将会丢失。

② 使用 ServletContext 对象保存数据时，由于同一个 Web 应用共享的是同一个 ServletContext 对象，因此，当用户在发送结账请求时，因无法区分哪些商品是由哪个用户所购买的，会将该购物网站中所有用户购买的商品进行结算，这显然也是不可行的。

为了保存会话过程中产生的数据，在 Servlet 技术中提供了两个对象，分别是 Cookie 和 Session。关于 Cookie 和 Session 的相关知识将在下面进行详细讲解。

5.2 Cookie 对象

Cookie 是设计交互式网页的一项重要技术，它可以将一些简短的数据存储在用户的计算机上，这些存储在用户计算机上的变量数据称为 Cookie。当浏览器向服务器提出网页浏览请求时，服务器根据存储在用户计算机上面的 Cookie 内容，针对此浏览器显示其专门的内容。

5.2.1 Cookie

Cookie 原意是就着牛奶一起吃的小点心。然而在互联网中，Cookie 有了完全不同的意思，是指少量信息，它由网络服务器发送出来，存储在浏览器上，当访客再次访问该网络服务器时，可从该浏览器读回此信息。浏览器会"记住"这位访客的特定信息，如上次访问的位置、花费的时间或用户首选项（如样式表）等。

Cookie 实际上是一个存储在浏览器目录中的文本文件，当浏览器运行时，存储在 RAM 中，一旦用户从该网站或网络服务器退出，这时的 Cookie 也可存储在计算机的硬盘上。当用户结束对话时，即终止所有的 Cookie。Cookie 是在 HTTP 下，服务器或脚本维护客户信息的一种方式。

目前，有些 Cookie 是临时的，有些则是持续的。临时的 Cookie 只在浏览器上保存一段规定的时间，一旦超过规定的时间，该 Cookie 就会被系统清除。持续的 Cookie 则保存在用户的 Cookie 文件中，下一次用户返回时，仍然可以对它进行调用。当今有许多 Web 站点开发人员使用 Cookie 技术，Session 对象的使用离不开 Cookie 的支持。

Cookie 必须在 HTML 文件的内容输出之前设置，不同的浏览器（如 Netscape Navigator、Internet Explorer）对 Cookie 的处理不一致，使用时一定要考虑。客户端如果设置禁止 Cookie，则 Cookie 不能建立。浏览器能创建的 Cookie 数量最多为 300 个，并且每个不能超过 4KB，每个 Web 站点能设置的 Cookie 总数不能超过 20 个。Cookie 是由 Web 服务器保存在用户浏览器（客户端）上的小文本文件，它可以包含有关用户的信息。无论用户何时连接到服务器，Web 站点都可以访问 Cookie 信息。通过让服务器读取它原先保存到客户端的信息，网站能够为浏览者提供一系列的方便，例如在线交易过程中标识用户身份，安全需求不高的场合避免用户重复输入名字和密码，门户网站的主页定制，有针对性地投放广告等，浏览器和服务器在访问期间的 Cookie 数据传递如图 5-1 所示。

图 5-1 Cookie 示意图

Cookie 最根本的用途是帮助 Web 站点保存有关访问者的信息，更概括地说，其是一种保持 Web 应用程序连续性（即执行"状态管理"）的方法。浏览器和 Web 服务器在短暂的实际信息交换阶段以外总是断开的，而用户向 Web 服务器发送的每个请求都是单独处理的，与其他所有请求无关。然而在大多数情况下，都有必要让 Web 服务器在用户请求某个页面时对其进行识别，例如，购物站点上的 Web 服务器跟踪每个购物者，以便站点能够管理购物车和其他与用户相关的信息。因此 Cookie 的作用类似于名片，它提供了相关的标识信息，可以帮助应用程序确定如何继续执行。Cookie 是用户浏览某网站时，网站存储在用户机器上的小文本文件，它记录了用户的 ID、密码、浏览过的网页、停留的时间等信息。当用户在某个网站注册后，就会收到唯一的用户 ID 的 Cookie。当用户再次来到该网站时，网站通过读取 Cookie 自动返回用户的 ID，服务器对它进行检查，确定它是否为注册用户且是否选择了自动登录，这种情况下，用户无须给出明确的用户名和密码，就可以访问服务器上的资源。几乎所有的网站在设计时都会用到 Cookie，这样可以给浏览网站的用户提供一个更友好的、更人性的浏览环境，同时也能更加准确地收集访问者的信息。Cookie 常见用途有以下几个。

（1）网站浏览人数管理

每个网站都想了解以下信息：测定多少人访问过本网站，访问者中有多少新用户（即第一次来访）、多少老用户，一个用户多久访问一次本网站。这些信息对网站建设非常重要。由于代理服务器、缓存等技术的使用，唯一能帮助网站精确统计这些信息的技术就是为每个访问者建立唯一的 ID。当然，了解这些信息还要借助后台数据库。当用户第一次来访时，网站在数据库中建立一条信息且记录下新 ID，并把 ID 通过 Cookie 传送给用户。用户再次来访时，网站把该用户 ID 在数据库的数据进行加 1 计算，并将用户的访问时间写入数据库，这样网站就能确定来访者是新用户还是老用户及用户多久访问一次网站。

（2）Cookie 帮助网站按照用户的喜好定制网页外观

现在很多网站都要新用户注册，这样用户下一次再访问该网站时，服务器会自动识别该用户，并且会亲切地向老用户问好。有些网站还会为用户提供改变网页内容、颜色、风格等功能。用户也可以输入自己的个性化信息，实现个性化定制网页的外观。更重要的是，网站可以利用 Cookie 信息统计用户访问该网站的习惯，例如什么时间访问，访问了哪些页面，在每个网页的停留时间等。利用这些信息，一方面可以为用户提供个性化的服务，另一方面可以作为了解用户行为的工具，在用户下次访问时，网站根据用户的情况对显示的内容进行调整，将用户感兴趣的内容放在前列。这是高级的 Cookie 应用。

（3）在电子商务网站实现"购物篮"功能

购物网站可以使用 Cookie 记录用户的 ID，当用户在"购物篮"中放了新东西时，网站就能记下来，并在网站的数据库中记录用户的这些信息。当用户"买单"时，网站通过 ID 检索数据库中用户的所有选择，就能知道用户的"购物篮"中有些什么。

Cookie 给网站和用户带来的好处如下。

① Cookie 能使站点获取特定访问者访问站点的次数、最后访问时间和访问者进入站点的路径。

② Cookie 能告诉在线广告商广告被单击的次数，从而更精确地投放广告。

③ Cookie 有效期未到时，用户在不输入密码和用户名的情况下可进入曾经浏览过的一些站点。

④ Cookie 能帮助站点统计用户个人资料，以实现各种各样的个性化服务。

5.2.2 Cookie API 介绍

为了封装 Cookie 信息，在 Servlet API 中提供了一个 javax.servlet.http.Cookie 类，该类包含了生成 Cookie 信息和提取 Cookie 信息各属性的方法。Cookie 的构造方法和常用方法具体如下。

（1）构造方法

Cookie 有且仅有一个构造方法。在 Cookie 的构造方法中，参数 name 用于指定 Cookie 的名称，value 用于指定 Cookie 的值。需要注意的是，Cookie 一旦创建，它的名称就不能更改，Cookie 的值可以为任何值，创建后允许修改。如表 5-1 所示。

（2）Cookie 的常用方法

Cookie 的常用方法如表 5-1 所示。

表 5-1　Cookie 的构造方法和常用方法

方法声明	功能描述
Cookie(String name, String value)	实例化 Cookie 对象，传入 Cookie 名称和 Cookie 的值
String getName()	取得 Cookie 的名字
String getValue()	取得 Cookie 的值
void setValue(String newValue)	设置 Cookie 的值
void setMaxAge(int expiry)	设置 Cookie 的最长保存时间
int getMaxAge()	返回 Cookie 过期之前的最长保存时间，以秒计算
void setPath(String uri)	设置能够访问 Cookie 对象的网页路径为 URI 与其下的子目录
String getPath()	获取 Cookie 的有效路径
void setDomain(String pattern)	设置 Cookie 的有效域
String getDomain()	获取 Cookie 中 Cookie 适用的域名
void setVersion(int v)	设置 Cookie 项采用的协议版本
void setComment(String purpose)	设置 Cookie 项的注释部分
void setSecure(boolean flag)	设置 Cookie 项是否只能使用安全的协议传送

表 5-1 中的方法大多比较简单，容易理解，下面对较复杂的方法进行详细说明。

① setMaxAge(int expiry)和 getMaxAge()方法。设置 Cookie 的最长保存时间，即 Cookie 的有效期，当服务器给浏览器回送一个 Cookie 时，如果在服务器端没有调用 SetMaxAge()方法设置 Cookie 的有效期，那么其有效期只在一次会话过程中有效。用户打开一个浏览器，单击多个超链接，访问服务器多个 Web 资源，然后关闭浏览器，整个过程称为一次会话，当用户关闭浏览器，会话就结束了，此时 Cookie 就会失效。如果在服务器端使用 setMaxAge()方法设置了 Cookie 的有效期，比如设置了 30min，那么当服务器把 Cookie 发送给浏览器时，Cookie 就会在客户端的硬盘上存储 30min，在 30min 内，即使关闭了浏览器，Cookie 依然存在，在 30min

内，打开浏览器访问服务器时，浏览器都会把 Cookie 一起带上，这样就可以在服务器端获取客户端（浏览器）传递过来的 Cookie，这就是 Cookie 设置最长保存时间和不设置最长保存时间的区别。默认情况下，最长保存时间属性的值是–1。

② setPath()和 getPath()方法。这两个方法是针对 Cookie 的 Path 属性的。如果创建的某个 Cookie 对象没有设置 Path 属性，那么该 Cookie 只对当前访问路径所属的目录及其子目录有效。如果想让某个 Cookie 项对站点的所有目录下的访问路径都有效，应调用 Cookie 对象的 setPath()方法将 Path 属性设置为 "/"。

③ setDomain(String pattern)和 getDomain()方法。这两个方法是针对 Cookie 的 domain 属性的。domain 属性用来指定浏览器访问的域。例如，吉林农业科技学院的域为 "jlnku.com"。当设置 domain 属性时，其值必须以 "." 开头，如 domain=.jlnku.com。默认情况下，domain 属性的值为当前主机名，浏览器在访问当前主机下的资源时，都会将 Cookie 信息回送给服务器。需要注意的是，domain 属性的值是不区分大小写的。

【例 5-1】新建 chap05 工程，在项目的 src 目录下，新建一个名称为 CookieMaxAgeServlet、包名为 cn.jlnku.cookie 的类文件，该类中使用了表 5-1 中的方法，具体程序如下：

```java
package cn.jlnku.cookie;
import java.io.IOException;
import javax.servlet.ServletException;
import javax.servlet.annotation.WebServlet;
import javax.servlet.http.Cookie;
import javax.servlet.http.HttpServlet;
import javax.servlet.http.HttpServletRequest;
import javax.servlet.http.HttpServletResponse;
public class CookieMaxAgeServlet extends HttpServlet {
    protected void doGet(HttpServletRequest request, HttpServletResponse response) throws ServletException, IOException {
        //取得传入的名字参数
        String name=(request.getParameter("name")!=null?request.getParameter("name"):"jack";
        //创建 Cookie
        Cookie cookie=new Cookie("name",name);
        //设置 Cookie 的保存时间
        cookie.setMaxAge(6000);
        //在客户端保存 Cookie
        response.addCookie(cookie);
    }
    protected void doPost(HttpServletRequest request, HttpServletResponse response) throws ServletException, IOException {
        // TODO Auto-generated method stub
        doGet(request, response);
    }
}
```

上面程序定义了本应用的 Cookie，并设置了 Cookie 的保存时间。下面在 cn.jlnku.cookie 包下新建名为 CookieShowServlet 的 Servlet 文件，用于显示当前应用的 Cookie 值。

```java
package cn.jlnku.cookie;
import java.io.IOException;
import javax.servlet.ServletException;
import javax.servlet.annotation.WebServlet;
import javax.servlet.http.Cookie;
import javax.servlet.http.HttpServlet;
```

```java
import javax.servlet.http.HttpServletRequest;
import javax.servlet.http.HttpServletResponse;
public class CookieShowServlet extends HttpServlet {
    protected void doGet(HttpServletRequest request, HttpServletResponse response) throws ServletException, IOException {
        response.setContentType("text/html;charset=utf-8");
        //取得客户端的所有 Cookie
        Cookie[] Cookies = request.getCookies();
        Cookie sCookie = null;
        String cookieName = null;
        String cookieValue = null;
        int cookieVersion=0;
        if (Cookies == null) // 如果没有任何 Cookie
            response.getWriter().print("没有 Cookie");
        else {
            try {
                if (Cookies.length == 0) {
                    System.out.println("客户端禁止写入 Cookie");
                } else {
                    for (int i = 0; i <Cookies.length; i++) { // 循环列出所有可用的 Cookie
                        sCookie = Cookies[i];
                        cookieName = sCookie.getName();
                        cookieValue = sCookie.getValue();
                        cookieVersion=sCookie.getVersion();
                        response.getWriter().print("<P><b>Cookie 的名字是: "+cookieName+"<br><p>");
                        response.getWriter().print("<P><b>Cookie 的版本是: "+cookieVersion+"<br><p>");
                        response.getWriter().print("<P><b>Cookie 的值是: "+cookieValue+"<br><p>");
                    }
                }
            }
            catch (Exception e) {
                System.out.println(e);
            }
        }
    }
    protected void doPost(HttpServletRequest request, HttpServletResponse response) throws ServletException, IOException {
        doGet(request, response);
    }}
```

部署本项目并启动 Tomcat 服务器，在浏览器中先请求 CookieMaxAgeServlet，将本应用的 Cookie 值写入服务器，然后再请求 CookieShowServlet，程序运行结果如图 5-2 所示。由于浏览器之前会访问其他网站，会有非本应用的其他 Cookie 输出，下面程序运行效果图仅供参考。

```
Cookie的名字是：name
Cookie的版本是：0
Cookie的值是：jack
Cookie的名字是：__guid
Cookie的版本是：0
Cookie的值是：111872281.3090058401996853000.1572658990699.8103
Cookie的名字是：monitor_count
Cookie的版本是：0
Cookie的值是：11
```

图 5-2　程序运行效果图（1）

5.3 Session 对象

Cookie 技术可以将用户的信息保存在各自的浏览器中，并且可以在多次请求下实现数据共享。但是，如果传递的信息比较多，使用 Cookie 技术会增大服务器端程序处理的难度。这时，可以使用 Session 技术，Session 技术是一种将会话数据保存到服务器端的技术。Session 一般译作会话，牛津词典对其的解释是"进行某一活动连续的一段时间"。从不同的层面看待 Session，它有着类似但不全然相同的含义。比如，对于 Web 应用的用户，其打开浏览器访问一个电子商务网站，登录并完成购物直到关闭浏览器是一个会话。而对于 Web 应用的开发者，用户登录时其需要创建一个数据结构以存储用户的登录信息，这个结构也叫作 Session。因此在谈论 Session 时要注意上下文环境。这里谈论的是一种基于 HTTP 的用以增强 Web 应用能力的机制或者方案，它不仅是指某种特定的动态页面技术，还指保持状态的能力，也可以称作保持会话。接下来将对 Session 进行详细讲解。

5.3.1 Session

病人去医院就诊时，需要办理医院的就诊卡，就诊卡上只有卡号，没有其他信息。但病人只要出示就诊卡，医务人员便可根据卡号查询到病人的就诊信息。Session 技术就好比医院发放给病人就诊卡和医院为每个病人保留病历档案。当浏览器访问 Web 服务器时，Servlet 容器就会创建一个 Session 对象和 ID 属性，其中，Session 对象相当于病历档案，ID 属性就相当于就诊卡号。当客户端后续访问服务器时，只要将标识号传递给服务器，服务器就能判断出该请求是哪个客户端发送的，从而选择与之对应的 Session 对象为其服务。

需要注意的是，由于客户端需要接收、记录和回送 Session 对象的 ID，因此通常情况下，Session 是借助 Cookie 技术来传递 ID 属性的。

在图 5-3 中，买家 A 和买家 B 都调用 buyServlet 请求将商品添加到购物车，调用 payServlet 进行商品结算。由于买家 A 和买家 B 购买商品的过程类似，在此，以买家 A 为例进行详细说明。当买家 A 访问购物网站时，服务器为买家 A 创建了一个 Session 对象（相当于购物车）。当买家 A 将一台电视添加到购物车时，电视的信息便存放到了 Session 对象中。同时，服务器将 Session 对象的 ID 属性以 Cookie (Set-Cookie: JSESSIONID=123)的形式返回给买家 A 的浏览器。当买家 A 请求结账时需要向服务器发送结账请求，这时，浏览器自动在请求消息头中将 Cookie (Cookie: JSESSIONID=123)信息回送给服务器，服务器根据 ID 属性找到为买家 A 创建的 Session 对象，并将 Session 对象中所存放的电视信息取出进行结算。以上描述说明了 Cookie 和 Session 在电子商务中的典型应用。Session 保存用户信息的过程见图 5-3。

5.3.2 Session API 介绍

Session 是与每个请求消息紧密相关的，为此，HttpServletRequest 定义了用于获取 Session 对象的 getSession()方法，该方法有两种重载形式。

在 Java Web 项目中,一般使用 request.getSession()将信息存储到 Session 中或者从 Session 中获取信息。

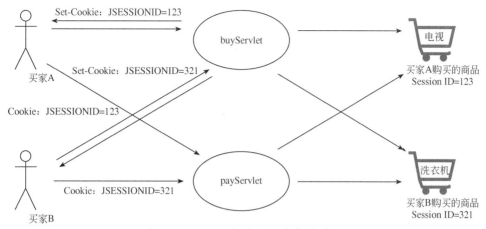

图 5-3　Session 保存用户信息的过程

request.getSession()方法的参数设置方式有以下三种。

（1）request.getSession()

这是常用的方式，从当前 request 中获取 Session，如果获取不到 Session，则会自动创建一个 Session,默认为 true,并返回新创建的 Session；如果可以获取到,则返回获取到的 Session。

（2）request.getSession(true)

这种方式和第一种一样，只是增加了一个 true 参数，在获取不到 Session 时自动创建 Session。

（3）request.getSession(false)

这种方式与以上两种的区别是在获取不到 Session 时，不会自动创建 Session，而是返回 null。在使用过程中，若想将信息存储到 Session 中时，使用 request.getSession()，若想获取 Session 中的信息，使用 request.getSession(false)，并在获取后对 Session 变量进行是否为 null 的判断，再进行下一步操作。

使用 HttpSession（Jave 平台对 Session 机制的实现规范）对象管理会话数据，不仅需要获取 HttpSession 对象，还需要了解 HttpSession 对象的相关方法，见表 5-2。

表 5-2　HttpSession 对象的相关方法

方法	功能说明
long getCreationTime()	返回 HttpSession 对象创建时间，这个时间是创建 Session 的时间与 1970 年 1 月 1 日 00 时 00 分 00 秒之间时间差的毫秒表示形式
public String getId()	返回 HttpSession 对象关联的会话标识号
public Object setAttribute(String name,Object value)	使用指定名称将对象绑定到此会话
public Object getAttribute(String name)	返回此会话中的指定名称绑在一起的对象，如果没有对象绑定在该名称下，则返回 null
String[] getValueName()	返回一个包含此 HttpSession 中所有可用属性的数组
int getMaxInactiveInterval()	返回两次请求间隔多长时间此 HttpSession 被取消（单位 s）
boolean isNew()	判断当前 HttpSession 对象是否是新创建的
void invalidate()	强制使 HttpSession 对象无效

5.3.3　Session 超时管理

在 HTTP 中，当客户端第一次访问一个具有会话功能的应用时，Web 服务器端会创建一个与该客户端对应的 HttpSession 对象。由于 Web 服务器不能判断当前客户端浏览器的状态，无法知道客户端是结束访问还是会继续访问，这种情况下，即使客户端已经离开或关闭了浏览器，Web 服务器还是会保留与客户端对应的 HttpSession 对象。这些不再使用的 HttpSession 对象会在 Web 服务器中积累得越来越多，最终耗尽 Web 服务器内存空间。为了解决这个问题，Web 服务器通过"超时限制"的机制来约束客户端在指定时间内访问，如果某个客户端的访问时间超过了预设的时间，Web 服务器就会认为该客户端已经结束请求，会将与该客户端会话所对应的 HttpSession 对象变成垃圾对象，系统的垃圾收集器将这个对象从内存中彻底清除。当然，如果客户端访问浏览器超时，为了让客户端还能继续访问服务器，Web 服务器会创建一个新的 HttpSession 对象，并为其分配一个新的 ID 属性。

Session 超时时间设置的三种方式：

① 在 web.xml 中设置 session-config。

```xml
<session-config>
  <session-timeout>2</session-timeout>
</session-config>
```

即交互间隔时间最长为 2min（该处时间单位为 min），2min 后 session.getAttribute()获取的值为空。

② 在 Tomcat/conf/web.xml 中设置 session-config，默认值为 30min。

```xml
<session-config>
    <session-timeout>30</session-timeout>
</session-config>
```

时间单位为 min。

③ 在 Servlet 中设置。

```java
HttpSession session = request.getSession();
session.setMaxInactiveInterval(60);
```

该处时间单位为 s。

Session 超时时间设置三种方式的优先级：

Servlet 中设置>web.xml 设置>Tomcat/conf/web.xml 设置。

【例 5-2】Session 应用：用户登录案例。

通过 Session 知识使读者学会如何使用 Session 技术。下面通过图 5-4 了解用户登录的流程。

当用户访问某个网站的首页时，会判断用户是否登录，如登录则在首页中显示用户登录信息，否则进入【登录】页面，完成用户登录功能，然后显示用户登录信息。在用户登录的情况下，如果单击用户登录界面中的【退出】，就会注销当前用户信息，返回首页。

在 MySQL 中创建 emp 数据库并建表 user，表中插入记录，命令如下：

```sql
create table user(
    id int primary key auto_increment,
    username varchar(50) unique,
    pwd varchar(30),
    name varchar(50),
    gender char (1)
);
    insert into user (username,pwd,name,gender) values ('Mike','1234','Mike king','m');
```

文件 1：在 chap05 工程下创建 User 类与 cn.jlnku.user 包，该 User 类用来封装用户的个人信息，代码如下：

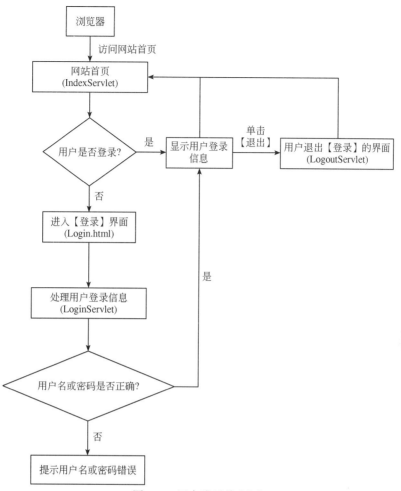

图 5-4　用户登录流程图

```
package cn.jlnku.user;
public class User{
    public int getId() {
        return id;
    }
    public void setId(int id) {
        this.id = id;
    }
    public String getUsername() {
        return username;
    }
    public void setUsername(String username) {
        this.username = username;
    }
    public String getName() {
        return name;
    }
    public void setName(String name) {
        this.name = name;
    }
```

```java
    public String getGender() {
        return gender;
    }
    public void setGender(String gender) {
        this.gender = gender;
    }
    private int id;
      private String username;
      private String name;
      private String gender;
      private String pwd;

    public String getPwd() {
        return pwd;
    }
    public void setPwd(String pwd) {
        this.pwd = pwd;
    }
    public String to String() {
        return  + id + " " + username +"  "+pwd +" " + name + " " + gender;
    }
}
```

文件 2:在 cn.jlnku.user 包中创建 FindUser 类,该类用于根据指定的用户名查找对应的 user 对象,代码如下:

```java
package cn.jlnku.user;
import java.sql.Connection;
import java.sql.DriverManager;
import java.sql.PreparedStatement;
import java.sql.ResultSet;
public class FindUser {
    public User findByUsername(String username){
        User user=null;
        Connection conn=null;
        PreparedStatement prep=null;
        ResultSet  rst=null;
        try {
            Class.forName("com.mysql.jdbc.Driver");
            conn=DriverManager.getConnection("jdbc:mysql://localhost:3306/emp","root","root");
            prep=conn.prepareStatement("SELECT * FROM user "+"WHERE username=?");
            prep.setString(1,username);
            rst=prep.executeQuery();
            if (rst.next()){
                user=new User();
                user.setId(rst.getInt("id"));
                user.setUsername(username);
                user.setPwd(rst.getString("pwd"));
                user.setName(rst.getString("name"));
                user.setGender(rst.getString("gender"));
                conn.close();
            }
        } catch (Exception e) {
            e.printStackTrace();
```

```
        }
        return user;
    }
}
```

文件 3: 在 chap05 工程下创建 ActionServlet 类与 cn.jlnku.session 包, 该 ActionServlet 类用于显示网站的首页, 代码如下:

```
package cn.jlnku.session;
import java.io.IOException;
import javax.servlet.ServletException;
import javax.servlet.annotation.WebServlet;
import javax.servlet.http.Cookie;
import javax.servlet.http.HttpServlet;
import javax.servlet.http.HttpServletRequest;
import javax.servlet.http.HttpServletResponse;
import javax.servlet.http.HttpSession;
import cn.jlnku.user.User;
public class ActionServlet extends HttpServlet {
    protected void service(HttpServletRequest request, HttpServletResponse response)
throws ServletException, IOException {
        response.setContentType("text/html;charset=UTF-8");
         // 创建或者获取保存用户信息的 Session 对象
        HttpSession session = request.getSession();
        User user = (User) session.getAttribute("user");
        if (user == null) {
            response.getWriter().print(
                "您还没有登录,请<a href='/chap05/login.html'>登录</a>");
            
        } else {
            //用户已登录过, 输出提示信息并清除 Session 对象
response.getWriter().print("您已登录, 欢迎您的再次到来!!!, " + user.getUsername() + "! ");
            response.getWriter().print(
                    "<a href='/chap05/LogoutServlet'>退出</a>");
            // 创建 Cookie 对象, 用于存放 Session 的标识号
            Cookie cookie = new Cookie("JSESSIONID", session.getId());
            cookie.setMaxAge(60 * 30);
            cookie.setPath("/chap05");
            response.addCookie(cookie);
}}}
```

如果用户没有登录, 那么首页会提示用户登录, 否则显示用户已经登录的信息。为了判断用户是否登录, 程序中获取了保存用户信息的 HttpSession 对象。

文件 4: 在 cn.jlnku.session 包中创建 LoginServlet 类, 该类用于显示用户成功登录后的界面, 代码如下:

```
package cn.jlnku.session;
import java.io.IOException;
import javax.servlet.ServletException;
import javax.servlet.http.HttpServlet;
import javax.servlet.http.HttpServletRequest;
import javax.servlet.http.HttpServletResponse;
import javax.servlet.http.HttpSession;
import cn.jlnku.user.FindUser;
import cn.jlnku.user.User;
```

```java
public class LoginServlet extends HttpServlet {
    public void service(HttpServletRequest request, HttpServletResponse response) throws ServletException, IOException {
        response.setContentType("text/html;charset=UTF-8");
        //读取用户名和密码
        String username=request.getParameter("username");
        String pwd=request.getParameter("pwd");
        //依据用户名和密码，查询数据库中是否有对应的记录
        FindUser fu=new FindUser();
        User user=fu.findByUsername(username);
        if (user!=null && user.getPwd().equals(pwd)){
            request.getSession().setAttribute("user", user);
            //有符合条件的记录，登录成功
            //登录成功后，将一些数据绑定到Session对象上
            response.sendRedirect("/chap05/ActionServlet");}
        else{
            //登录失败，请重新登录
            response.getWriter().write("用户名或密码错误，登录失败");
        }}}
```

如果用户登录成功，则跳转到网站首页，否则在页面进行友好提示"用户名或密码错误，登录失败"。

文件5：在 cn.jlnku.session 包中创建 LogoutServlet 类，该类用于用户登录结束后的销户，代码如下：

```java
package cn.jlnku.session;
import java.io.IOException;
import javax.servlet.ServletException;
import javax.servlet.http.*;
public class LogoutServlet extends HttpServlet {
public void doGet(HttpServletRequest request,
                  HttpServletResponse response)
    throws ServletException, IOException {
  //移除 Session 中的 user 对象
    request.getSession().removeAttribute("user");
    response.sendRedirect("/chap05/ActionServlet");
}
    public void doPost(HttpServletRequest request,
      HttpServletResponse response)throws ServletException, IOException {
        doGet(request, response);
    }
}
```

文件6：在 chap05 项目的 WebContent 目录下创建一个名称为 login.html 的页面，该页面中包含用户登录表单信息，代码如下：

```html
<!DOCTYPE html PUBLIC "-//W3C//DTD HTML 4.01 Transitional//EN" "http://www.w3.org/TR/html4/loose.dtd">
<html>
<head>
<meta http-equiv="Content-Type" content="text/html; charset=UTF-8">
<title>登录页面</title>
</head>
<body style="font-size:30px">
    <form action="login" method="post">
```

```
            <fieldset>
                <legend>登录 </legend>
                        用户名<input name="username"/><br/>
                        密码<input type="password" name="pwd"/><br/>
                <input type="submit" value="登录"/>
            </fieldset>
        </form>
    </body>
</html>
```

启动 Tomcat 服务器，在浏览器的【地址】栏中输入地址"http://localhost:8080/chap05/login.html"访问 login.html，浏览器显示的结果如图 5-5 所示。

在图 5-5 中的【用户名】和【密码】输入框中输入用户名"Mike"和密码"1234"后，单击【登录】按钮，其页面显示效果如图 5-6 所示。

图 5-5　程序运行效果图（2）　　　　　图 5-6　程序运行效果图（3）

用户登录成功，提示信息为"您已登录，欢迎您的再次到来!!!，Mike! 退出"。如果用户想退出登录，可以单击【退出】，此时，浏览器显示的结果如图 5-7 所示。

但是，如果用户输入的用户名或密码错误，那么，当单击【登录】按钮时，登录会失败，浏览器显示的结果如图 5-8 所示。

图 5-7　程序运行效果图（4）　　　　　图 5-8　程序运行效果图（5）

5.4　本章小结

本章主要讲解了 Cookie 对象和 Session 对象的相关知识，其中 Cookie 是早期的会话跟踪技术，它将信息保存到客户端的浏览器中，浏览器访问网站时会携带这些 Cookie 信息，达到鉴别身份的目的。Session 是通过 Cookie 技术实现的，依赖于名为 JSESSIONID 的 Cookie，它将信息保存在服务器端。Session 中能够存储复杂的 Java 对象，因此使用更加方便。如果客户端不支持 Cookie，或者禁用了 Cookie，仍然可以通过 URL 重写来使用 Session。

第6章 JSP技术

 学习目标

- 了解静态网页与动态网页技术。
- 掌握 JSP 的相关概念及基本语法。
- 掌握 JSP 常用指令的基本概念及使用方法。
- 掌握 JSP 常用隐式对象的基本概念及使用方法。
- 掌握 JSP 常用动作元素的基本概念及使用方法。

源文件

本章首先介绍了静态及动态两种网页技术的工作原理及区别，通过 JSP（Java Server Pages, Java 服务器页面）技术原理以及与其他主流动态网页技术的比较，进一步了解到 JSP 技术是一种功能强大及可实现跨平台操作的动态网页技术。然后，本章从 JSP 文件的基本结构开始，结合各种实例对 JSP 基本语法、指令、隐式对象及动作进行了详细讲解。希望读者通过本章的学习全面掌握 JSP 基本语法及三种元素。

6.1 JSP 概述

6.1.1 什么是 JSP

JSP 是于 1999 年推出的一种动态网页技术标准。JSP 技术是由 Sun 公司主导，并由多个公司一起参与创建的。JSP 技术基于 Java Servlet 技术，部署于网络服务器上，可以响应客户端发送的请求，根据请求内容动态地生成 HTML、XML 或其他格式文档的 Web 网页，然后返回给请求者。其以 Java 语言作为脚本语言，为用户的 HTTP 请求提供服务，并能与服务器上的其他 Java 程序共同处理复杂的业务需求。

JSP 将 Java 代码和特定变动内容嵌入到静态页面，实现以静态页面为模板，动态生成其中部分内容。JSP 引入了被称为"JSP 动作"的 XML 标记，用来调用内建功能。另外，可以创建 JSP 标记库，然后像使用标准 HTML 或 XML 标记一样使用它们。标记库可以增强服务器功能和性能，而且不受跨平台问题的限制。JSP 文件在运行时会被其编译器转换成更原始的 Servlet 代码，然后再由 Java 编译器编译成能快速执行的二进制机器码，也可以直接编译成二进制码。与纯 Servlet 相比，JSP 可以很方便地编写或者修改 HTML 网页而不用去面对大量的 println 语句。JavaScript 虽然可以在客户端动态生成 HTML，但是很难与服务器交互，因此不能提供复杂的服务，例如访问数据库和图像处理等。

6.1.2 编写第一个 JSP 文件

接下来通过编写第一个 JSP 文件，简单了解其页面的结构及基本语法。简而言之，一个 JSP 页面中可以包含以下几部分：普通的 HTML 标记、JSP 标记及通过标记符号"<% %>"加入的 Java 程序片。JSP 页面扩展名是.jsp。JSP 文件的名字必须符合标识符规定：由字母、下划线、美元符号和数字组成，并且第一个字符不能是数字。一定要注意 JSP 技术基于 Java 语言，名字区分大小写，例如 Example6_1.jsp 和 example6_1.jsp 是不同文件。下面是一个简单的 JSP 页面例子。

【例 6-1】一个简单的 JSP 页面。

```
<html>
    <head>
        <title>第一个 JSP 程序</title>
    </head>
    <body>
        <%
            out.println("Hello World! ");
        %>
    </body>
</html>
```

运行结果如图 6-1 所示。

将编写好的JSP 页面文件保存到 Tomcat 服务器某个 Web 服务目录中，此后远程的用户才可以通过浏览器访问该 Tomcat 服务器上的 JSP 页面，通常所说的网站指一个 Web 服务目录。

Hello World!

图 6-1 例 6-1 运行结果

6.1.3 JSP 运行原理

在 JSP 运行过程中，首先由客户端发出请求，服务器端接收到请求后，JSP 页面主要经历以下 3 个步骤（如图 6-2 所示）。

① 当某个 JSP 页面在 Tomcat 服务器上被第一次请求执行时，Tomcat 服务器将该页面交给 JSP 引擎去处理。JSP 引擎首先将它编译成一个 Servlet 源程序，而 Tomcat 服务器中 JSP 引擎就是一个 Servlet 程序，它负责编译和执行 JSP 页面。

② 然后把 Servlet 源程序编译成 Servlet 的 Class 类文件。

③ Tomcat 服务器利用和调用普通 Servlet 程序一样的方式来装载和解释执行这个由 JSP 页面翻译成的 Servlet 程序。当某个 JSP 页面第一次被请求时，会有一些延迟，而再次被访问时会快很多。如果被请求的页面经过修改，服务器将会重新编译这个文件，然后执行。

Tomcat 服务器把为 JSP 页面创建的 Servlet 源文件和 Class 类文件放置在"apache-tomcat-5.5.26\work\Catalina\localhost\<应用程序名>\"目录中，JSP 页面翻译成的 Servlet 包名为 org.apache.jsp（即将其放置在 apache-tomcat-5.5.26\work\Catalina\localhost\org\apache\jsp 目录下）。

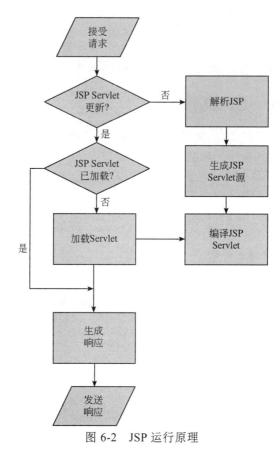

图 6-2　JSP 运行原理

6.2　JSP 基本语法

一个 JSP 页面是由静态和动态两部分构成的。静态部分为模板数据或模板文本，一般由 HTML 标记组成，此部分无须通过服务器进行处理，直接发送至客户端。动态部分由与 Java 相关的动态元素构成，此部分需经过服务器处理后，再发送至客户端。动态元素主要包括以下 3 种。

① Java 脚本元素：包括变量和方法的声明、Java 程序片及 Java 表达式。
② JSP 注释。
③ JSP 标记：包括指令标记、动作标记和自定义标记等。

现今随着 Web 项目规模的不断增大，在 JSP 页面中如果出现过多的 Java 脚本元素用于控制业务流程，则不便于项目后期的维护。因此在许多大型 Web 项目开发中在 JSP 页面中较少甚至不出现 Java 脚本元素，流程控制交由 Servlet 负责，而业务处理由 JavaBean 负责，具体原理将在第 7 章详细介绍。

注意：由于本书重在讲解基于 JSP 的 Web 开发技术，因此默认读者初步了解 HTML 语言。读者如果想了解 HTML 语言，可以在网络上随时查阅相关知识点。

6.2.1 JSP 脚本元素

JSP 脚本元素用来在 JSP 页面中插入 Java 语言程序代码，这些 Java 语言程序代码将出现在由当前 JSP 页面生成的 Servlet 中，用来实现一些功能。JSP 脚本元素包括声明、Java 程序片及 Java 表达式。

（1）Java 程序片

Java 程序片是指在标记符号 "<%" 和 "%>" 之间的 Java 程序代码，例如：

```
<%
  int a=3,b=4;
  if(a>=b)
     out.print(a);
  else
     out.print(b);
%>
```

JSP 页面的 Java 程序片具有如下特点。

① 一个 JSP 页面可以有一段或多段 Java 程序片，同一个页面中的程序片将按照在页面中的先后顺序被 JSP 引擎执行。

② Java 程序片中声明的变量属于 JSP 页面的局部变量。一个局部变量的作用域是从声明位置开始到所在页面结束，此范围内的所有程序片及表达式都有效。

③ 当多个用户请求一个 JSP 页面时，JSP 引擎为每个用户启动一个线程，每个用户的线程会分别执行该页面中的 Java 程序片，程序片中的局部变量会在每个线程中为其分配内存空间，独立操作，互不影响。因此，一个用户对 JSP 页面中某个局部变量值的改变，不会影响到其他用户。

【例 6-2】在相应的输入框中输入长方形的长和宽，计算长方形的面积并输出（6-2.jsp）。

```
<%@ page language="java" contentType="text/html; charset=utf-8"
    pageEncoding="utf-8"%> <!-- JSP 指令标记-->
<!DOCTYPE html>
<html>
<head>
<meta charset="ISO-8859-1">
<title>Insert title here</title>
</head>
<body>
<form action="6-2.jsp" method="get" name="rect"> <!--长方形的表单-->
<p>请输入长方形的长: <input type="text" name="length"></p>
<p>请输入长方形的宽: <input type="text" name="width"></p>
<p><input type="submit" name="sumbit" value="开始计算"></p>
</form>
<%                          //求长方形面积的 Java 程序片
    String l=request.getParameter("length");
    String w=request.getParameter("width");
```

```
    if(l!=null&&w!=null){
        double length,width;
        length=Double.parseDouble(l);
        width=Double.parseDouble(w);
        out.println("长方形的面积: "+length*width);
    }
%>
```

运行结果如图 6-3、图 6-4 所示。

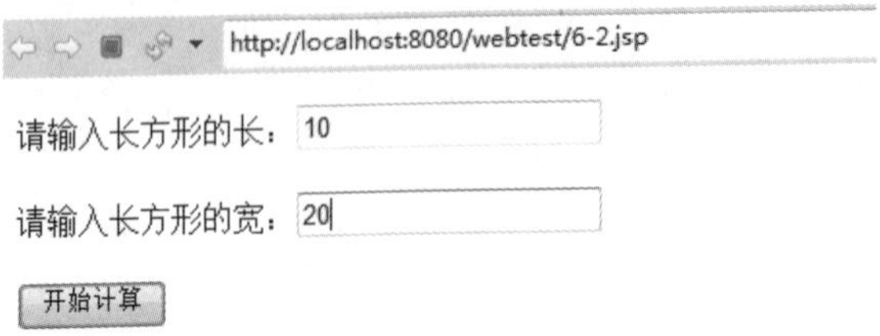

图 6-3 输入长方形的长和宽

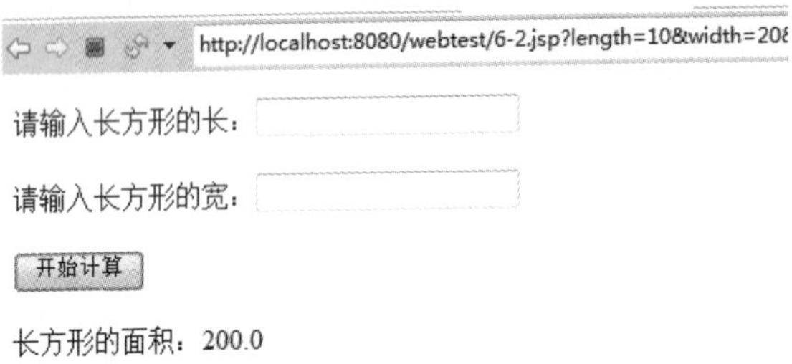

图 6-4 计算长方形的面积并显示

（2）声明

JSP 语法中，在标记符号 "<%!" 和 "%>" 之间加入 Java 的声明变量及方法语句，可以定义一个或多个合法的变量及方法。在标记符号 "<%!" 和 "%>" 之间所声明的变量称为 JSP 页面的成员变量，所声明的方法称为成员方法，例如：

```
<%!
    int x,y=1;          //声明变量
    int add(int m,int n) { //声明方法
        return m+n;
    }
%>
```

一个 JSP 页面中声明的成员变量及成员方法具有如下特点。

① JSP 页面的成员变量在整个 JSP 页面内都有效，与其声明的位置无关。与 Java 声明成员变量的习惯相同，通常在页面的前面进行声明。由于 JSP 引擎将 JSP 页面编译成 Java 文件时，将原来 JSP 页面成员变量作为类的成员变量，这些成员变量的内存空间直到服务器关闭才释放。因此，多个用户共享 JSP 页面的成员变量。任何用户对 JSP 页面成员变量操作的结果，都会影响到其他用户。

② JSP 页面的成员方法在整个 JSP 页面内有效，但是该方法内声明的变量为局部变量，仅在该方法内有效。

【例 6-3】 调用 1~n 自然数求和方法，求 1~100 自然数之和，并在浏览器中输出（6-3.jsp）。代码如下：

```jsp
<%@ page language="java" contentType="text/html; charset=utf-8"
    pageEncoding="utf-8"%> <!-- JSP指令标记-->
<!DOCTYPE html>
<%!
    public int count(int n){   //声明成员方法
        int sum=0;
        for(int j=1;j<n+1;j++)
        {
            sum=sum+j;
        }
        return sum;
    }
%>
<html>
<head>
<meta charset=utf-8>
<title>Insert title here</title>
</head>
<body>
    <%--我是JSP注释--%>
    1~100 的自然数和是
    <%                  //Java程序片
      out.println(count(100));
    %>
</body>
</html>
```

运行结果如图 6-5 所示。

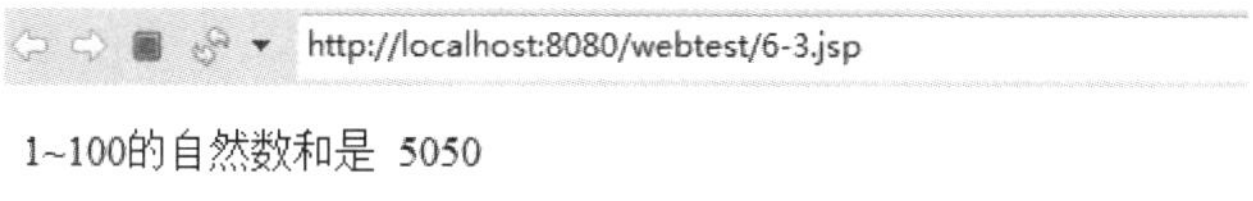

1~100的自然数和是 5050

图 6-5　1~100 自然数之和

程序分析：在此例题中未声明成员变量，如果将 count(int n) 方法的局部变量 sum 声明为成员变量，6-3.jsp 声明部分的代码变为：

```jsp
<%!
    int sum=0;                    //声明成员变量
    public int count(int n){      //声明成员方法
        for(int j=1;j<n+1;j++)
        {
            sum=sum+j;
        }
        return sum;
    }
%>
```

修改之后，在服务器关闭之前，随着该页面执行次数的增加，sum 的值不断增大，当前的执行结果是在上一执行结果的基础上又加上了 5050（1～100 自然数之和）。图 6-6 和图 6-7 所示为第一次和第二次执行结果，将 sum 声明为成员变量后，其作用域被多个用户共享。

| 图 6-6　第一次执行结果 | 图 6-7　第二次执行结果 |

在上述分析之后，对 JSP 页面中的局部变量和成员变量进行如下总结。

① Java 程序片中声明变量属于局部变量，其在声明之后的程序片中均有效，但外部方法不可见。如图 6-8 所示，将变量 sum 声明为 Java 程序片的局部变量后，count(int n)方法引用为非法。

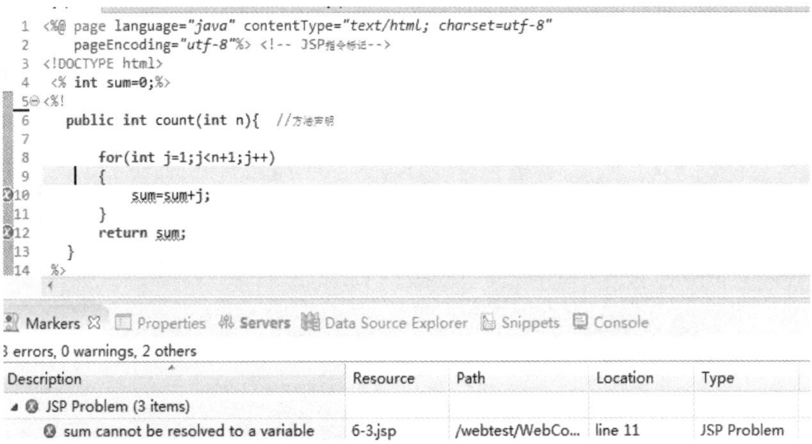

图 6-8　错误提示

② JSP 页面成员方法内声明的变量属于局部变量，仅在该方法内有效。
③ JSP 页面的成员变量属于全局变量，在整个 JSP 页面内都有效。

（3）Java 表达式

JSP 页面的 Java 表达式是指在标记符号 "<%=" 和 "%>" 之间符合 Java 语法规则的表达式，例如：

```
<%=new Date()%>
<%="GOOD"%>
<%=3+4%>
```

Java 表达式先由服务器进行计算，计算结果由 JSP 引擎转换为字符串，然后将其插回到页面中表达式原有位置，最后向客户端输出。在使用 Java 表达式时，需注意以下两点。

① JSP 页面的 Java 表达式不能用分号 "；" 作为结束符，但可以将分号放在加引号" "的字符串中，例如<%="GOOD;"%>。
② "<%=" 是一个完整的符号，"<%" 和 "=" 之间不能有空格。

【例 6-4】 将例 6-3 的运算结果输出改用 Java 表达式，并在结果之前输出字符串 "1+2+3+4+……+100="（6-4.jsp）。

```jsp
<%@ page language="java" contentType="text/html; charset=utf-8"
    pageEncoding="utf-8"%> <!-- JSP 指令标记-->
<!DOCTYPE html>
<%!
    public int count(int n){    //方法声明
        int sum=0;
        for(int j=1;j<n+1;j++)
        {
            sum=sum+j;
        }
        return sum;
    }
%>
<html>
<head>
<meta charset=utf-8>
<title>Insert title here</title>
</head>
<body>
    <%="1+2+3+4+……+100="+count(100)%>    <%--Java 表达式--%>
</body>
</html>
```

运行结果如图 6-9 所示。

程序分析：通过运行结果可以看出，Java 表达式相当于 out.println()方法，完成 JSP 页面的输出功能。Java 表达式可以由一个或多个表达式组合而成，如此例中输出表达式是由"1+2+3+4+……+100="字符串及 count(100)两个表达式组成。

图 6-9　例 6-4 运行结果

6.2.2　JSP 注释

（1）JSP 注释

在 JSP 页面中添加注释可以采用多种方法，此节主要介绍 JSP 注释。JSP 注释是一种隐藏注释方法，在标记符号 "<%--" 和 "--%>" 之间加入注释内容。

语法格式：

`<%--注释内容--%>`

JSP 引擎编译时将 JSP 注释忽略，因此如果用户通过 Web 浏览器查看该 JSP 页面的源代码，则看不到隐藏注释的内容。采用隐藏注释既可以方便开发人员阅读，从而增强程序的可读性，又可以保证 Web 服务程序的安全性。

【例 6-5】 在 6-2.jsp 中加入 JSP 注释。在浏览器中查看 JSP 源代码，无注释。

代码如下：

```jsp
<%@ page language="java" contentType="text/html; charset=utf-8"
    pageEncoding="utf-8"%> <!-- JSP 指令标记-->
<!DOCTYPE html>
<html>
```

```
<head>
<meta charset="ISO-8859-1">
<title>Insert title here</title>
</head>
<body>
<%--长方形数据表单 --%>
<form action="6-2.jsp" method="get" name="rect">
<p>请输入长方形的长: <input type="text" name="length"></p>
<p>请输入长方形的宽: <input type="text" name="width"></p>
<p><input type="submit" name="sumbit" value="开始计算"></p>
</form>
<%--求长方形面积的Java程序片 --%>
<%
    String l=request.getParameter("length");
    String w=request.getParameter("width");
    if(l!=null&&w!=null){
        double length,width;
        length=Double.parseDouble(l);
        width=Double.parseDouble(w);
        out.println("长方形的面积: "+length*width);
    }
%>
</body>
</html>
```

运行结果如图 6-10 所示。

图 6-10　浏览器中查看的 JSP 源代码

(2) JSP 页面的 Java 注释

如要实现和 JSP 注释一样的隐藏效果, 还可以采用 Java 语言注释的方式, 即在 JSP 页面的声明或 Java 程序片中加入 Java 语言注释。单行注释放在 "//" 符号后, 多行注释放在 "/*" 和 "*/" 之间, 例如:

```
<%
    /*
      接收长方形表单提交的长和宽的数据
    */
    String l=request.getParameter("length");
    String w=request.getParameter("width");
```

```
if(l!=null&&w!=null){        //计算长方形面积
    double length,width;
    length=Double.parseDouble(l);
    width=Double.parseDouble(w);
    out.println("长方形的面积: "+length*width);
}
%>
```

（3）JSP 页面的 HTML 注释

如果要将注释显示给用户看，可以采用 HTML 注释，即在标记符 "<!--" 和 "-->" 之间加入注释内容。

语法格式：`<!--注释内容-->`

将例 6-5 中 JSP 注释内容换成 HTML 注释内容，运行程序后，在浏览器中查看的源代码如图 6-11 所示。

图 6-11　浏览器中查看源代码的 HTML 注释

HTML 注释属于显示注释，JSP 引擎并不是直接将其作为普通 HTML 标记显示在浏览器查看的源码中，同样要进行处理。如果其中有 JSP 脚本元素，则被 JSP 引擎按照 JSP 脚本元素的处理方式进行处理。JSP 引擎将处理之后的 HTML 注释交给客户端，通过浏览器查看 JSP 源文件时，能够看到 HTML 注释。

6.3　JSP 指令

JSP 指令元素用于描述 JSP 页面转换为 JSP 引擎所能执行的 Java 代码时的控制信息，包括整个 JSP 页面的相关信息，并设置 JSP 页面的相关属性。如当前 JSP 页面所使用的语言、导入的 Java 类及网页的编码方式等。它不直接生成输出，而只是通知引擎如何处理 JSP 页面中的某些部分。

语法格式：<%@ 指令名 属性 1="值 1" 属性 2= "值 2"……属性 n="值 n"%>

例如，程序人员在 JSP 页面首部添加的指定页面语言及编码方式的指令：

`<%@ page language="java" contentType="text/html; charset=utf-8"%>`

JSP 主要包括 3 种指令，如表 6-1 所示。

表 6-1 JSP 指令

指令名	功能描述
page	用来设置整个 JSP 页面的相关属性和功能，包括指定 JSP 脚本语言的种类、导入的包或类、指定页面编码的字符集等
include	用于在 JSP 页面出现该指令的位置处，静态插入一个文件
taglib	用于指定页面中使用的标签库以及自定义标签的前缀

下面就 JSP 页面常用的 page 和 include 指令进行详细讲解。

6.3.1 page 指令

page 指令用来设置整个 JSP 页面的相关属性和功能，包括指定 JSP 脚本语言的种类、导入的包或类、指定页面编码的字符集等。一个 page 指令可以设置多个属性，也可以使用多个 page 指令分别设置每个属性。

① 一个 page 指令设置多个属性语法格式：

```
<%@ page 属性 1="值 1" 属性 2="值 2"……属性 n="值 n"%>
```

② 多个 page 指令分别设置每个属性语法格式：

```
<%@ page 属性 1="值 1"%>
<%@ page 属性 2="值 2"%>
……
<%@ page 属性 n="值 n"%>
```

page 指令作用于整个 JSP 页面，与其书写的位置无关，但习惯写在 JSP 页面首部。page 指令包括 13 种常用属性，如表 6-2 所示。

表 6-2 page 指令的属性

属性名	功能描述
language	设置 JSP 使用的脚本语言
buffer	设置 out 对象使用缓冲区的大小
autoFlush	设置 out 对象的缓冲区被填满时，缓冲区是否自动刷新
contentType	设置当前 JSP 页面发送到客户端时的 MIME（内容）类型和 charset（字符集编码方式）
pageEncoding	pageEncoding 是指 JSP 文件自身存储时所用的编码
errorPage	设置当 JSP 页面发生异常时需要转向的错误信息处理页面
isErrorPage	设置当前 JSP 页面是否可以作为其他 JSP 页面的错误信息处理页面
extends	设置 JSP 页面所生成的 Servlet 的父类
import	导入要 JSP 页面使用的 Java 包或者类
info	设置 JSP 页面常用的字符串，在程序中使用 getServletInfo()方法来取得
session	设置 JSP 页面是否使用 Session 对象
isELIgnored	设置是否忽略 EL 表达式
isThreadSafe	设置当前 JSP 页面是否启动多线程响应用户

（1）language

language 属性用来设置当前 JSP 页面使用的脚本语言，目前处理 JSP 页面的 JSP 引擎都只支持 Java 语言，因此这个属性的默认值为 Java。

语法格式：

```
<%@ page language="java" %>
```

注意：JSP 页面即使未设置 language 属性,页面也会默认存在指令"<%@ page language="java" %>",并按其执行。

（2）buffer 和 autoFlush

① buffer。buffer 属性用于设置当前页面 out 对象使用缓冲区的大小，以 KB 为单位，默认值为 8KB,设置的缓冲区应不小于 8KB。如要设置 out 对象禁用缓冲区，可以设置属性值为 none。

语法格式：

```
<%@ page  buffer="none|sizeKB" %>
```

例如设置 out 对象使用缓冲区大小为 16KB：<%@ page buffer="16KB" %>

② autoFlush。autoFlush 属性用于设置当前页面 out 对象的缓冲区被填满时，缓冲区是否自动刷新，默认值为 true。若自动刷新，设置属性值为 true；否则为 false，并且当 out 对象缓冲区满时会抛出一个异常。

语法格式：

```
<%@ page autoFlush="true|false" %>
```

例如设置缓冲区不自动刷新：<%@ page autoFlush="false" %>

注意：当 buffer="none"时，autoFlush="false"是不合法的。

（3）contentType 和 pageEncoding

① contentType。contentType 属性用于设置当前 JSP 页面发送到客户端时的 MIME（内容）类型和 charset（字符集编码方式）。当用户请求一个 JSP 页面时，JSP 引擎会通知浏览器使用 contentType 属性通知客户端采用何种方式处理接收的信息。contentType 属性的常用 MIME 类型如表 6-3 所示，默认值为"text/html"，其他方式可以通过 Tomcat 服务器安装目录中的"/conf/web.xml"文件进行查询。常用的 charset 方式为 ISO-8859-1、gbk、utf-8 及 gb2312，默认值为"ISO-8859-1"，utf-8 及 gb2312 两种编码方式支持中文。

表 6-3 contentType 的常用 MIME 类型

类型	含义
text/plain	纯文本页面
text/html	纯文本的 HTML 页面
text/xml	XML 页面
application/x-msexcel	Excel 文件
application/msword	Word 文件
application/vnd.ms-powerpoint	PowerPoint 文件
image/gif、image/jpeg	GIF 图像、JPEG 图像
audio/文件类型	Audio 声音及音乐文件
video/文件类型	Video 视频文件

语法格式：

```
<%@ page  contentType="MIME;charset=属性值" %>
```

或

```
<%@ page  contentType="MIME" %>
```

注意：如果用户的浏览器不支持某种 MIME 类型，那么其无法用相应的方法处理 JSP 引擎发来的消息。

【例 6-6】设置 JSP 页面发送至客户端时是 HTML 页面，并且能显示中文信息（6-5.jsp）。

```
<%@ page language="java" contentType="text/html; charset=utf-8"%>
<!DOCTYPE html>
<html>
<head>
<title>Insert title here</title>
</head>
<body>
你好，欢迎学习 Web 开发技术！
</body>
</html>
```

运行结果如图 6-12 所示。

程序分析：如果将第一行 page 指令删掉，所有属性值变为默认值，charset 方式为 "ISO-8859-1"，不支持中文格式，显示乱码，如图 6-13 所示。因此，为了正确显示中文信息，必须设置 contentType 属性。

图 6-12　6-5.jsp 运行结果　　　　　　图 6-13　删除 page 指令的运行结果

② pageEncoding。pageEncoding 属性用来设置 JSP 文件自身存储时所用的编码，即 JSP 引擎处理页面时的编码方式，常用编码方式为 ISO-8859-1 和 utf-8，默认属性值为 "ISO-8859-1"。

语法格式：

```
<%@ page  pageEncoding="属性值"%>
```

【例 6-7】将 6-5.jsp 的 page 指令加入 pageEncoding 属性设置，属性值为 ISO-8859-1。

6-5.jsp 第一行改为：

```
<%@ page language="java" contentType="text/html; charset=gb2312" pageEncoding="ISO-8859-1"%>
```

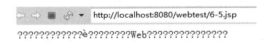

图 6-14　设置 pageEncoding 属性的结果

运行结果如图 6-14 所示。

程序分析：通过运行结果发现，即使 contentType 属性的 charset 值为 "gb2312"，客户端显示信息时支持中文格式，中文字符仍然显示为乱码。原因在于如果 pageEncoding 属性存在并且属性值为 "ISO-8859-1"，则导致 JSP 引擎处理 JSP 页面时不能识别中文字符，将处理的中文部分的乱码信息发送至客户端，从而导致客户端同样无法显示中文。因此，如果 pageEncoding 属性存在，那么字符集编码方式由其属性值决定，contentType 属性的 charset 值起不到任何作用。如要正常显示中文，可以不设置 pageEncoding 属性，编码方式由 contentType 属性的 charset 值决定；如果设置了 pageEncoding 属性，其编码方式必须支持中文。

（4）errorPage 和 isErrorPage

① errorPage。errorPage 属性用来设置当 JSP 页面发生异常时需要转向的错误信息处理页面，其属性值为处理错误信息处理页面的相对路径。当页面出现一个没有被捕获的异常时，错误信息将以 throw 语句抛出，而错误信息处理页面将利用 exception 隐含对象获取错误信息。errorPage 属性值默认为空，即没有错误处理页面。

语法格式：

```
<%@ page errorPage="属性值"%>
```

例如<%@ page errorPage="error.jsp"%>，错误信息显示在相同文件夹下的 error.jsp 页面。

② isErrorPage。isErrorPage 属性用来设置当前 JSP 页面是否可以作为其他 JSP 页面的错误信息处理页面。属性值 true 代表可以作为其他页面的错误信息处理页面；属性值 false 代表不可以，false 为默认值。

语法格式：

```
<%@ page isErrorPage="true|false"%>
```

【例 6-8】 输入一个数求其绝对值，若输入数据含有非法字符，则另一页面对错误信息进行处理。

6-6-1.jsp（求绝对值页面）：

```
<%@ page language="java" contentType="text/html; charset=utf-8"
    pageEncoding="utf-8"%>
<%@ page errorPage="6-6-2.jsp" %>
<!DOCTYPE html>
<html>
<head>
<meta charset="ISO-8859-1">
<title>Insert title here</title>
</head>
<body>
<form action="6-6-1.jsp" method="get" name="rect">
<p>请输入一个数：<input type="text" name="number"></p>
<p><input type="submit" name="sumbit" value="计算绝对值"></p>
</form>
<%
    String n=request.getParameter("number");
    if(n!=null){
       double number=Double.parseDouble(n);
         out.println(number+"的绝对值："+Math.abs(number));
    }

%>
</body>
</html>
```

6-6-2.jsp（错误信息处理页面）：

```
<%@ page language="java" contentType="text/html; charset=utf-8"
    pageEncoding="utf-8"%>
<%@ page isErrorPage="true" %>
<!DOCTYPE html>
<html>
<head>
<meta charset="ISO-8859-1">
<title>Insert title here</title>
</head>
<body>
出错信息：<%=exception.getMessage() %>
</body>
</html>
```

运行结果如图 6-15、图 6-16 所示。

图 6-15　输入含有字符串的数据 　　图 6-16　错误信息处理页面输出错误信息

注意：IE 浏览器有默认的错误信息处理页面，出现错误时，会自动跳转至此页。因此如果想应用自定义的错误信息处理页面，在运行程序前需将 IE 的此项功能关闭。关闭方式：打开【IE 浏览器】→【工具】→【Internet】选项→【高级】选项卡，取消【高级】选项卡的【显示友好 HTTP 错误信息】复选框，单击【确定】按钮，完成设置。

（5）extends

extends 属性用来设置 JSP 页面所生成的 Servlet 的父类，属性值为父类全名。一般建议不要使用 extends 属性，这个属性一般为开发人员或提供商保留，由他们对页面的运作方式做出根本性的改变（如添加个性化特性）。一般人应该避免使用这个属性，除非引用由服务器提供商专为这种目的提供的类，JSP 引擎可以提供专用的高性能父类，如果指定父类，可能会限制 JSP 容器本身具有的能力。

语法格式：

```
<%@ page extends="父类全名" %>
```

例如：

```
<%@ page extends="javax.servlet.http.HttpServlet" %>
```

（6）import

import 属性用来导入 JSP 页面要使用的 Java 包或者类，属性值为包名或父类全名，可以同时设置一个或多个属性值，属性值之间用逗号分隔。通过此属性，JSP 页面的 Java 程序片、声明及表达式均可使用包中的类。在未设置 import 属性的情况下，会默认导入一些包，如 java.lang.*、javax.servlet.*、javax.servlet.jsp.*、javax.servlet.http.*等。

语法格式：

```
<%@ page import="属性值1,属性值2,……,属性值n"%>
```

例如：

```
<%@ page import="java.util.*,java.io.*" %>
```

（7）info

info 属性用来存储 JSP 页面常用的文本信息，属性值即字符串，在程序中使用 getServletInfo()方法获取 info 属性值。info 属性无默认值。

语法格式：

```
<%@ page info="属性值"%>
```

例如：

```
<%@ page info="Web 开发技术" %>
<%String s=getServletInfo(); %>
```

上述例子中 info 属性存储的文本信息最后通过 getServletInfo()方法获得。

（8）session

session 属性用于设置 JSP 页面是否需要使用内置对象 Session，属性值 true 代表使用，属性值 false 代表不使用，默认值为 true。

语法格式：

```
<%@ page session="true|false"%>
```

（9）isELIgnored

isELIgnored 用来设置是否忽略 EL 表达式，属性值 true 代表忽略，属性值 false 代表不忽略，默认值为 false。此属性为 JSP 2.0 新引入的属性，在只支持 JSP 1.2 及早期版本的服务器中无此项属性。

语法格式：

```
<%@ page isELIgnored="true|false"%>
```

（10）isThreadSafe

isThreadSafe 属性用来设置当前 JSP 页面是否启动多线程响应用户，属性值 true 代表启动，属性值 false 代表不启动，默认值为 true。如果为 true，则该页面可能同时收到 JSP 引擎发出的多个请求；反之，JSP 引擎会对收到的请求进行排队，当前页面在同一时刻只能处理一个请求。建议将 isThreadSafe 属性设置为 true，确保页面所用的所有对象都是线程安全的。

语法格式：

```
<%@ page isThreadSafe="true|false"%>
```

6.3.2 include 指令

include 指令用来向当前页中静态插入一个文件的内容，插入的位置就是指令所在位置。插入文件的位置记录在 file 属性中，属性值是插入文件的相对路径，此属性无默认值。

语法格式：<%@ include file="文件相对路径" %>

如何书写文件的相对路径呢？如果路径是以文件名或目录名开头，那么这个路径就是正在使用的 JSP 文件的当前路径。例如<%@ include file="top.html" %>，插入的文件与主文件在同一文件夹下。如果这个路径以"/"开头，表示相对于当前主文件的根目录而不是站点根目录。例如<%@ include file="inc /top.html" %>，文件"inc"与主文件在同一文件夹下，将"inc"中的"top.html"文件插入到主文件中。

被插入的文件可以是 JSP 文件、HTML 文件及文本文件等。当一个网站中，多个网页具有很大部分的相同元素时，可以使用 include 指令来完成。此种插入方式称为"静态插入"，即"先包含再处理"。之所以是静态，是因为 file 属性的值不能是变量，也不可以在文件路径后插入参数。带有插入文件的 JSP 页面编译过程是具体过程，是先将当前 JSP 文件与要插入的文件合并成一个新的 JSP 文件，然后再由 JSP 引擎将新页面转化为 Java 文件处理并运行，被包含的文件就好像是 JSP 文件的一部分，会被同时编译执行。

注意：

① 插入的文件包含中文时，需在其文件首部加入 page 指令，设置 contentType 属性的 charset 为支持中文的编码方式；否则，在编译主文件时，被插入文件的中文均显示为乱码。

② 当主文件中含有\<html\>\</html\>、\<head\>\</head\>、\<body\>\</body\>、\<title\>\</title\>标记时，被插入文件中不应含有这些标记，避免使主文件发生错误。

【例 6-9】在一个 JSP 文件中放入一首诗，将诗的题目及作者放在另一个 HTML 文件中，将 HTML 文件插入 JSP 文件。

6-7-1.jsp（主文件）：

```
<%@ page language="java" contentType="text/html; charset=utf-8"%>
```

```html
<!DOCTYPE html>
<html>
<head>
<title>Insert title here</title>
</head>
    <meta charset="utf-8">
    <body style="background-image: url('img/img6-7.jpg');background-repeat: no-repeat; background-position: center;">
    <%@ include file="inc/6-7-2.html" %>
    <p style="font-size:3ex;color:orange;text-align: center;font-weight: bolder;">
天街小雨润如酥，<br/>
草色遥看近却无。<br/>
最是一年春好处，<br/>
绝胜烟柳满皇都。<br/>
</p>
</body>
</html>
```

6-7-2.html（插入文件）：

```
<%@ page language="java" contentType="text/html; charset=UTF-8"%>
<p style="font-size:4ex;color:green;text-align: center;">早春呈水部张十八员外</p>
<p style="font-size:3ex;color:blue;text-align: center;font-weight: bolder;">唐　韩愈 </p>
```

运行结果如图 6-17 所示。

图 6-17　例 6-9 运行结果

6.4　JSP 隐式对象

6.4.1　隐式对象的概述

JSP 隐式对象是指不需要声明而可以直接在 JSP 页面中使用的对象，JSP 隐式对象又称为内置对象或隐含对象。JSP 提供了 9 个隐式对象，隐式对象在使用前无须引入其所属的包。9 个隐式对象的对象名、所属父类及功能描述如表 6-4 所示。

表 6-4　JSP 隐式对象

对象名	所属父类	功能描述
request	javax.servlet.ServletRequest. HttpServletRequest	帮助服务器端获取客户端提交的信息
response	javax.servlet.ServletResponse. HttpServletResponse	帮助服务器端对客户端的请求做出动态响应

续表

对象名	所属父类	功能描述
out	javax.servlet.jsp.JspWriter	向客户端输出各种数据类型的内容，并管理应用服务器上的输出缓冲区
application	javax.servlet.ServletContext	用来保存 Web 应用程序中公有的数据，可存放全局变量
session	javax.servlet.http.HttpSession	用来保存每个用户的信息，以便跟踪每个用户的操作状态
pageContext	javax.servlet.jsp.PageContext	对 JSP 页面所有的对象及命名空间进行访问，即使用 pageContext 对象获取其他隐式对象中的值
config	javax.servlet.ServletConfig	表示当前 JSP 页面编译成 Servlet 的 ServletConfig 对象，存储着一些初始数据
page	java.lang.Object	表示 JSP 页面编译成 Servlet 对象，代表 JSP 页面对象
exception	java.lang.Throwable	用来处理 JSP 文件在执行时发生的错误和异常

（1）request 与 response 对象

JSP 页面与用户能够实现交互的关键在于 request 与 response 对象提供的功能。request 让服务器获取用户在 JSP 页面表单中输入的数据，response 则提供服务器端程序以响应客户端信息，它们提供处理 HTML 标记中存储数据的主要功能。

（2）out 对象

JSP 页面是动态网页，所谓动态，即同一个 JSP 页面在不同输入数据及条件下通过 JSP 引擎处理后可以将获得的不同数据发送至客户端，并在客户端输出动态数据，呈现不同结果。out 对象的功能就是将要输出的动态数据传送网页时写入客户端。

（3）session 与 application 对象

在 Web 应用程序开发中，客户端与服务器端进行通信是以 HTTP 为基础的，而 HTTP 是一种无状态协议，即协议对于事务处理没有记忆能力，HTTP 无状态的特性严重阻碍了 Web 应用程序的实现。由于用户之前的访问情况可能影响后续的访问操作，例如验证用户登录是否超时，因此很多情况下交互的信息必须存储，application 与 session 对象就是为了解决 HTTP 的缺陷。

（4）config、pageContext 及 page 对象

这 3 个对象被用于存储 JSP 页面运行情况：config 存储 JSP 页面被编译成为 Servlet 之后的相关信息；pageContext 存储运行期间各种数据的存取操作；page 代表目前正在运行的 JSP 页面对象。Web 服务器端应用程序还运用这 3 个对象存储 JSP 页面运行期间的各种环境信息，同时将当前 JSP 页面当作对象进行操作。

（5）exception 对象

当 JSP 页面发生错误时，会产生异常。exception 对象就是用来针对异常作出相应处理的对象。下面具体介绍 out、pageContext 及 exception 对象。

6.4.2　out 对象

out 对象是一个输出流，用来向客户输出各种数据类型的内容,并管理应用服务器上的输出缓冲区。在前面的许多例子中曾多次使用 out 对象进行数据的输出。利用 out 对象输出必须经过缓冲区，在服务器将数据输出至客户端之前，缓冲区用来暂存数据，以便数据在输出到客户端之前有缓冲及重整的机会。具体原理如图 6-18 所示，服务器端先将数据发送至缓冲区，最后再整批地发送至客户端。

如上所述，out 对象对缓冲区的操作分为两类，一类负责数据输出，另一类负责缓冲区处理，具体方法如表 6-5 所示。

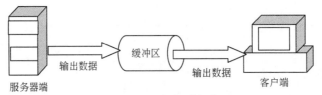

图 6-18　缓冲区处理

表 6-5　out 对象方法

方法名	功能描述	类别
out.print(Type data)	输出 Type 类型的值	数据输出
out.println(Type data)	输出 Type 类型的值，然后换行	
out.newLine()	输出一个换行符，当前行为空白	
out.clear( )	清除缓冲区，若缓冲区为空，则会抛出 IOException	缓冲区处理
out.clearBuffer()	清除缓冲区，若缓冲区为空，不会抛出 IOException	
out.close()	关闭缓冲区	
out.flush()	输出缓冲区并清除	
out.getBufferSize()	获取缓冲区大小，值为整数	
out.getRemaining()	获取缓冲区剩余大小，值为整数	
out.isAutoFlush()	用于判断是否自动刷新缓冲区。自动刷新返回 true，否则返回 false	

（1）数据输出

out.newLine()和 out.println(Type data)两个方法有一点相似，即都有换行符，但是 out.println(Type data)输出时带有的换行符被浏览器忽略了，被认为是空格，所以输出的仍然是一行，但当在浏览器中查看源文件时，能看出换行符起作用了。若在浏览器显示网页时需要换行，则使用换行标记
。

（2）缓冲区处理

当利用缓冲区进行数据输出时，为了避免缓冲区异常导致数据输出出现问题，需要控制缓冲区大小，了解缓冲区状态及清理缓冲区。在前面 6.3.1 节的 buffer 属性中讲解过缓冲区大小设置，缓冲区默认值是 8KB，可以通过 page 指令来改变缓冲区的大小。与此同时，要将 page 指令的 autoFlush 设为 true，否则缓冲区满时将产生 IOException 错误。

out 对象提供了了解缓冲区状态及清理缓冲区的方法。out.getBufferSize()、out.getRemaining() 及 out.isAutoFlush()方法用于了解缓冲区的状态。其中，out.isAutoFlush()用于了解页面是否设置自动清空缓冲区；out.getBufferSize()和 out.getRemaining()用于了解缓冲区的大小情况。

应用清空缓冲区的 3 个方法时要注意区别：out.clear()及 out.clearBuffer()只清空缓冲区不输出，在缓冲区已经为空的情况下，应用 out.clear( )方法会抛出异常，而 out.clearBuffer()不会；out.flush()方法在应用时是先输出数据再清空。

下面结合例题具体讲解应用 out 对象的方法。

【例 6-10】out 对象方法应用（6-10.jsp）。

```
<%@ page language="java" contentType="text/html; charset=utf-8"%>
<!DOCTYPE html>
<html>
<head>
<title>Insert title here</title>
```

```
</head>
<body style="font-size: 4ex;color:blue;text-align: center;">
<%
out.println("金缕衣<br>");
out.println("<br>");
out.println("劝君莫惜金缕衣,<br>");
out.println("劝君惜取少年时。<br>");
out.flush();
out.println("花开堪折直须折,<br>");
out.clearBuffer();
out.println("莫待无花空折枝。<br>");
out.println("<br>");
out.println("缓冲区大小: "+out.getBufferSize()+"<br>");
out.println("缓冲区剩余大小: "+out.getRemaining()+"<br>");
if(out.isAutoFlush())
    out.println("缓冲区已设置自动清空<br>");
else
    out.println("缓冲区未设置自动清空<br>");
%>
</body>
</html>
```

运行结果如图 6-19 所示。

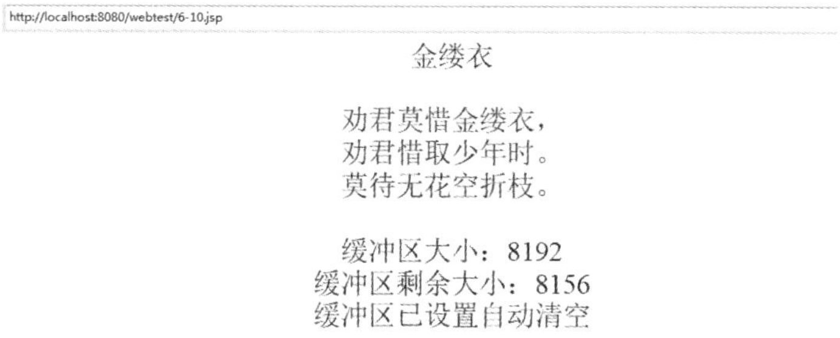

金缕衣

劝君莫惜金缕衣,
劝君惜取少年时。
莫待无花空折枝。

缓冲区大小：8192
缓冲区剩余大小：8156
缓冲区已设置自动清空

图 6-19 例 6-10 运行结果

程序分析：通过运行结果发现，out.flush()方法输出数据后清空缓冲区；out.clearBuffer()清空缓冲区，导致"花开堪折直须折，
"写入缓冲区后被删除。

6.4.3 pageContext 对象

pageContext 对象是 javax.servlet.jsp.PageContext 类的实例,它的创建和初始化都是由 JSP 引擎来完成的，用来代表整个 JSP 页面，即 JSP 页面上下文对象，用于获取当前 JSP 页面的相关信息，它的作用范围为当前 JSP 页面。pageContext 能够存取其他隐式对象；当隐式对象包括属性时，pageContext 也支持对这些属性的读取和写入；它还能够处理与 JSP 引擎有关的信息以及其他对象的属性。pageContext 对象常用的方法分为获取隐式对象方法及处理属性方法，如表 6-6 及表 6-7 所示。

表 6-6 获取隐式对象常用方法

方法名	功能描述
ServletRequest getRequest()	获取当前 JSP 页面的 request 对象
ServletResponse getResponse()	获取当前 JSP 页面的 response 对象

续表

方法名	功能描述
HttpSession getSession()	获取和当前 JSP 页面有关的 session 对象
ServletConfig getServletConfig()	获取当前 JSP 页面的 config 对象
ServletContext getServletContext()	获取当前 JSP 页面的 application 对象
Object getPage()	获取当前 JSP 页面的 page 对象
Exception getException()	获取当前 JSP 页面的 exception 对象,此时 JSP 页面的 page 指令的 isErrorPage 属性值必须为 true
JspWriter getOut()	获取当前 JSP 页面的 out 对象

表 6-7 处理属性常用方法

方法名	功能描述	类别
Object getAttribute(String name)	获取当前页面的指定属性	处理当前页面内属性
void setAttribute(String name, Object attribute)	设置当前页面的指定属性	
void removeAttribute(String name)	删除当前页面的指定属性	
Object getAttribute(String name, int scope)	在 scope 范围内,获取指定属性	处理指定范围页面内属性
void setAttribute(String name, Object attribute,int scope)	在 scope 范围内,设置指定属性	
void removeAttribute(String name,int scope)	在 scope 范围内,删除指定属性	
Enumeration getAttributeNamesInScope(int scope)	在 scope 范围内,获取所有属性的属性名	

注意:指定范围处理页面属性是指指定在哪些页面中处理相关属性,参数 scope 是整型常量。代表范围的整型常量共有 4 个:PAGE_SCOPE 代表当前页面(page)范围,REQUEST_SCOPE 代表请求页面(request)范围,SESSION_SCOPE 代表会话页面(session)范围,APPLICATION_SCOPE 代表应用页面(application)范围。

【例 6-11】pageContext 对象应用。

6-11-1.jsp:

```
<%@ page language="java" contentType="text/html; charset=utf-8"%>
<%@page import="java.util.*" %>
<!DOCTYPE html>
<html>
<head>
<meta charset="ISO-8859-1">
<title>Insert title here</title>
</head>
<body>
<a href="6-11-2.jsp?userName=Jack&login_time=<%=new Date()%>">点击此处,跳转至下一个页面!</a>
</body>
</html>
```

6-11-2.jsp:

```
<%@ page language="java" contentType="text/html; charset=ISO-8859-1"
    pageEncoding="ISO-8859-1"%>
 <%@page import="java.util.*" %>
<!DOCTYPE html>
<html>
<head>
<meta charset="ISO-8859-1">
```

```
<title>Insert title here</title>
</head>
<body>
<%
pageContext.setAttribute("userName", request.getParameter("userName"));
pageContext.setAttribute("login_time", request.getParameter("login_time"));
HttpSession s=pageContext.getSession();
out.println("userName:"+pageContext.getAttribute("userName")+"<br>");
out.println("login_time:"+pageContext.getAttribute("login_time")+"<br>");
out.println("session_ID:"+s.getId()+"<br>");
pageContext.removeAttribute("userName");
out.println("userName:"+pageContext.getAttribute("userName")+"<br>");
%>
</body>
</html>
```

运行结果如图 6-20 及图 6-21 所示。

图 6-20　6-11-1.jsp 运行结果

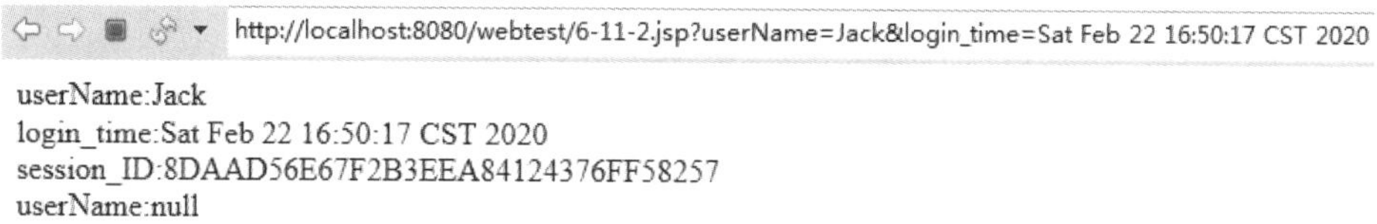

图 6-21　6-11-2.jsp 运行结果

程序分析：6-11-1.jsp 中的超链接传递了两个参数，即 userName 及 login_time，userName 代表用户名，login_time 代表用户跳转到另一页面的时间。当点击链接，跳转至 6-11-2.jsp 时，通过 request 对象将两个参数传递到跳转页面。在 6-11-2.jsp 页面中，运用 pageContext.setAttribute()方法设置 userName 及 login_time 同名属性，并且将通过 request 对象获取到的参数信息存储在同名属性中；输出两个属性值时，又通过 pageContext.getAttribute()方法获取属性值并输出。在 6-11-2.jsp 中，通过 pageContext.getSession()方法获取 session 对象，运用获取的对象输出其 ID。运用 pageContext.removeAttribute()方法移除 userName 属性，再获取其值为空。

6.4.4　exception 对象

exception 对象是 java.lang.Throwable 类的实例，用来处理 JSP 文件在执行时发生的错误和异常。在前面的例题中已经运用过此对象。运用 exception 对象之前一定要将当前页面的 page 指令的 isErrorPage 属性设置为 true，否则无法使用 exception 对象。常用方法如表 6-8 所示。

表 6-8 exception 对象常用方法

方法名	功能描述
String getMessage()	用于返回描述异常错误的提示信息
String getLocalizedMessage()	用于获取本地化错误信息
void printStackTrace()	用于以本地化为标准输出异常对象及其堆栈跟踪信息
String toString()	返回关于异常的简短描述信息

6.5 JSP 动作标记

JSP 动作标记是采用 XML 语法进行编写的标记,用来控制 Servlet 引擎的行为。运用 JSP 动作标记可以动态地插入文件、重用 JavaBean 组件、把用户重定向到另外的页面、为 Java 插件生成 HTML 代码。

语法格式:<jsp:action_name attribute="value" > </jsp:action_name >

通过上面的语法格式可以看出,JSP 动作标记遵循 XML 标记的语法,有一个包含元素名的开始标记,可以有属性、可选的内容、与开始标记匹配的结束标记,并且其前缀为 jsp,与 HTML 标记不同。所有的动作标记都有两个属性:id 属性和 scope 属性。id 属性是动作标记的唯一标识,可以在 JSP 页面中引用。动作标记创建的 id 值可以通过 pageContext 来调用。scope 属性用于识别动作标记的生命周期,其值为常量,有以下 4 种:page、request、session 及 application。id 属性和 scope 属性有直接关系,scope 属性定义了相关联 id 对象的生命周期。常用 JSP 动作标记见表 6-9。

表 6-9 常用 JSP 动作标记

名称	功能描述	类别
<jsp:param>	用来传递参数	与 JavaBean 有关的动作标记
<jsp:useBean>	使用 JavaBean	
<jsp:setProperty>	设置 JavaBean 的属性值	
<jsp:getProperty>	获取 JavaBean 的属性值	
<jsp:include>	在页面被请求时引入一个页面	一般动作标记
<jsp:forward>	实现网页重定向,将请求转到新的页面	

通过表 6-9 中的描述,可以看出常用的 JSP 动作标记主要分为两类,一类是与 JavaBean 有关的动作标记,另一类是一般动作标记。与 JavaBean 相关的动作标记将在第 7 章讲解,接下来主要讲解一般 JSP 动作标记。

6.5.1 <jsp:include>动作标记

<jsp:include>动作标记用来向当前页面中以动态方式插入一个文件的内容,插入的位置就是指令所在位置。所谓动态插入,是指当 JSP 引擎把 JSP 页面编译成 Java 文件时,并不把插入的文件与原 JSP 页面合并为一个新的 JSP 页面,而是通知 Java 解析器在 JSP 运行时才包含进来。

语法格式:

① 不带参数格式:

```
<jsp:include page="文件相对路径" flush="true|false" />
```

② 带参数格式:

```
<jsp:include page="文件相对路径"  flush="true|false">
<jsp:param  name="参数名 1"  value="参数值 1"/>
<jsp:param  name="参数名 2"  value="参数值 2"/>
<jsp:param  name="参数名 3"  value="参数值 3"/>
    ……
</jsp:include>
```

page 属性用于设置被插入文件的相对路径。flush 属性用于设置插入文件前是否刷新缓冲区，为了能够实时输出缓冲区，必须设置 flush="true"。

<jsp:param>动作标记通常作为其他动作标记的子标记，动作发生的同时传递参数，其中 name 属性用来定义参数，value 属性用来设置参数值。在<jsp:include>动作标记中引入<jsp:param>，用以插入文件时传递参数。

<jsp:include>动作标记从功能描述看与 include 指令似乎相似，但是其执行原理有明显区别。

① include 指令属于"先包含再处理"的静态方式。将插入文件与主文件的代码在编译前合并在一起，相当于把源代码从插入文件复制到被插入文件，然后再编译。由于主文件编译时已经包含了插入文件的源代码，此时外部插入文件的源代码即使改变，对主文件也不会有影响，优点是页面执行速度快，但处理文件不够灵活。

② <jsp:include>动作标记属于"先处理再包含"的动态方式。编译时并没有将插入文件与主文件合并在一起，而是两个文件分别编译运行后，再将两个文件的运行结果合并发送至客户端，并且还可以传递参数给被包含的页面。优点是处理文件灵活，缺点是执行速度稍慢。

需要注意的是，无论是 include 指令还是<jsp:include>动作标记，所插入的页面 page 指令 contentType 属性设置都需要与主文件相同。

【例 6-12】一个简单的注册页面，表单通过一个 HTML 文件以静态方式插入，提交后验证程序通过一个 JSP 文件以动态方式插入。

注册主页面（6-12-main.jsp）：

```
<%@ page language="java" contentType="text/html; charset=utf-8"%>
<!DOCTYPE html>
<html>
<head>
<title>Insert title here</title>
</head>
<body>
<%@include file="6-12-register.html"%>
<jsp:include page="6-12-check.jsp" flush="true"/>
</body>
</html>
```

注册表单（6-12-register.html）：

```
<%@ page contentType="text/html; charset=utf-8"%>
<!DOCTYPE html>
<html>
<head>
<meta charset="utf-8">
<title>Insert title here</title>
</head>
<body>
<form action="6-12-main.jsp" method="post" name="register">
<p>用户名: <input type="text" name="userName"></p>
```

```html
<p>密码：<input type="password" name="passWord1"></p>
<p>确认密码：<input type="password" name="passWord2"></p>
<p><input type="submit" name="sumbit" value="提交"></p>
</form>
</body>
</html>
```

注册信息验证（6-12-check.jsp）：

```jsp
<%@ page language="java" contentType="text/html; charset=utf-8"%>
<!DOCTYPE html>
<html>
<head>
<meta charset="ISO-8859-1">
<title>Insert title here</title>
</head>
<body>
```

注册页面验证信息：

```jsp
<%
  String userName=request.getParameter("userName");
  String passWord1=request.getParameter("passWord1");
  String passWord2=request.getParameter("passWord2");
  boolean flag1=false,flag2=false;
  if(!userName.equals(""))
    flag1=true;
  else
    out.print("用户名为空！"+"<br>");
  if(!passWord1.equals("")&&!passWord2.equals("")){
      if(passWord1.equals(passWord2))
          flag2=true;
      else
          out.print("两次密码输入不一致！"+"<br>");
  }
  else{
      if(passWord1.equals(""))  out.print("密码为空！"+"<br>");
      if(passWord2.equals(""))  out.print("确认密码为空！"+"<br>");
  }
  if(flag1&&flag2)
      out.print("注册成功！"+"<br>");
%>
</body>
</html>
```

运行结果如图 6-22～图 6-24 所示。

图 6-22 注册主页面初始运行结果

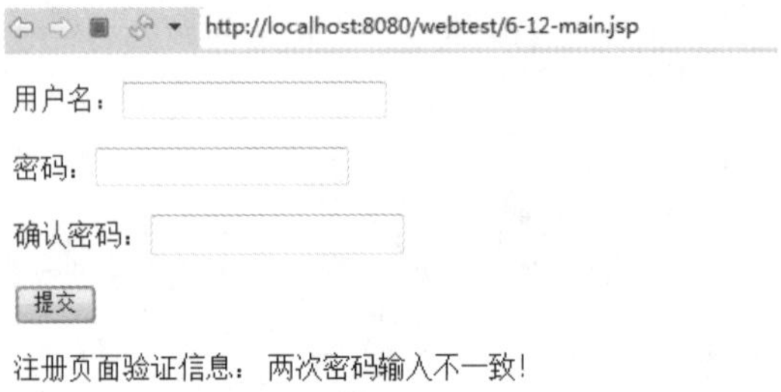

图 6-23 注册输入错误信息的运行结果

程序分析：将注册表单页面（6-12-register.html）通过 include 指令静态插入注册主页面，将注册信息验证页面（6-12-check.jsp）通过<jsp:include>动作标记动态插入注册主页面。初始运行注册主页面结果如图 6-22 所示，注册表单页面是静态插入在浏览器中，直接显示在注册主页面；而验证页面是动态插入，将执行结果插入主页面，因为第一次没有提交表单，通过 request 对象获取的是空对象而非空串，所以没有执行验证程序。在提交表单后，注册表单页面静态插入，因此显示与初始情况没有区别，而注册信息验证页面会将运行结果插入，当信息情况不同返回结果不同。

图 6-24 注册成功的运行结果

6.5.2 <jsp:forward>动作标记

<jsp:forward>动作标记用来实现从当前页面跳转至另一个页面，跳转的页面可以是 HTML 文件、JSP 文件或 Servlet 类。

语法格式：

不带参数格式：

```
<jsp:forward page="文件相对路径" />
```

带参数格式：

```
<jsp:forward page="文件相对路径">
    <jsp:param name="参数名1" value="参数值1"/>
    <jsp:param name="参数名2" value="参数值2"/>
    <jsp:param name="参数名3" value="参数值3"/>
    ......
</jsp:forward>
```

【例 6-13】登录验证，验证成功跳转至一个页面，跳转不成功至另一个页面，提示验证结果。

登录页面（6-13-login.jsp）：

```
<%@ page language="java" contentType="text/html; charset=utf-8"%>
<!DOCTYPE html>
<html>
<head>
<title>Insert title here</title>
</head>
<body>
<form action="6-13-login.jsp" method="post" name="register">
<p>用户名: <input type="text" name="userName"></p>
<p>密码: <input type="password" name="passWord"></p>
<p><input type="submit" name="sumbit1" value="登录">
   <input type="reset" name="sumbit2" value="重置">
</p>
</form>
<%
  String userName=request.getParameter("userName");
  String passWord=request.getParameter("passWord");
  if(userName==null||passWord==null) return;
  if(userName.equals("Jack")&&passWord.equals("123")){
```

```
%>
    <jsp:forward page="6-13-result.jsp">
    <jsp:param value="success" name="result"/>
    </jsp:forward>
<%
 }
 else
 {
%>
      <jsp:forward page="6-13-result.jsp">
    <jsp:param value="success" name="result"/>
    </jsp:forward>
<%
 }
%>
</body>
</html>
```

登录结果页面（6-13-result.jsp）：

```
<%@ page language="java" contentType="text/html; charset=utf-8"%>
<!DOCTYPE html>
<html>
<head>
<meta charset="ISO-8859-1">
<title>Insert title here</title>
</head>
<body>
<%
  String result=request.getParameter("result");
  if(result.equals("success"))
     out.println("登录成功！");
  else
     out.println("登录失败！");
%>
</body>
</html>
```

运行结果如图 6-25～图 6-27 所示。

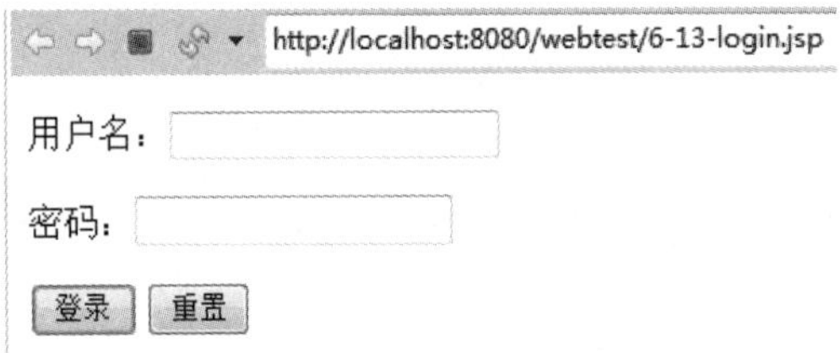

图 6-25　登录页面运行结果

图 6-26　登录成功

图 6-27　登录失败

6.6 本章小结

本章介绍了静态网页技术及动态网页技术开发原理，介绍了各种动态网页技术并进行了对比，说明了 JSP 技术的优势。然后对 JSP 技术的重要语法及三种元素的使用方法进行了详细讲解，结合各种例题说明了应用要点。这些知识内容读者必须熟练掌握，且应该多加练习。

第7章　EL和JSTL

 学习目标

- 掌握创建 JavaBean 及用 JavaBean 处理表单的技术。
- 掌握 EL 的基本语法与使用方法，掌握 EL 隐含对象的使用方法。
- 了解 JSTL 基本概念，掌握 JSTL 运行环境的配置。
- 掌握 JSTL 的 Core 标记库中常用标记的使用方法。

源文件

Sun 公司设计出可重复使用的软件组件 JavaBean，其易编写、易维护、易使用，在任何安装了 Java 运行环境的平台上均可使用，且不需要重复编译。用户使用 JavaBean 时无须知道其内部工作机制，只需了解如何使用及处理对应结果即可。本章 7.1 节介绍了使用 JavaBean 必备的基础知识，详细讲解了创建 JavaBean 的过程及使用方法，结合例子说明了如何使用 JavaBean 技术处理表单数据。

在 JSP 2.0 之后，EL（Expression Language，表达式语言）引入了 JSP 规范，其语法简单、使用方便，在 JSP 页面中使用 EL 可以简化对变量和对象的访问。本章 7.2 节对 EL 的基本语法及隐含对象的使用方法进行了详细讲解。

JSP 2.0 同样支持 JSTL（Java Server Pages Standard Tag Library，JSP 标准标记库）技术，JSTL 标记封装了函数库，包括循环、条件控制、输入输出及文本格式化等操作。本章 7.3 节介绍了 JSTL 的安装，并对 Core 标记库常用标记进行了详细讲解。

7.1　初识 JavaBean

一台计算机由显示器、鼠标及主机等不同配件组装而成。现实生活中很多事物都是由不同零件组装而成，零件可以重用，只要了解零件的功能和安装原理就可以了。某个零件发生故障，可以更换零件继续工作。在 Web 应用程序开发中，使用所需的组件直接组装，将大大节省开发时间，组件可以根据不同问题进行适当修改。Sun 公司设计出可重复使用的软件组件 JavaBean，其可以应用在基于 JSP 的 Web 应用开发中。

7.1.1 什么是 JavaBean

（1）JavaBean 的定义、特点及分类

JavaBean 其实是一种 Java 类，通过封装属性和方法成为具有某种功能或者处理某个业务的对象。一般可以使用 JavaBean 进行数据库连接、实现业务逻辑等，可以使前台显示和后台业务逻辑更好地分离，提高程序结构清晰度。

使用<jsp:useBean>动作标记将使 JavaBean 在 JSP 页面实例化，并指定一个名字和作用域。JavaBean 可分为两种：一种是有用户界面（User Interface，UI）的 JavaBean；另一种是没有用户界面，主要负责处理事务（如数据运算、操纵数据库）的 JavaBean。

JSP 通常访问的是后一种 JavaBean，将数据的处理过程指派给一个或几个 Bean 来完成，即 JSP 页面调用 Bean 完成数据处理，并将有关处理结果存放 Bean 中。JSP 页面可以使用 Java 程序片或某些 JSP 指令标记显示 Bean 中的数据，即 JSP 页面的主要工作是显示数据，不负责数据的逻辑业务处理。

（2）创建 JavaBean

遵循规则如下：

① 该类必须是 public。

② 该类必须含有无参构造函数，如果没有构造函数，系统会自动生成一个无参构造函数。

③ 如果该类的某属性名是 xxx，必须定义两个操作属性 xxx 的方法：getXxx()，用来获取属性 xxx；setXxx()，用来修改属性 xxx。方法的属性名后缀首字母大写。

④ 该类的方法访问权限必须是 public。

⑤ 对于 boolean 类型的属性，其获取及修改属性值方法名允许使用"is"代替"get"和"set"，但不推荐。

（3）保存 JavaBean

① 在当前 Web 服务目录下建立子目录结构，即\WEB-INF\classes，然后根据类的包名，在 classes 下再建立相应的子目录。例如类的包名为 com.shape，那么在 classes 下建立的子目录结构为 com\shape。

② 将创建的 JavaBean 的字节码文件，如 Rectangle.class，复制到"\WEB-INF\classes\com\shape"中。

7.1.2 访问 JavaBean 的属性

（1）使用 JavaBean

使用 JavaBean 有以下两种方式：

① 以 Java 脚本的形式在 JSP 声明、Java 程序片及表达式中直接使用。此种方式在使用 JavaBean 之前，首先通过<%@ page import="com.shape.*"%>引入其所在的包。

例如：<% Rectangle rect=new Rectangle ();%>

② 通过<jsp:useBean>动作标记使用 JavaBean，使其实例化，其属性如表 7-1 所示。

语法格式：

不带子标记格式：

```
<jsp:useBean id="bean 实例化的对象名" class="bean 的完整包名" scope="bean 有效范围"/>
```

带子标记格式：

```
<jsp:useBean id="bean 实例化的对象名" class="bean 的完整包名" scope="bean 有效范围">子标记
</jsp:useBean>
```

例如：<jsp:useBean id="rect1" class="com.shape.Rectangle"/>

表 7-1 <jsp:useBean>属性及说明

属性名	说明
id	该属性为 JavaBean 实例化的对象命名。若能找到 id 和 scope 相同的 JavaBean 实例，<jsp:useBean>动作标记则使用已有的 JavaBean 实例而不是创建新的实例
class	属性值为 JavaBean 的完整包名，用以实例化对象
scope	设置 JavaBean 实例化对象的生命周期，值为常量，包括以下 4 种： ● page 为该属性默认值，表示只在当前页面内可用，保存在当前页面的 pageContext 对象内 ● request 表示在当前的客户端请求内有效，保存在 ServletRequest 对象内 ● session 表示对当前 HttpSession 内的所有页面都有效 ● application 表示对所有具有相同 ServletContext 的页面都有效
type	用来设置 Bean 对象的类，该属性值为 Bean 对象的类型名，要求必须是 Bean 类名、超类名或该类所实现的某接口名
beanName	属性值为 Bean 的完整包名

对<jsp:useBean>动作标记另做如下说明：

a．实例化 JavaBean 对象前，<jsp:useBean>首先会确定是否已经存在相同 id 和 scope 的对象。如果已有 id 和 scope 都相同的对象，则直接使用已有的对象，此时<jsp:useBean>开始标记和结束标记之间的任何内容都将被忽略；若没有才会进行实例化，产生新的 JavaBean 对象。

b．scope 属性只接受常量，不接受变量值，scope 属性设置直接影响 JavaBean 对象的作用域。

c．设置 class 属性后，如果<jsp:useBean>实例化一个新的 JavaBean 对象，就可以调用构造方法。

d．同时设置 type 和 beanName 两个属性，等同于设置 class 属性效果。使用 java.beans.Beans.instantiate 方法定制 beanName 属性，赋予这个对象 type 属性指定的数据类型。例如：<jsp:useBean id="rect" class="com.shape.Rectangle"/> 等同于 <jsp:useBean id="rect" type="com.shape.Rectangle" beanName="com.shape.Rectangle"/>。

（2）设置 JavaBean 属性

设置 JavaBean 属性有以下两种方式：

① 以 Java 脚本的形式使用 JavaBean 对象的 set 方法，例如<% rect.setLength(12);%>。

② 通过<jsp:setProperty>动作标记来设置 JavaBean 对象属性，其标记的属性如表 7-2 所示。

表 7-2 <jsp:setProperty>属性及说明

属性名	说明
name	必须设置，它表示要设置的属性是哪个 JavaBean
property	必须设置，它表示要设置哪个属性
value	它用来指定 JavaBean 属性的值
param	它指定用哪个请求参数作为 JavaBean 属性的值

语法格式：

一般语法：<jsp:setProperty name="JavaBean 对象名" property="属性名" value="<%= expression%>|字符串"/>

例如：<jsp:setProperty name="rect" property="length" value= "12"/>

用接收的表单参数给 JavaBean 对象属性赋值：<jsp:setProperty name="JavaBean 对象名" property="属性名" param="表单的参数名"/>

用接收的表单参数给 JavaBean 对象同名属性赋值：<jsp:setProperty name="JavaBean 对象名" property="*"/>

对<jsp:setProperty>动作标记另做如下说明：

a．虽然 value 属性值为字符串，但是数据会在目标类中通过标准的 valueOf 方法自动转换成数字、boolean、byte、char 等。例如，boolean 类型的属性值（比如 true）通过 Boolean.valueOf 转换，int 属性值通过 Integer.valueOf 转换。

b．value 和 param 不能同时使用，但可以使用其中任意一个。

c．如果使用 param 参数赋值，当前请求没有参数，系统不会把 null 传递给 JavaBean 属性的 set 方法，只有当请求参数明确指定了新值时才修改默认属性值。

（3）读取 JavaBean 属性

读取 JavaBean 属性有以下两种方式：

① 以 Java 脚本的形式使用 JavaBean 对象的 get 方法。例如<% =rect.getLength();%>

② 通过<jsp:getProperty>动作标记来获取 JavaBean 对象属性，并在页面显示。语法格式：

`<jsp:getProperty name="JavaBean 对象名" property="属性名"/>`

例如：<jsp:getProperty name="rect" property="length" />

注意：使用<jsp:getProperty>动作标记之前，务必已经存在指定的 JavaBean 实例，而且要保证该实例对象中存在 property 指定的属性，否则，会抛出 NullPointerException 异常。

【例 7-1】定义用户注册信息的 JavaBean，应用 JavaBean 对象完成注册的表单的提交与验证。

注册信息 JavaBean（RegisterInfo.java）：

```java
package com.register;

public class RegisterInfo {
    private String userName = null;
    private String passWord1 = null;
    private String passWord2 = null;
    private String message = "";

    public String getMessage() {
        return message;
    }

    public void setMessage(String message) {
        this.message = message;
        boolean flag1 = false, flag2 = false;
        if (!userName.equals(""))
            flag1 = true;
        else
            this.message = message + "用户名为空！<br>";
        if (!passWord1.equals("") && !passWord2.equals("")) {
            if (passWord1.equals(passWord2))
                flag2 = true;
```

```java
            else
                this.message = message + "两次密码输入不一致! <br>";
        } else {
            if (passWord1.equals(""))
                this.message = message + "密码为空! <br>";
            if (passWord2.equals(""))
                this.message = message + "确认密码为空! <br>";
        }
        if (flag1 && flag2)
            this.message = message + "注册成功! ";
    }

    public String getPassWord1() {
        return passWord1;
    }

    public void setPassWord1(String passWord1) {
        this.passWord1 = passWord1;
    }

    public String getPassWord2() {
        return passWord2;
    }

    public void setPassWord2(String passWord2) {
        this.passWord2 = passWord2;
    }

    public String getUserName() {
        return userName;
    }

    public void setUserName(String userName) {
        this.userName = userName;
    }

}
```

注册页面（7-1-main.jsp）：

```jsp
<%@ page language="java" contentType="text/html; charset=utf-8"%>
<!DOCTYPE html>
<html>
<head>
<meta charset="utf-8">
<title>Insert title here</title>
</head>
<body>
    <jsp:useBean id="user" class="com.register.RegisterInfo"
        scope="request" />
    <form action="6-14-register.jsp" method="post" name="info">
        <p>
            用户名：<input type="text" name="userName">
        </p>
        <p>
```

```
            密码: <input type="password" name="passWord1">
        </p>
        <p>
            确认密码: <input type="password" name="passWord2">
        </p>
        <p>
            <input type="submit" name="sumbit" value="提交">
            <input type="reset" name="sumbit" value="重置">
        </p>
    </form>
</body>
</html>
```

注册信息验证页面（7-1-register.jsp）：

```
<%@ page language="java" contentType="text/html; charset=utf-8"%>
<!DOCTYPE html>
<html>
<head>
<meta charset="ISO-8859-1">
<title>Insert title here</title>
</head>
<body>
    <jsp:useBean id="user" class="com.register.RegisterInfo" scope="request" />
    <jsp:setProperty property="userName" name="user" param="userName" />
    <jsp:setProperty property="passWord1" name="user" param="passWord1" />
    <jsp:setProperty property="passWord2" name="user" param="passWord2" />
<jsp:setProperty property="message" name="user" value=""/>
    <jsp:getProperty property="message" name="user" />
</body>
</html>
```

运行结果如图 7-1～图 7-3 所示。

图 7-1　注册页面　　　　　　　　　图 7-2　注册失败页面

图 7-3　注册成功页面

程序分析：在注册页面中用动作标记<jsp:useBean id="user" class="com.register.RegisterInfo" scope="request" />来定义 RegisterInfo.java（JavaBean）的对象 user，并且设置其生命周期为 request，使其在注册页面、注册信息验证页面仍然有效。因此，在注册信息验证页面没有实例化 user，而是应用了注册页面中的实例化 user。在注册信息验证页面应用<jsp:setProperty>与表单参数设置 user 对象的属性。设置 message 属性是为了对注册信息校验，将校验结果存在 message 属性中，并通过<jsp:getProperty property="message" name="user" />在页面显示注册结果——message 属性值。

7.2 EL

基于 JSP 技术及 MVC（模型-视图-控制器）模式设计 Web 应用程序时，JSP 技术只用来实现视图，视图的任务就是显示响应，而不做任何关于程序控制和业务逻辑的处理。因此在 JSP 页面中应该尽可能少地或者完全不出现 Java 代码。

在使用 JSP 动作元素处理 JavaBean 时，如果 JavaBean 的属性是 string 类型或者基本类型，则能够实现类型的自动转换，如 JavaBean 的属性可从 string 类型自动转换成 int 类型。如果 JavaBean 中的属性不是 string 类型或基本类型，而是一个 object 类型，并且属性还有自己的属性，那么如何获得此 object 类型的属性呢？JSP 动作元素中没有提供这种嵌套式访问机制，所以要想实现这个功能，就只能在 JSP 页面中通过 Java 代码来读取 object 类型的属性。从 JSP 2.0 之后，可以使用 EL 来处理这样的问题。

7.2.1 初始 EL

EL 是 JSP 2.0 增加的技术规范，起源于 ECMAScript 和 XPath 表达式语言。EL 是一种简单的语言，提供了在 JSP 中简化表达式的方法，目的是尽量减少 JSP 页面中的 Java 代码，使得 JSP 页面的处理程序编写起来更加简洁，便于开发和维护。

EL 语法格式：${expression}

用美元符号"$"定界，内容包含在一对花括号"{}"中，expression 为表达式，对表达式说明如下：

① 在 EL 中可以获得命名空间（pageContext 对象，它是页面中所有其他内置对象的最大范围的集成对象，通过它可以访问其他内置对象）；
② 表达式可以访问一般变量，也可以访问 JavaBean 类中的属性以及嵌套属性和集合对象；
③ 在 EL 中可以执行关系、逻辑和算术等运算；
④ 扩展函数可以与 Java 类的静态方法进行映射；
⑤ 在表达式中可以访问 JSP 的作用域（request、session、application 以及 page）。

7.2.2 EL 中的标识符

EL 中的标识符命名规则与 Java 标识符命名规则相似。
① 由字母、数字、下划线组成，第一个字符不能是数字。
② 不能把关键字和保留字作为标识符。
③ 标识符没有长度限制。
④ 标识符对大小写敏感。
⑤ 不能包含单引号（'）、双引号（"）、减号（-）和正斜线（/）等特殊字符。

EL 中的标识符按照用途可以分为变量、常量及保留字等，变量的命名应该避免使用常量及保留字。需要注意的是在 EL 中不直接声明变量，变量可以通过 JSP 的 Java 程序片及声明进行定义，也可以通过 JSTL 标记进行定义（具体定义方式将在 7.3 节进行详细介绍）。

7.2.3 EL 的保留字

所谓保留字（Reserved Word），是指在高级语言中已经定义过的字，使用者不能再将这些字作为变量名或过程名使用，作为运算符的保留字，其用法及优先级与相应的运算符号相同。EL 的保留字如表 7-3 所示。

表 7-3 EL 的保留字

名称	说明	分类
div	/，除法运算	算术运算
mod	%，取余运算	
eq	相当于==，对等运算	关系运算
ne	相当于!=，不等运算	
lt	相当于<，小于比较运算	
gt	相当于>，大于比较运算	
le	相当于<=，小于或等于比较运算	
ge	相当于>=，大于或等于比较运算	
and	相当于&&，逻辑 AND 运算	逻辑运算
or	相当于||，逻辑 OR 运算	
not	相当于!，逻辑非运算	
empty	空值运算	空值运算
true	逻辑真	逻辑值
false	逻辑假	
null	空值	空值

7.2.4 EL 中的变量

EL 中只引用变量而不声明变量。对 EL 来说，变量是一个存储了特定内容数据的符号，EL 可以直接访问，或是结合运算符在进行必要的运算后输出。例如 ${rect.length}，${rect.length*rect.width}。EL 可以引用 JSP 中声明的各种类型变量（含对象），如 JSP 的 Java 程序片及声明中定义的变量、对象及属性，JavaBean 对象及属性，隐式对象及属性。

由于 JSP 页面的变量会有不同的生命周期，例如，表单提交的参数生命周期是 request，Session 对象属性的生命周期是 session。因此，EL 访问变量时会受到变量生命周期的影响，应在特定范围内查找变量。EL 的范围属性如表 7-4 所示。

表 7-4 EL 的范围属性

名称	说明
pageScope	取得 page 范围内特定属性的属性值
requestScope	取得 request 范围内特定属性的属性值
sessionScope	取得 session 范围内特定属性的属性值
applicationScope	取得 application 范围内特定属性的属性值

EL 若在特定范围内引用变量，语法格式：${属性范围.变量}。例如，${requestScope.userName}。如果引用变量时没有指明范围，它会依序从 page、request、session、application 范围查找。例如，${userName}没有指定哪一个范围的 userName，将会从 page 范围内开始寻找，找

到第一个 userName 就直接返回值，不再继续找下去；若各类型范围均未找到，就返回""。

EL 中引用变量时需要注意以下几点：

① EL 不能直接引用 JSP 页面声明及 Java 程序片中的变量，需要在某个作用域定义同名属性并将引用 JSP 页面声明及 Java 程序片中的变量赋值给此属性。

例如：

```
<%String s="hello";%>
${s}
```

无法在 EL 中使用变量 s，只需做出如下修改即可：

```
<%String s="hello";
pageContext.setAttribute("s", s);
%>
${s}
```

② 在 EL 引用变量时，引用变量的值可能因为表达式运算需要进行类型转换。例如 ${pi*r*r}，如果 pi 为浮点数，r 为整数，那么按照 Java 的不同数据类型混合运算时数据类型转换原则，将引用变量 r 的值转换为浮点型。假设 X 是某一类型的变量，在 EL 中要引用，数据类型转换原则如下：

a．将 X 转为 String 类型。
（a）当 X 为 String 时：返回"X"。
（b）当 X 为 null 时：返回" "。
（c）当 X.toString()产生异常时，返回"false"。
（d）其他情况则返回 X.toString()。

b．将 X 转为 int 类型。
（a）当 X 为 null 或" "时，返回"0"。
（b）当 X 为 char 时，将 X 转为 new Short((short)x.charValue())。
（c）当 X 为 boolean 时，返回"false"。
（d）当 X 为 int 时，返回"X"。
（e）当 X 为 String 时，返回"N.valueOf(X)"。

c．将 X 转为 boolean 类型。
（a）当 X 为 null 或" "时，返回"false"。
（b）当 X 为 boolean 时，返回"X"。
（c）当 X 为 String 且 Boolean.valueOf(X) 没有产生异常时，返回"Boolean.valueOf(X)"。

d．将 X 转为 char 类型。
（a）当 X 为 null 或" "时，返回"(char)0"。
（b）当 X 为 char 时，返回"X"。
（c）当 X 为 boolean 时，返回"false"。
（d）当 X 为 int 时，转换为 short 后，返回"char"。
（e）当 X 为 String 时，返回"X.charAt(0)"。

【例 7-2】 定义一个长方形对象，通过 EL 为长和宽赋值，并计算长方形面积。

```
<%@ page language="java" contentType="text/html; charset=utf-8"%>
<!DOCTYPE html>
<html>
<head>
<title>Insert title here</title>
```

```
</head>
<body>
<jsp:useBean id="rect" class="com.register.Rectangle" scope="page"/>
长方形的长为：${pageScope.rect.length=10}<br>
长方形的宽为：${pageScope.rect.width=12}<br>
长方形面积为：${pageScope.rect.length*pageScope.rect.width}
</body>
</html>
```

运行结果如图 7-4 所示。

程序分析：用动作标记<jsp:useBean>定义对象 rect，并且设置其生命周期为 page，在 EL 中应用 pageScope。

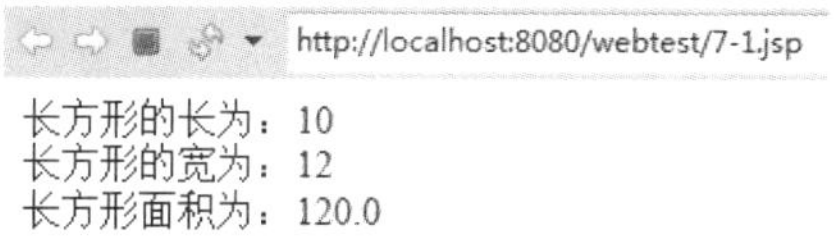

长方形的长为：10
长方形的宽为：12
长方形面积为：120.0

图 7-4 例 7-2 运行结果

7.2.5 EL 中的常量

EL 中的常量也称为字面常量，它是不可改变的数据，包括布尔、整型、浮点数、字符/字符串及 null 等常量。如${true}、${200}、${16.7}、${"hello"}、${null}。

① null：null 用于表示常量引用的对象为空，它只有一个 null 值。

② 整型常量：整型常量与 Java 中的十进制整型常量相似，它的取值范围与 Java 语言中 long 范围的整型常量相同。

③ 浮点数常量：可以用整数部分加小数部分来表示，也可以用指数的形式来表示它的取值，即 Java 语言中定义的范围。

④ 布尔常量：布尔常量用于区分一个事物的正反两方面，它的值只有两个，分别是 true 和 false。

⑤ 字符/字符串常量：字符串常量是使用单引号/双引号括起来的字符/一连串字符。如果字符/字符串常量本身含有单引号/双引号，则需要在前面加上"\"进行转义，即用"\'"表示单引号，用"\""表示双引号。如果字符/字符串常量本身包含"\"，则需要用"\\"表示字面意义上的反斜杠。例如：${"\\n"}，输出结果为"\n"。

⑥ 符号常量：在 EL（表达式语言）中，可以使用符号常量，它类似于 Java 中 final 说明的常量。使用符号常量的目的是减少代码的维护量。

7.2.6 EL 中的运算符

EL 中提供了不同类型的运算符，如算术运算、关系运算符、逻辑运算符等，大部分的运算符功能与 Java 中相同，这些运算符使得 EL 具有强大的运算能力。EL 中的运算符如表 7-5 所示。

表 7-5 EL 中的运算符

运算符类型	运算符
存取运算符	.、[]
改变运算顺序	()
算术运算符	+、-、*、/或 div、%或 mod
关系运算符	==或 eq、!=或 ne、<或 lt、>或 gt、<=或 le、>=或 ge
逻辑运算符	&&或 and、||或 or、!或 not
条件三元运算符	?:
验证运算符	empty（空值运算）、func(args)函数调用

EL 中不同运算符混合运算时,与 Java 中的运算符一样需要判定优先级,EL 的运算符优先级如表 7-6 所示。

表 7-6 EL 的运算符优先级

优先级	运算符
	[]、.
	()
	-（负）、! 或 not、empty（空值运算）
	*、/或 div、%或 mod
	+、-（减）
	<或 lt、>或 gt、<=或 le、>=或 ge
	==或 eq、!=或 ne
	&&或 and
	‖或 or
	?:

在前面已经提到过一般运算符的使用方法与 Java 中相同,在此不重复讲解。这里需要特殊讲解的是 EL 中的存取运算符、逻辑运算符的保留字及 empty 空值运算。

（1）存取运算符

① 存取对象属性值。EL 提供的"."和"[]"用来实现数据存取运算。在存取对象属性值时,一般情况下"."和"[]"是等价的,可以相互替换,前提是要存取的属性有相应的 setXxx() 和 getXxx()方法。

例如,${requestScope.rect.length}等价于${requestScope.rect["length"]}。

② 存取数组中的元素。EL 中应用"[]"存取数组中的元素,与 Java 使用方法相同。例如,${students[0]}。

③ 存取集合中的元素。EL 中应用"[]"存取集合对象元素,如 List 集合、Map 集合等。结合具体例题了解存取集合过程。

【例 7-3】EL 应用"."和"[]"存取集合中对象属性。

```
<%@ page contentType="text/html; charset=utf-8"%>
<%@page import="com.shape.*"%>
<%@page import="java.util.*"%>
<!DOCTYPE html>
<html>
<head>
<title>Insert title here</title>
</head>
<body>
    <%
    Rectangle rect1 = new Rectangle();
    Rectangle rect2 = new Rectangle();
    rect1.setLength(12);
    rect1.setWidth(11);
    rect2.setLength(10);
    rect2.setWidth(11);
    ArrayList<Rectangle> rects = new ArrayList<Rectangle>();
    rects.add(rect1);
    rects.add(rect2);
```

```
        pageContext.setAttribute("lists", rects);
        HashMap<String,Rectangle> map1 = new HashMap<String, Rectangle>();
        map1.put("rect1", rect1);
        map1.put("rect2", rect2);
        pageContext.setAttribute("map1",map1);
    %>
第一个长方形的面积：${lists[0].length*lists[0].width}<br>
第二个长方形的面积：${lists[1].length*lists[1].width}<br>
第一个长方形的面积：${map1["rect1"].length*map1["rect1"].width}<br>
第二个长方形的面积：${map1["rect2"].length*map1["rect2"].width}<br>
</body>
</html>
```

运行结果如图 7-5 所示。

程序分析：

a．将两个长方形对象分别放在 ArrayList 与 HashMap 集合中。在 EL 存取集合元素前，必须将其放到指定作用范围内，如"pageContext.setAttribute("map1",map1);"，否则无法在 EL 中访问。

图 7-5 例 7-3 运行结果

b．在 EL 中存取 ArrayList 集合元素的方式与数组相似，如：

```
${lists[0].length*lists[0].width}
```

c．在 EL 中存取 HashMap 集合元素，"[]"运算符内需要添加要存取元素在 HashMap 中的关键字，如：

```
${map1["rect1"].length*map1["rect1"].width}
```

长方形对象 rect1 在 map1 中对应关键字为"rect1"，因此在 EL 中存取 rect1 时，"[]"运算符中放置的是"rect1"。

（2）逻辑运算符的保留字

逻辑运算符的保留字运算方式与相应的运算符相同，但是在 EL 中逻辑运算符的保留字与操作数之间应该留有空格，否则运行时会报错，而逻辑运算符是不需要的。例如，${12 lt 32}等价于${12<32}。

（3）empty 空值运算

empty 空值运算判断对象是否为空，为空返回 true，否则返回 false。其与"==null"比效运算在对链接参数的空值运算上存在一定区别。例如，test.jsp 代码如下：

```
<%@ page contentType="text/html; charset=utf-8"%>
${param.s}<br>
${empty param.s}<br>
${param.s==null}
```

第一种情况在浏览器输入链接"http://localhost:8080/webtest/test.jsp"，结果如图 7-6 所示。
第二种情况在浏览器输入链接"http://localhost:8080/webtest/test.jsp?s="，结果如图 7-7 所示。

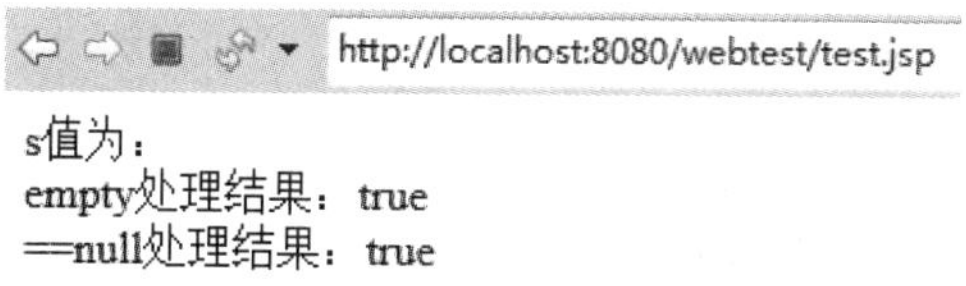

图 7-6 第一种情况运行结果

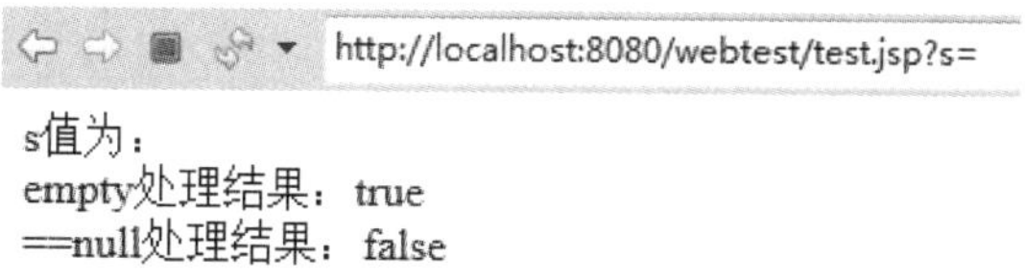

图 7-7 第二种情况运行结果

从运行结果可以看出，当链接中不带参数时，两种运算结果一样；带有参数并未赋值时，empty 空值运算识别 s 值为空，"==null" 比较运算识别 s 参数存在，因此值为 false。

7.2.7 EL 隐式对象

EL 的主要功能是进行内容显示。为了显示方便，在表达式语言中提供了许多隐式对象，通过对不同的隐式对象进行设置，表达式语言可以输出不同作用范围内的内容，在"EL 中的变量"中已经进行初步介绍，了解了 4 个隐式对象。EL 的所有隐式对象如表 7-7 所示。

表 7-7 EL 的隐式对象

名称	所属父类	按功能分类	说明
pageContext	javax.servlet.ServletContext	读取上下文	表示 JSP 的 pageContext
pageScope	java.util.Map	读取 JSP 页面的特定作用范围变量	取得 page 范围内特定属性的属性值
requestScope	java.util.Map		取得 request 范围内特定属性的属性值
sessionScope	java.util.Map		取得 session 范围内特定属性的属性值
applicationScope	java.util.Map		取得 application 范围内特定属性的属性值
param	java.util.Map	读取客户端表单数据及查询字符串参数	如同 ServletRequest.getParameter(String name)，返回 String 类型的值
paramValues	java.util.Map		如同 ServletRequest.getParameter Values(String name)，返回 String[]类型的值
header	java.util.Map	读取 request 请求的报头	如同 ServletRequest.getHeader(String name)，返回 String 类型的值
headerValues	java.util.Map		如同 ServletRequest.getHeaders(String name)，返回 String[]类型的值
cookie	java.util.Map	读取 cookie 对象	如同 HttpServletRequest.getCookies()
initParam	java.util.Map	读取上下文初始化参数	如同 ServletContext.getInitParameter(String name)，返回 String[]类型的值

EL 隐式对象共有 11 个，在本书中只介绍其中几个常用的：pageScope、requestScope、sessionScope、applicationScope、param 及 paramValues。这些常用的隐式对象分为两类：一类是用以获取特定作用范围数据的隐式对象；另一类是与获取参数有关的隐式对象。

（1）与作用范围相关的隐式对象

在 7.2.4 节已经初步介绍了 pageScope、requestScope、sessionScope、applicationScope 4 个用来代表特定作用范围的隐式对象。

由于 JSP 页面的变量属于不同的作用范围，因此会影响其生命周期，例如，表单提交参数的生命周期是一次 request 请求。EL 访问变量时会在特定范围内查找变量。如果引用变量时没有指明作用范围，它会依序从 pageScope、requestScope、sessionScope、applicationScope 范围查找。例如，${userName}没有指定哪一个范围的 userName，将会从 pageScope 范围内开始寻找，找到第一个 userName，就直接返回值，不再继续找下去；若各类型范围均未找到，就返回""。

使用隐式对象获取数据语法格式：

① 获取基本类型或字符串类型的变量：${EL 隐含对象.变量}

② 获取对象及属性：${EL 隐含对象.对象.属性}或${EL 隐含对象.对象}

例如，${requestScope.circle1.radius}。显然这种写法要比 JSP 的写法<jsp:getProperty

property="radius" name="circle1"/>简洁许多。

在使用代表作用域的隐式对象前，应该先将相应的数据放在相应的隐式对象内，才可获取。JavaBean 的对象如不设置 scope 属性，则默认为其在 pageScope 内。需要特别注意的是，Java 程序片或声明中定义的普通变量或对象，如不存入相应的隐式对象内，在 EL 中是无法获取的。

例如：

```
<%String str="Study hard and make progress everyday! "; %>
${str}
```

从图 7-8 的运行结果可看出，字符串变量 str 未添加到指定隐式对象中时，通过 EL 无法找到，因此认为该变量不存在，浏览器输出为""。

做出如下修改，结果如图 7-9 所示。

```
<%
  String str="Study hard and make progress everyday! ";
  pageContext.setAttribute("str", str);
%>
${str}
```

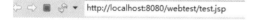
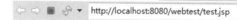

Study hard and make progress everyday!

图 7-8　运行结果（1） 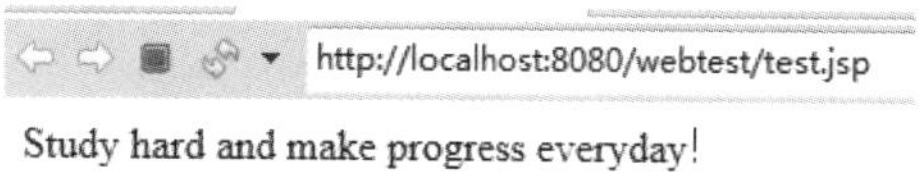　　　　　　　　图 7-9　运行结果（2）

【例 7-4】定义输入成绩单页面，提交另一个页面并输出。

成绩单 JavaBean 类（ScoreInfo.java）：

```java
package com.register;
public class ScoreInfo {
    private String studentName;
    private String studentNumber;
    private int mathScore;
    private int englishScore;
    private int computerScore;
    public String getStudentName() {
        return studentName;
    }

    public void setStudentName(String studentName) {
        this.studentName = studentName;
    }
    public String getStudentNumber() {
        return studentNumber;
    }
    public void setStudentNumber(String studentNumber) {
        this.studentNumber = studentNumber;
    }
    public int getMathScore() {
        return mathScore;
    }
```

```java
    public void setMathScore(int mathScore) {
        this.mathScore = mathScore;
    }
    public int getEnglishScore() {
        return englishScore;
    }
    public void setEnglishScore(int englishScore) {
        this.englishScore = englishScore;
    }
    public int getComputerScore() {
        return computerScore;
    }
    public void setComputerScore(int computerScore) {
        this.computerScore = computerScore;
    }
}
```

成绩表单页面（7-4-main.jsp）：

```jsp
<%@ page language="java" contentType="text/html; charset=utf-8"%>
<!DOCTYPE html>
<html>
<head>
<meta charset="ISO-8859-1">
<title>Insert title here</title>
</head>
<body>
    <jsp:useBean id="score1" class="com.register.ScoreInfo" scope="request" />
    <form action="7-4-out.jsp" method="post" name="score1">
        <p>
            学号：<input type="text" name="studentNumber">
        </p>
        <p>
            姓名：<input type="text" name="studentName">
        </p>
        <p>
            高等数学：<input type="text" name="mathScore">
        </p>
        <p>
            大学英语：<input type="text" name="englishScore">
        </p>
        <p>
            计算机基础：<input type="text" name="computerScore">
        </p>
        <p>
            <input type="submit" name="sumbit" value="提交">
                <input type="reset" name="sumbit" value="重置">
        </p>
    </form>
</body>
</html>
```

成绩表单输出页面（7-4-out.jsp）：

```jsp
<%@ page language="java" contentType="text/html; charset=utf-8"%>
<%request.setCharacterEncoding("utf-8");%>
```

```html
<!DOCTYPE html>
<html>
<head>
<meta charset="ISO-8859-1">
<title>Insert title here</title>
</head>
<body>
    <jsp:useBean id="score1" class="com.register.ScoreInfo" scope="request" />
    <jsp:setProperty property="*" name="score1" />
    学号：${requestScope.score1.studentNumber}
    <br>姓名：${requestScope.score1.studentName}
    <br> 高等数学：${requestScope.score1.mathScore}
    <br> 大学英语：${requestScope.score1.englishScore}
    <br> 计算机基础：${requestScope.score1.computerScore}
    <br>
</body>
</html>
```

运行结果如图 7-10 及图 7-11 所示。

图 7-10　7-4-main.jsp 运行结果 　　　　图 7-11　7-4-out.jsp 运行结果

程序分析：

① 定义一个成绩单的 JavaBean 类，并在 7-4-main.jsp 用<jsp:useBean id="score1" class="com.register.ScoreInfo" scope="request" />定义一个 JavaBean 对象，其生命周期为"request"。

② 在 7-4-out.jsp 中，引用 JavaBean 对象，并通过<jsp:setProperty property="*" name="score1" />将收到的表单数据存储在 JavaBean 对象相应的属性中。

③ 因为 JavaBean 对象的作用范围为 request，所以在 EL 中通过 requestScope 获取取属性，如${requestScope.score1.studentNumber}。

（2）与获取参数有关的隐式对象

前面章节已经描述过 JSP 页面要获取表单及网页提交参数的数据可以通过隐式对象 request 的 request.getParameter(String name)方法获取。在 EL 中可以通过 EL 隐式对象的 param 和 paramValues 来获取。param 对象功能如同 request.getParameter(String name)，获取单个参数的值；paramValues 对象功能如同 request.getParameterValues(String name)。它们的返回值类型相同。

语法格式：${EL 隐含对象.参数名}

【例 7-5】例 7-4 通过 param 实现。

成绩表单页面（7-5-main.jsp）：

```
<%@ page language="java" contentType="text/html; charset=utf-8"%>
```

```html
<!DOCTYPE html>
<html>
<head>
<title>Insert title here</title>
</head>
<body>
    <form action="7-5-out.jsp" method="post" name="score1">
        <p>
            学号: <input type="text" name="studentNumber">
        </p>
        <p>
            姓名: <input type="text" name="studentName">
        </p>
        <p>
            高等数学: <input type="text" name="Score">
        </p>
        <p>
            大学英语: <input type="text" name="Score">
        </p>
        <p>
            计算机基础: <input type="text" name="Score">
        </p>
        <p>
            <input type="submit" name="sumbit" value="提交">
            <input type="reset" name="sumbit" value="重置">
        </p>
    </form>
</body>
</html>
```

成绩表显示页面（7-5-out.jsp）：

```jsp
<%@ page language="java" contentType="text/html; charset=utf-8"%>
<%request.setCharacterEncoding("utf-8");%>
<!DOCTYPE html>
<html>
<head>
<title>Insert title here</title>
</head>
<body>
    学号: ${param.studentNumber}
    <br>姓名: ${param.studentName}
    <br>高等数学: ${paramValues.Score[0]}
    <br>大学英语: ${paramValues.Score[1]}
    <br>计算机基础: ${paramValues.Score[2]}
    <br>
</body>
</html>
```

运行结果如图 7-12 及图 7-13 所示。

程序分析：

① 因为在请求页面 param 对象可以直接获取表单数据，所以 7-5-main.jsp 中无须定义 JavaBean 对象。

② 在 7-5-out.jsp 中，EL 通过 param 对象获取某个参数，如${param.studentNumber}，${paramValues.Score[0]}。

图 7-12　7-5-main.jsp 运行结果 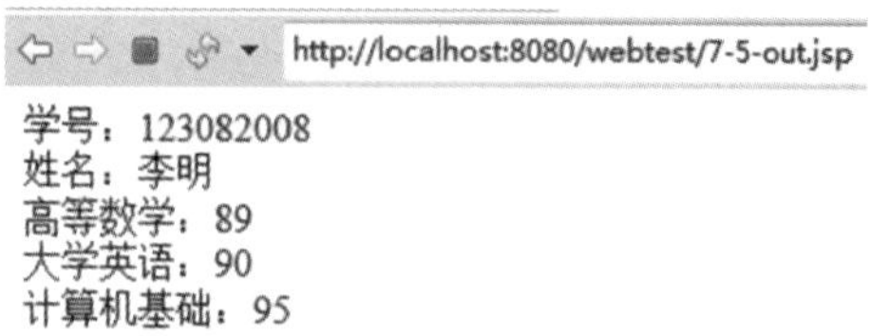　　　　图 7-13　7-5-out.jsp 运行结果

7.3　JSTL

在诞生之初，JSP 就提供了在 HTML 代码中嵌入 Java 代码的特性，这使得开发者可以利用 Java 语言的优势来完成许多复杂的业务逻辑。但是，随后开发者发现在 HTML 代码中嵌入过多 Java 代码，程序员对于上千行的 JSP 代码基本丧失了维护能力，非常不利于 JSP 的维护和扩展。基于上述问题，开发者尝试使用一种新的技术来解决。因此，从 JSP 1.1 规范后，JSP 增加了支持自定义标记库的能力，提供了 Java 脚本的复用性，提高了开发者的开发效率。JSTL 是 Sun 公司发布的一个针对 JSP 开发的新组件。JSTL 允许用户使用标记（Tag）来进行 JSP 页面开发，而不是使用传统的 JSP 脚本代码方式开发。

7.3.1　什么是 JSTL

JSTL（JSP 标准标记库）并非由 Sun 公司实现的，而是由 Sun 公司发布 JSTL 技术标准后，Apache 软件基金会将其列入 Jakarta 项目，Sun 公司将 JSTL 的程序包加入互联网服务开发工具包（Web Services Developer Pack，WSDP）内，作为 JSP 技术应用的一个标准。

JSTL 是基于 JSP 页面的，这些标记可以插入 JSP 代码中，本质上 JSTL 是提前定义好的一组标记，这些标记封装了不同的功能，在页面上调用标记时，就等于调用了封装起来的功能。JSTL 的目标是简化 JSP 页面的程序代码。对于网页设计人员，使用脚本语言操作动态数据是比较困难的，而采用标记和表达式语言则相对容易，JSTL 的使用为网页设计人员和程序开发人员的分工协作提供了便利。JSTL 的作用是减少 JSP 文件的 Java 代码，使 Java 代码与 HTML 代码分离，所以 JSTL 符合 MVC 设计理念。MVC 设计理念的优势是将流程控制、业务逻辑、页面显示三者分离；在应用程序服务器之间提供了一致的接口，最大限度地提高了 Web 应用在各应用服务器之间的移植性；允许 JSP 设计工具与 Web 应用程序开发的进一步集成。

JSTL 提供了 5 个主要的标记库：Core 标记库（核心标记）、国际化（I18N）格式化标记库、XML 标记库、SQL 标记库及函数标记库，具体说明如表 7-8 所示。

表 7-8　JSTL 的标记库

JSTL 名称	前缀	URI	说明
Core 标记库（核心标记）	c	http://java.sun.com/jsp/jstl/core	最常用的标记库，为日常任务提供通用支持，如显示和设置变量，重复使用一组项目，测试条件以及其他操作（如导入和重定向 Web 页面等）

续表

JSTL 名称	前缀	URI	说明
I18N 格式化标记库	fmt	http://java.sun.com/jsp/jstl/fmt	用来格式化显示数据的工作，如对不同区域的日期格式化等
XML 标记库	xml	http://java.sun.com/jsp/jstl/xml	对 XML 文件处理和操作提供支持，包括 XML 节点的解析迭代，基于 XML 数据的条件评估以及可扩展样式语言转换（Extensible Style Language Transformations，XSLT）的执行
SQL 标记库	sql	http://java.sun.com/jsp/jstl/sql	对访问和修改数据库提供标准化支持，包括查询、更新、事务处理、设置数据源等
函数标记库	fn	http://java.sun.com/jsp/jstl/functions	用来读取已经定义的某个函数

本书将在 7.3.3 节对最常用的 Core 标记库（核心标记）进行介绍。

7.3.2　JSTL 的安装和测试

（1）下载与安装

从 Apache 的标准标记库中下载二进制包（jakarta-taglibs-standard-current.zip）。下载地址为 http://archive.apache.org/dist/jakarta/taglibs/standard/binaries/ 。Windows 系统需下载的压缩包名称为 jakarta-taglibs-standard-1.1.2.zip，下载后解压，将 jakarta-taglibs-standard-1.1.2/lib/ 的 standard.jar 和 jstl.jar 文件复制在 Tomcat 服务器根目录下的文件夹/WEB-INF/lib/下。将 tld 下的需要引入的 tld 文件复制到 WEB-INF 目录下。重启 Tomcat 服务器后就可以使用。

（2）测试

JSP 页面中使用 JSTL，需使用 taglib 指令引用标记库，语法格式如下：

```
<%@ taglib prefix=tabName uri=uriName%>
```

其中包括 prefix 和 uri 两个属性，prefix 代表标记前缀词，uri 代表标记的 URI。

【例 7-6】测试安装是否成功。

7-6.jsp：

```
<%@ page language="java" contentType="text/html; charset=utf-8"%>
<%@ taglib uri="http://java.sun.com/jsp/jstl/core" prefix="c" %>
<html>
<head>
<title>测试 JSTL 是否工作</title>
</head>
<body>
<c:out value="恭喜你，JSTL 已经成功安装！"/>
</body>
</html>
```

运行结果如图 7-14 所示。

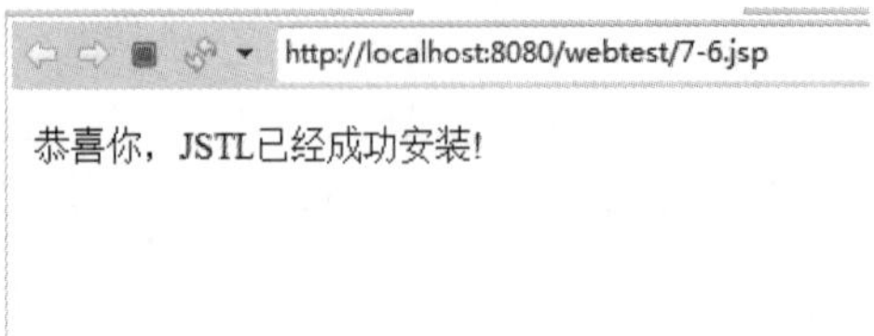

图 7-14　例 7-6 运行结果

7.3.3 JSTL 中的 Core 标记库

Core 标记库（核心标记）提供了一般性的语言功能，例如变量、循环、条件控制及基本输入与输出、URL 相关操作等，这种标记以字母 c 为前缀。常用 Core 标记如表 7-9 所示。

表 7-9 JSTL 的常用 Core 标记

名称	分类	说明
out	表达式操作	输出数据内容在网页上
set		设置变量数据
remove		清除变量数据
catch		捕捉程序异常
import	URL 处理	引入外部文件
url		设置超链接
redirect		网页跳转
param		用来给包含或重定向的页面传递参数
if	条件控制	与 Java 中 if 功能一致
choose		三者一起使用，与 Java 中 switch…case 功能一致
Core 标签		
otherwise		
forEach	循环	按照 Java 的 for 循环形式操作指定集合
forTokens		循环解析，以标记符号分隔字符串

通过表 7-9 可以看出，Core 标记根据功能可分为 4 大类。需使用 taglib 指令<%@ taglib uri="http:// java.sun.com/jsp/jstl/core" prefix="c" %>将 Core 标记库（核心标记）引入。

（1）表达式操作

表达式操作的标记是 Core 标记库最常用的标记，提供了 4 个表达式操作标记，包括<c:out>、<c:set>、<c:remove>及<c:catch>。这 4 个标记可以实现变量的输出、修改、删除以及对页面异常信息的捕捉。

① <c:out>标记。这是 Core 标记库中最基本的标记，用来在页面中显示一个字符串或者一个 EL 的值，其功能与 JSP 中的<%=表达式%>或者${表达式}类似。

语法格式：

```
a. <c:out value="value" [escapeXml="{true|false}"] [default="默认值"] />
b. <c:out value="输出的内容" [escapeXml="{true|false}"] >
      默认值
</c:out>
```

<c:out>标记语法格式分为两种，区别在于默认值的位置，两种语法实现的功能是相同的。标记中的属性说明如表 7-10 所示。

表 7-10 <c:out>标记的属性

属性名	说明	属性值类型	是否必有	默认值
value	存储需要显示的数据，其值可以是字符串或表达式	object	是	无
default	若 value 值为""，则显示此属性值	object	否	无
escapeXml	是否转换特殊字符，例如输出内容中含有 HTML 标记，是否按标记处理	boolean	否	true

【例 7-7】使用<c:out>标记。

```
<%@ page language="java" contentType="text/html; charset=utf-8"%>
<%@ taglib uri="http://java.sun.com/jsp/jstl/core" prefix="c" %>
<html>
<head>
<title>&ltc:out&gt 标记试用</title>
</head>
<body>
<c:out value="" default="value 值为空时,我出现了! "/><br>
<c:out value="<%=null%>" default="value 值为空时,我出现了! "/><br>
<jsp:useBean id="circle1" class="com.shape.Circle"/>
<jsp:setProperty property="circle_radius" name="circle1" value="2"/>
属性值可以使用 Java 表达式:<c:out value="<%=3.14*circle1.getCircle_radius()*circle1.getCircle_radius() %>"/><br>
属性值可以使用 EL 表达式:<c:out value="${3.14*circle1.circle_radius*circle1.circle_radius}"/><br>
<c:out value="${circle2}">无法获得变量值,可以使用此处的默认值</c:out><br>
(escapeXml=true):<c:out value="<font color=red>含有 HTML 标记,按普通字符处理! </font>"/><br>
(escapeXml=false):<c:out value="<font color=red>含有 HTML 标记,未按普通字符处理! </font>" escapeXml="false" />
</body>
</html>
```

运行结果如图 7-15 所示。

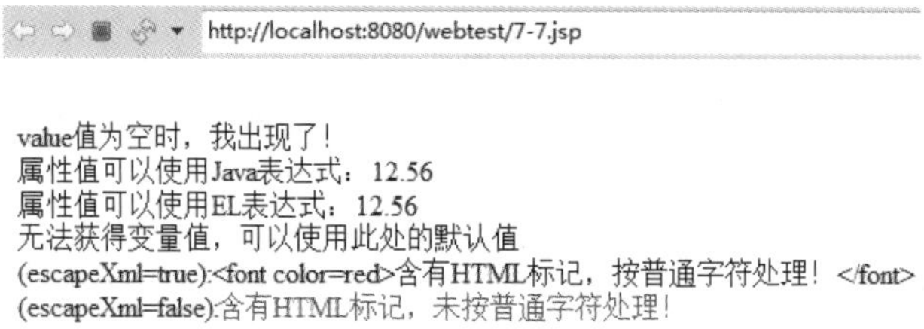

图 7-15 例 7-7 运行结果

程序分析:

a. <c:out value="" default="value 值为空时,我出现了! "/>中,虽然双引号中没有任何内容,但是仍然未输出默认值,原因在于 value 值为空串但不代表为空。<c:out value="<%=null%>" default="value 值为空时,我出现了! "/>中,value 值由表达式赋值为空,因此显示默认值。

b. 在此例中可以看出 value 值也是 Java 表达式或 EL。

c. escapeXml 属性的设置可以决定 value 值中的特殊标记是否起作用。

② <c:set>标记。<c:set>标记用来设置特定作用范围(page、request、session 或者 application)内变量或者对象的属性值,可以进一步用于其他运算。

语法格式:

a. 设置变量语法格式:

```
(a) <c:set value="value" var="varName" [scope="page|request|session|application"]/>
(b) <c:set var="varName" [scope="{ page|request|session|application }"]>
    value 属性值
</c:set>
```

上述语法中的 var 属性用来指明设置变量的变量名,若无此变量,则会定义一个新的变量。scope 属性指明变量的所属作用范围,此属性为非必须设置属性,若不设置,其默认值为 page。

b. 设置对象属性语法格式:

```
(a) <c:set target="${targetName}|<%=targetName%>" property="propertyName" value="value" />
(b) <c:set target="${targetName}|<%=targetName%>" property="propertyName">
    value 属性值
</c:set>
```

上述语法中的 target 属性用来指明设置的对象;property 属性指明设置的对象属性;value 为属性值。要注意的是,target 属性所指的对象如果为 null,或非 java.util.Map 和 JavaBean 对象,则会显示异常。

【例 7-8】使用<c:set>标记。

```
<%@ page language="java" contentType="text/html; charset=utf-8"%>
<%@ taglib uri="http://java.sun.com/jsp/jstl/core" prefix="c" %>
<%@page import="java.util.*" %>
<html>
<head>
<title>c:set 标记试用</title>
</head>
<body>
变量 number 的值:${number}<br>
<c:set var="number" scope="page" value="3"/>
变量 number 的值:${number}<br>
<jsp:useBean id="circle1" class="com.shape.Circle"/>
<c:set target="${circle1}" property="circle_radius" value="2"/>
圆的面积: <c:out value="${3.14*circle1.circle_radius*circle1.circle_radius}"/><br>
<c:set target="<%=circle1%>" property="circle_radius" value="2"/>
圆的面积: <c:out value="${3.14*circle1.circle_radius*circle1.circle_radius}"/><br>
</body>
</html>
```

运行结果如图 7-16 所示。

程序分析:

用<c:set>定义变量 number 之前,EL 中${number}输出的值为空,定义之后显示其值。

③ <c:remove>标记。<c:remove>标记用于移除一个变量,可以指定这个变量的作用域,若未指定,则默认变量第一次出现的作用域。

语法格式:

```
<c:remove var="varName" [scope="{ page|request|session|application }"] />
```

var 属性值为要删除变量的变量名,是必有属性;scope 为非必有属性,如果未设置,属性值默认为 page。若不设定 scope,则<c:remove>会从 page、request、session 及 application 中顺序寻找变量,若能找到,则将它移除掉,反之不会进行任何操作,例如:

```
<%@ page language="java" contentType="text/html; charset=utf-8"%>
<%@ taglib uri="http://java.sun.com/jsp/jstl/core" prefix="c" %>
<c:set var="number" value="${3+5}"/>
删除 number 前: ${number}<br>
<c:remove var="number"/>
删除 number 后: ${number}<br>
```

运行结果如图 7-17 所示。

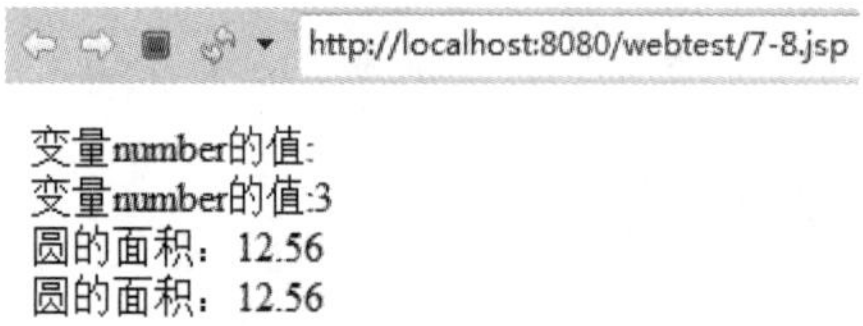

http://localhost:8080/webtest/7-8.jsp
变量number的值:
变量number的值:3
圆的面积：12.56
圆的面积：12.56

图 7-16　例 7-8 运行结果

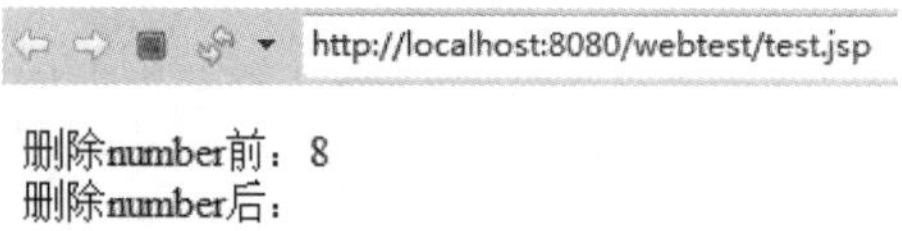

http://localhost:8080/webtest/test.jsp
删除number前：8
删除number后：

图 7-17　运行结果（3）

④ <c:catch>标记。<c:catch>主要用来处理产生错误的异常状况，并且将错误信息储存起来。

语法格式:

```
<c:catch [var="varName"] >
要抓取异常的程序
</c:catch>
```

var 属性值为存储错误信息的变量名，非必有属性。若<c:catch>和</c:catch>之间的程序出现异常，则将错误信息存放在变量中，并将出错程序终止，但是网页其他部分正常显示；如不设置 var 属性，<c:catch>标记仅能终止程序，不存储出错信息，例如:

```
<%@ page language="java" contentType="text/html; charset=utf-8"%>
<%@ taglib uri="http://java.sun.com/jsp/jstl/core" prefix="c" %>
<c:catch var ="exception">
  <%=10/0%>
</c:catch>
<c:out value="${exception}"/>
```

运行结果如图 7-18 所示。

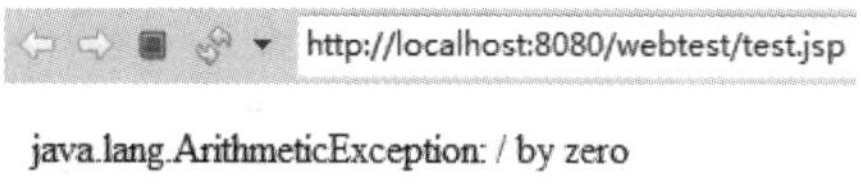

http://localhost:8080/webtest/test.jsp
java.lang.ArithmeticException: / by zero

图 7-18　运行结果（4）

（2）条件控制

Core 标记库的流程控制标记有 4 个：<c:if>、<c:choose>、<c:when>和<c:otherwise>。

① <c:if>标记。<c:if>标记实现 if 语句的作用，用于有条件地执行代码。

语法格式:

```
a. <c:if test="testCondition" var="varName"
   [scope="{page|request|session|application}"]/>
b. <c:if test="testCondition" [var="varName"]
   [scope="{page|request|session|application}"]>
满足条件下的执行程序
</c:if>
```

<c:if>标记语法格式有两种，区别在于是否设置满足条件下的执行程序。标记的属性如表 7-11 所示。

表 7-11　<c:if>标记的属性

属性名	说明	属性值类型	是否必有	默认值
test	此属性为判断条件，属性值为表达式，表达式在这里只有 true 或 false 两种值，true 代表条件成立，否则为 false	boolean	是	无
var	指明用来存储条件判断的结果的变量名，设置此属性就会将条件判断结果存储在变量中	string	否	无
scope	用来设置 var 属性指定的变量的作用范围	string	否	page

【例 7-9】 使用<c:if>标记，判断两个数中的最小值并输出。

7-9.jsp:

```
<%@ page language="java" contentType="text/html; charset=utf-8"%>
<%@ taglib uri="http://java.sun.com/jsp/jstl/core" prefix="c" %>
<%
  int x=2,y=4;
  pageContext.setAttribute("x", x);
  pageContext.setAttribute("y", y);
%>
x=${x}<br>
y=${y}<br>
<c:if test="${x<=y}" var="result">
x<=y: ${result}<br>
最小值为 x: ${x}
</c:if>
<c:if test="${x>=y}" var="result">
x<=y: ${result}<br>
最小值为 y: ${y}<br>
</c:if>
```

运行程序如图 7-19 所示。

② <c:choose>、<c:when>及<c:otherwise>标记。<c:choose>、<c:when>及<c:otherwise>标记必须一起使用，与 Java 语句的 switch…case 功能一样，用于在多个条件下选择。switch 语句中有 case，而<c:choose>标记中对应有<c:when>，switch 语句中有 default，而<c:choose>标记中对应有<c:otherwise>。

图 7-19 例 7-9 运行结果

语法格式：

```
<c:choose>
      <c:when test="testCondition1">
          满足条件 testCondition1 的执行程序
      </c:when>
      ......
  <c:when test="testConditionn">
          满足条件 testConditionn 的执行程序
      </c:when>
      <c:otherwise>
          上述条件均不满足的执行程序
      </c:otherwise>
  </c:choose>
```

说明：

a. 上述标记中<c:choose>及<c:otherwise>没有属性，只有<c:when>标记中有属性 test，与<c:if>标记中属性相同。

b. <c:choose>和</c:choose>之间的内容可以是空白、1 个或多个 <c:when>、0 或 1 个<c:otherwise>。

c. <c:when>与<c:otherwise>必须在<c:choose>和</c:choose>之间，且所有<c:when>必须在<c:otherwise>之前。

d. 在同一个<c:choose> 中，当所有<c:when>的条件都没有成立时，则执行<c:otherwise>和</c:otherwise>之间的程序。

【例 7-10】使用<c:choose>标记，判断三个数中的最大值并输出。

```
<%@ page language="java" contentType="text/html; charset=utf-8"%>
<%@ taglib uri="http://java.sun.com/jsp/jstl/core" prefix="c" %>
<%
  int x=4,y=10,z=8;
  pageContext.setAttribute("x", x);
  pageContext.setAttribute("y", y);
  pageContext.setAttribute("z", z);
%>
x=${x}<br>
y=${y}<br>
z=${z}<br>
<c:choose>
<c:when test="${x>=y&&x>=z}">
最大值为 x: ${x}
</c:when>
<c:when test="${y>=x&&y>=z}">
最大值为 y: ${y}
</c:when>
<c:otherwise>
最大值为 z: ${z}
</c:otherwise>
</c:choose>
```

运行结果如图 7-20 所示。

（3）循环

Core 标记库的循环控制标记有 2 个：<c:forEach>、<c:forTokens>。这些标记封装了 Java 中的 for、while、do-while 循环。<c:forEach>标记较为通用，因为它循环操作集合中的对象。

图 7-20 例 7-10 运行结果

<c:forTokens>标记通过指定分隔符将字符串分隔为一个数组，然后循环操作它们。

① <c:forEach>标记。<c:forEach>标记用来对集合中的对象进行循环输出，并且可以指定循环次数。

语法格式：

```
a. <c:forEach items="collection" var="varName" [varStatus="varStatusName"] [begin="begin"] [end="end"] [step="step"] >
    循环体
b. <c:forEach [var="varName"] [varStatus="varStatusName"] begin="begin" end="end" [step="step"]>
    循环体
</c:forEach>
```

<c:forEach>标记语法格式为两种，区别在于是否设置 items 属性。标记的属性如表 7-12 所示。

表 7-12 <c:forEach>标记的属性

属性名	说明	属性值类型	是否必有	默认值
items	要被循环操作的集合	Array Java.util.Collection Java.util.Iterator Java.util.Enumeration Java.util.Map Java.util.String	否	无

续表

属性名	说明	属性值类型	是否必有	默认值
var	循环变量的名称	String	否	无
begin	循环的开始元素序号	int	否	0
end	循环的结束元素序号	int	否	最后一个元素的序号
step	相邻两次循环间的跨步	int	否	1
varStatus	循环状态的变量名	String	否	无

说明:

a. 上述任何一个属性都不是标记中必须有的,但是标记中不能没有属性,需要按照循环语义直接或间接表明开始及结束。例如,不设置 begin 属性值,会选择默认值 0,但是未设置 end 属性,没有明确默认值,代表循环没有结束时刻,不符合语义。例如:<c:forEach begin="1" end="5">直接设置了开始与结束,直接确定了循环次数;<c:forEach items="{a,b,c}">间接设置循环的开始与结束,begin 属性选择默认值 0,end 是最后一个元素的序号为 2。

b. 如果有 begin 属性,begin 必须大于等于 0;如果有 end 属性,必须大于 begin;如果有 step 属性,step 必须大于等于 0。

c. items 为 null 或 begin 大于等于 items 集合元素个数时不进行循环。

d. 如果要遍历一个集合对象,并将它的内容显示出来,就必须设置 items 属性。

e. <c:forEach>还提供 varStatus 循环状态的状态信息,属性包括 index、count、first 和 last。index 属性存储现在操作成员的索引;count 属性存储截至当次循环被操作的元素总数;first 属性值类型为 boolean,存储当前元素是否是第一个;last 属性值类型为 boolean,存储当前元素是否是最后一个。

【例 7-11】<c:forEach>标记应用。

```
<%@ page language="java" contentType="text/html; charset=utf-8"%>
<%@ taglib uri="http://java.sun.com/jsp/jstl/core" prefix="c" %>
<%
    char array[]={'a','b','c','d','e','f'};
    pageContext.setAttribute("array", array);
%>
<center>第一段循环操作</center>
begin="1" end="5" step="2" items="a,b,c,d,e,f":
<c:forEach var="i" begin="1" end="5" step="2" items="${array}">
    ${i} 
</c:forEach>
<br><br>
<center>第二段循环操作</center>
items="a,b,c,d,e,f":
<c:forEach var="i" items="${array}" varStatus="s">
    items[${s.index}]=${i} 
</c:forEach>
<br><br>
<center>第三段循环操作</center>
items="a,b,c,d,e,f":
<c:forEach var="i" items="${array}" varStatus="s">
  <c:if test="${s.first}">
    items[0]=${i} 
  </c:if>
```

```
    <c:if test="${s.last}">
      items[5]=${i}
    </c:if>
</c:forEach>
<br><br>
<center>第四段循环操作</center>
未设置 items 属性：
<c:forEach var="i" begin="1" end="5">
    ${i} 
</c:forEach>
<br><br>
<center>第五段循环操作</center>
未设置 items 及 var 属性：
<c:forEach begin="1" end="5">
        执行循环体 
</c:forEach>
```

运行结果如图 7-21 所示。

图 7-21 例 7-11 运行结果

程序分析：

a．从第一段循环代码及运行结果可以看出，循环的执行次数与 begin、end 及 step 三个属性有关。

b．从第二段循环代码及运行结果可以看出，当未设置 begin 与 end 属性时，循环默认从第 0 个开始到最后一个结束，集合元素的编号从 0 开始而非 1。

c．从第三段循环代码及运行结果可以看出，通过 varStatus 属性可以获得循环的状态信息。

d．从第四段循环代码及运行结果可以看出，未设置 items 属性而设置 var 循环变量属性时，虽然每次循环要操作的集合元素为空，但是循环变量中存储了当前要操作的集合元素编号（也称为索引）。

e．从第五段循环代码及运行结果可以看出，未设置 items 及 var 属性时，只执行循环体中的程序。

② <c:forTokens>标记。<c:forTokens>标记通过指定分隔符将字符串分隔为一个数组，然后遍历它们。

语法格式：

```
<c:forTokens items="stringOfTokens" delims="delimiters" var="varName" [varStatus="varStatusName"] [begin="begin"] [end="end"] [step="step"] >
    循环体
</c:forTokens>
```

说明：

a. 这个标记的作用和 Java 中的 StringTokenizer 类的作用非常相似，通过 items 属性来指定一个特定的字符串，然后通过 delims 属性指定一种分隔符（可以同时指定多个），通过指定的分隔符将 items 属性指定的字符串分组。

b. `<c:forTokens>`标记与`<c:forEach>`标记大部分属性相同，但多了 delims 属性，而且是必有属性，而 items 属性存储被特定分隔符分隔的字符串。其他属性的属性说明及限制与`<c:forEach>`标记相同。

【例 7-12】`<c:forTokens>`标记应用。

```
<%@ page language="java" contentType="text/html; charset=utf-8"%>
<%@ taglib uri="http://java.sun.com/jsp/jstl/core" prefix="c" %>

<center>第一段循环操作</center>
items="a|b,c|d,e|f" and delims="|":
<c:forTokens items="a|b,c|d,e|f" var="i"  delims="|" varStatus="s">
    items[${s.index}]=${i} 
</c:forTokens>
<br><br>
<center>第二段循环操作</center>
items="a|b,c|d,e|f" and delims="|,":
<c:forTokens items="a|b,c|d,e|f" var="i"  delims="|," varStatus="s">
    items[${s.index}]=${i} 
</c:forTokens>
```

运行结果如图 7-22 所示。

图 7-22　例 7-12 运行结果

程序分析：

a. 从第一段循环代码及运行结果可以看出，delims 属性值为"|"时，分隔符是"|"，将集合划分为 4 个元素。

b. 从第二段循环代码及运行结果可以看出，delims 属性值为"|,"时，分隔符是"|"或","，将集合划分为 6 个元素。

（4）URL 处理

Core 标记库包含 4 个与 URL 操作有关的标记，分别为`<c:import>`、`<c:redirect>`、`<c:url>`和`<c:param>`。`<c:param>`标记不作介绍，其余 3 个标记主要的功能是将其他文件的内容引入网页、跳转网页及产生 URL。

① `<c:import>`标记。`<c:import>`标记把其他网页文件插入当前 JSP 页面，不仅具有`<jsp:include>`标记的功能，即插入同一个 Web 站点下的文件，同时也允许插入其他 Web 站点或者其他网站的文件。`<c:import>`标记既允许以相对路径方式插入，也允许以绝对路径方式插入。

语法格式：

a. `<c:import url="url" [context="context"] [var="varName"] [scope="{page|request|session|application}"] [charEncoding="charEncoding"]/>`

或
```
<c:import url="url" [context="context"] [var="varName"] [scope="{page|request|session|application}"] [charEncoding="charEncoding"]>
本体内容
    b．<c:import url="url" [context="context"]
varReader="varReaderName" [charEncoding="charEncoding"]/>
```
或
```
<c:import url="url" [context="context"]
varReader="varReaderName" [charEncoding="charEncoding"]>
本体内容
</c:import>
```

<c:import>标记语法格式分为两种：第一种语法将插入的文件以字符串的形式存储在指定变量；第二种语法直接输出成为一个 I/O 流的 reader 对象。<c:import>标记属性说明如表7-13 所示。

表 7-13 <c:import>标记属性

属性名	说明	属性值类型	是否必有	默认值
url	被插入文件的地址	String	是	无
context	被插入文件内容设置	String	否	无
var	以 string 类型存储被插入文件内容的变量名	String	否	无
scope	var 变量的作用范围	String	否	page
charEncoding	被插入文件内容的编码格式	String	否	无
varReader	以 reader 类型变量存储被插入文件内容的变量名	String	是	无

说明：

a．若 url 为 null 或""，会产生 JSPException；url 属性值可以是绝对地址、相对地址及 FTP（文件传输协议）地址。

b．当 var 属性存在时，会把插入的文件内容以 String 的类型存储在名为 varName 的变量中，但是它并不会输出至网页上。scope 用来设定 varName 的作用范围。在特定作用范围内，输出名为 varName 的变量，就是输出网页。

【例 7-13】<c:import>标记使用。

```
<%@ page language="java" contentType="text/html; charset=utf-8"%>
<%@ taglib uri="http://java.sun.com/jsp/jstl/core" prefix="c" %>
<center>第一次插入，未设置 var 属性</center>
<c:import url="7-1-register.jsp">
    <c:param name="userName">Jack</c:param>
    <c:param name="passWord1">123</c:param>
    <c:param name="passWord2">12</c:param>
</c:import>
<center>第二次插入，设置 var 属性</center>
<c:import url="7-1-register.jsp" var="s">
    <c:param name="userName">Jack</c:param>
    <c:param name="passWord1">123</c:param>
    <c:param name="passWord2">12</c:param>
</c:import>
```

运行结果如图 7-23 所示。

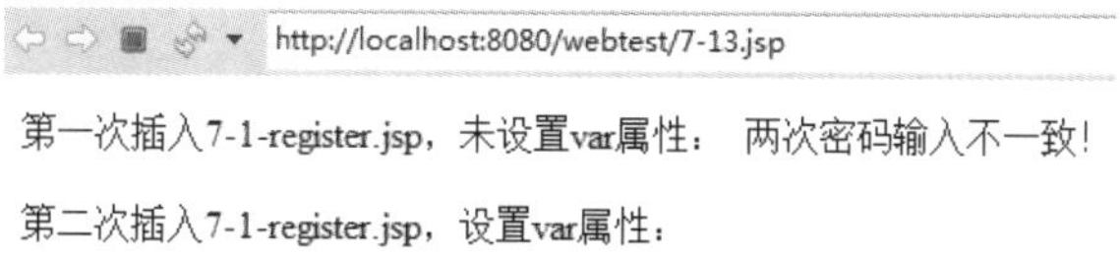

```
         http://localhost:8080/webtest/7-13.jsp
```

第一次插入7-1-register.jsp，未设置var属性：　两次密码输入不一致！

第二次插入7-1-register.jsp，设置var属性：

图 7-23　例 7-13 运行结果

程序分析：

a. 从第一次插入的代码及运行结果来看，插入 7-1-register.jsp，同时<c:import>和</c:import>之间加入<c:param>标记，用于给插入文件传递 3 个参数。由于未设置 var 属性，因此插入文件时直接执行，并对传递的三个参数进行验证。

b. 从第二次插入的代码及运行结果来看，由于设置 var 属性，因此插入文件未直接执行，而是将其存在变量中，变量没有输出，因此不执行插入文件。

② <c:redirect>标记。<c:redirect>标记可以实现从当前 JSP 页面跳转到另一个页面。

语法格式：

```
a. <c:redirect url="url" [context="context"] />
b. <c:redirect url="url" [context="context"] >
     <c:param>
   </c:redirect >
```

<c:redirect>标记语法格式分为两种：第一种语法实现直接网页跳转，第二种语法实现跳转同时传递参数。<c:redirect>标记只有两个属性，即 url 和 context，属性的特点与<c:import>标记中相同。

【例 7-14】<c:redirect>标记使用。

```
<%@ page language="java" contentType="text/html; charset=utf-8"%>
<%@ taglib uri="http://java.sun.com/jsp/jstl/core" prefix="c" %>
<c:redirect url="7-1-register.jsp">
   <c:param name="userName">Jack</c:param>
   <c:param name="passWord1">123</c:param>
   <c:param name="passWord2">12</c:param>
</c:redirect>
```

运行结果如图 7-24 所示。

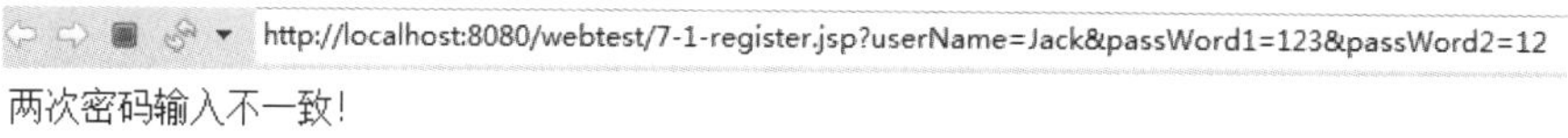

```
         http://localhost:8080/webtest/7-1-register.jsp?userName=Jack&passWord1=123&passWord2=12
```
两次密码输入不一致！

图 7-24　例 7-14 运行结果

程序分析：

与例 7-13 的运行结果对比可以看出，例 7-13 是在当前页面插入文件并执行，而例 7-14 直接跳转另一页面执行，从链接可以看出跳转时传递参数。

③ <c:url>标记。<c:url>标记可以用于将 URL 格式化为一个字符串，然后存储在一个变量中。

语法格式：

```
<c:url value="url" [var="varName"] [context="context"] [scope="{page|request|session|application}"] >
       [<c:param name="paramName" value="paramValue"/>]
</c:url>
```

说明：

a．<c:url>标记语法有两种：带参数与不带参数。

b．<c:url>标记的 value、context 及 scope 属性相当于<c:import>标记的 url、context 及 scope。var 属性值是存储 URL 字符串的变量名。

c．<c:url>标记通常与<a href=""></a>链接配合使用，<c:url>标记格式化的字符串需要作为<a>标记的 href 属性值。

【例 7-15】<c:url>标记使用。

```
<%@ page language="java" contentType="text/html; charset=utf-8"%>
<%@ taglib uri="http://java.sun.com/jsp/jstl/core" prefix="c" %>
<a href="<c:url value="7-1-register.jsp">
  <c:param name="userName">Jack</c:param>
  <c:param name="passWord1">123</c:param>
  <c:param name="passWord2">12</c:param>
</c:url> ">1.未设置 var 属性的超链接</a>
<br><br>
<c:url value="7-1-register.jsp" var="link">
  <c:param name="userName">Jack</c:param>
  <c:param name="passWord1">123</c:param>
  <c:param name="passWord2">12</c:param>
</c:url>
<a href="${link}">2.设置 var 属性的超链接</a>
```

运行结果如图 7-25 所示。

图 7-25　例 7-15 运行结果

程序分析：

a．从第一个链接的代码及运行结果来看，由于第一个<c:url>标记未设置 var 属性，直接将第一个<c:url>标记及<c:url>和</c:url>之间的全部内容作为<a>标记的 href 属性值，即可实现超链接。

b．从第二个链接的代码及运行结果来看，第二个<c:url>标记由于设置了 var 属性值 link，将 URL 字符串存储在 link 中，<a>标记的 href 属性值为输出 link 的表达式。

7.4　本章小结

本章讲解了 JavaBean、EL 及 JSTL 的 Core 标记库技术的使用方法，以简化 JSP 页面中的代码及开发过程。在应用 JSP 技术开发 Web 项目时，使用 JavaBean 封装事务逻辑及数据库操作技术实现前端页面与业务处理的有效分离，简化页面，使系统更加简洁健壮。在 EL 内可完成基本的算术运算、逻辑运算及访问作用范围变量等。JSTL 标记封装了不同的功能，在页面上调用标记时，就等于调用了封装起来的功能，简化了 JSP 页面的程序代码。

第8章 Servlet高级功能

- 了解过滤器概念、用途及工作原理，掌握常用过滤器的使用方法。
- 了解监听器概念、用途及工作原理，掌握常用监听器的使用方法。

源文件

Servlet 2.3 规范中引入了过滤器（Filter）功能组件，为了实现 Web 应用程序中的预处理和后期处理逻辑，便于拦截请求和响应，本章对其进行了详细介绍，并着重讲解了常用 Filter 的功能及使用方法。然后介绍了对 Web 应用程序进行监听和控制其状态变化的监听器（Listener）。

8.1 Filter

Filter 是处于客户端与服务器端资源文件之间的一道过滤网，在访问资源文件之前，通过一系列的过滤器对请求进行修改、判断等，把不符合规则的请求在中途拦截或修改，也可以对响应进行过滤、拦截或修改。

8.1.1 什么是 Filter

（1）概述

Filter 是 Servlet 2.3 规范中引入的新功能，并在 Servlet 2.4 规范中得到增强。对于 Web 应用程序来说，Filter 是一种可插接的小型 Web 组件，处于服务器端，允许 Web 开发者实现 Web 应用程序中的预处理和后期处理逻辑，拦截请求和响应，以便查看、提取或以某种方式操作正在客户端和服务器端之间交换的数据,例如实现 URL 级别的权限访问控制、过滤敏感词汇、压缩响应信息等高级功能。Web 开发者可以通过 Filter 技术拦截服务器管理的所有 Web 资源,如 JSP、Servlet、静态 HTML 文件或静态图片文件等。Filter 还支持 Servlet 和 JSP 页面的基本请求处理功能,如日志记录、性能、安全、会话处理、XSLT 等。Filter 主要有以下几方面应用:权限检查,根据请求过滤非法用户;记录日志,记录指定的日志信息;解码,对非标准的请求解码;解析 XML,和 XSLT 结合生成 HTML;设置字符集,解决中文乱码问题。

Filter 基本原理:Filter 首先对客户端发送的请求进行预处理,其次将请求交给资源文件进行处理并生成响应,再次对服务器响应进行后处理,最后发送回客户端,如图 8-1 所示。实际上,Filter 是对客户端与服务器端之间的请求和响应的头属性 (Header) 和内容体 (Body) 进行操作的特殊 Web 组件。

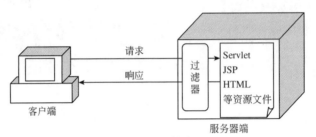

图 8-1　Filter 基本原理

(2) Filter 常用接口及类

与过滤器开发相关的接口和类包含在 javax.servlet 和 javax.servlet.http 包中,主要的接口和类如表 8-1 所示。

表 8-1　Filter 常用接口和类及其说明

接口/类	说明
javax.servlet.Filter 接口	Filter 是一个必须实现此接口的 Java 类的对象,此接口定义了 3 种方法,分别对应 Filter 生命周期中的初始化、响应和销毁 3 个阶段
javax.servlet.FilterConfig 接口	Filter 对象进行初始化时,Web 引擎调用 Filter 的 init() 方法,并传入一个实现 FilterConfig 接口的对象。Filter 可使用该对象获得一些有用的信息
javax.servlet.FilterChain 接口	此接口是 Web 引擎为开发者提供的,Filter 对象的 doFilter() 方法实现此接口的对象调用 Filter 链中的下一个 Filter 或者资源文件
javax.servlet.ServletRequestWrapper extends java.lang.Object implements ServletRequest	此类实现 ServletRequest 接口的便捷性,希望将请求适配到 Servlet 的开发者可以子类化该接口。默认情况下,方法通过包装的请求对象调用
javax.servlet.ServletResponseWrapper extends java.lang.Object implements ServletResponse	此类实现 ServletResponse 接口的便捷性,希望根据适配响应 Servlet 的开发者可以子类化该接口。默认情况下,方法通过包装的响应对象调用
javax.servlet.HttpServletRequestWrapper extends ServletRequestWrapper implements HttpServletRequest	此类实现 HttpServletRequest 接口的便捷性,希望将请求适配到 Servlet 的开发者可以子类化该接口。此类实现 Wrapper 或 Decorator 模式。默认情况下,方法通过包装的请求对象调用
javax.servlet.HttpServletResponseWrapper extends ServletResponseWrapper implements HttpServletResponse	此类实现 HttpServletResponse 接口的便捷性,希望根据适配响应 Servlet 的开发者可以子类化该接口。此类实现 Wrapper 或 Decorator 模式。默认情况下,方法通过包装的响应对象调用

本书将主要对 Filter 的常用接口，即 javax.servlet.Filter 接口及 javax.servlet.FilterConfig 接口等，进行介绍。

8.1.2 Filter 接口

Filter 在设计中必须实现 javax.servlet.Filter 接口并且提供一个公共的无参构造方法。接口定义了 init()、doFilter()及 destroy()三个方法，和 Servlet 接口类似，这三个方法分别对应过滤器生命周期中的初始化、响应和销毁三个阶段。

（1）public void init(FilterConfig arg0) throws ServletException

Web 应用启动时，引擎将创建 Filter 的实例对象，并调用 init 方法读取 web.xml 配置，完成对象的初始化功能，从而为后续拦截客户端请求做好准备工作。需要强调的是，每个 Filter 对象在生命周期中只会执行一次 init()方法，它是在第一次被访问时执行的。引擎在调用 init()方法时，会传递一个包含 Filter 配置和运行环境的 FilterConfig 对象，通过此对象可以得到 ServletContext 对象以及 web.xml 文件指定的 Filter 初始化参数。在这个方法中，可以抛出 ServletException 异常，通知引擎该 Filter 对象不能正常工作。

（2）public doFilter(ServletRequest arg0, ServletResponse arg1, FilterChain arg2) throws java.io.IOException,ServletException

该方法用于过滤请求和响应，当请求或响应的文件同 Filter 设置的 URL 匹配后，每次请求或响应的数据经过 Filter 时，引擎都将调用此方法实现过滤操作。Web 引擎将 3 个对象参数 [ServletRequest（请求）对象、ServletResponse（响应）对象及 FilterChain（过滤器链）对象] 传递给此方法。ServletRequest 对象经过此方法过滤后可以改变客户端请求的头信息或内容，ServletResponse 对象经过过滤后改变响应的结果，ServletRequest 和 ServletResponse 过滤后的信息最终会传回给所属的被过滤文件。FilterChain 参数代表了多个 Filter 形成的 Filter 链，此链必包括当前 doFilter()方法所属的 Filter。当前 Filter 执行 doFilter()方法时，在其内部使用 FilterChain 参数的 doFilter()方法调用当前 Filter 链的后续 Filter。

（3）public void destroy()

引擎在销毁 Filter 对象前调用该方法，在该方法中释放 Filter 占用的资源。在停止使用 Filter 前，由引擎调用 Filter 的 destroy()方法，完成必要的清除和释放资源的工作。

8.1.3 创建第一个 Filter 类

【例 8-1】创建一个简单的 Filter 类。

Filter 开发的第一步是编写 Filter 类，运用 Eclipse 开发环境实现 javax.servlet 包中的 Filter 接口，具体过程如下。

① 在 Eclipse 开发环境中新建一个 Java 类，如图 8-2 所示。

② 单击图 8-2 所示界面的【Interfaces】文本框旁的【Add】按钮，添加 Filter 接口。弹出【Implemented Interfaces Selection】对话框，如图 8-3 所示。在【Choose interfaces】文本框中输入"Filter"，选择 javax.servlet 包中的 Filter 接口，然后单击对话框下方的【Add】按钮完成添加。实现 Filter 接口的类习惯上称为 Filter 类，这样的类创建的对象又习惯上称为 Filter 对象。Filter 接口与 Servlet 接口类似，同样都有 init()与 destroy()方法，doFilter()方法类似于 Servlet 接口的 service()方法。

图 8-2　Eclipse 中新建类

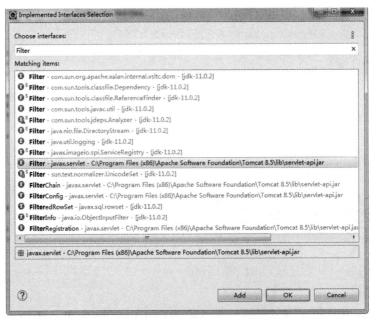

图 8-3　新建类中添加 Filter 接口

③ 返回【New Java Class】对话框，单击【Finish】按钮，完成 Filter 类的创建，结果如图 8-4 所示。

④ 在创建的 Filter 类中，引入 Filter 接口后自动添加了 init()、doFilter()及 destroy() 三个方法。由于未讲解 Filter 配置，无法测试效果，将在 8.1.4 节对此例添加具体过滤功能并测试。

```
 1  package com;
 2
 3  import java.io.IOException;
 4
 5  import javax.servlet.Filter;
 6  import javax.servlet.FilterChain;
 7  import javax.servlet.FilterConfig;
 8  import javax.servlet.ServletException;
 9  import javax.servlet.ServletRequest;
10  import javax.servlet.ServletResponse;
11
12  public class Filter0 implements Filter {
13
14      @Override
15      public void destroy() {
16          // TODO Auto-generated method stub
17
18      }
19
20      @Override
21      public void doFilter(ServletRequest arg0, ServletResponse arg1, FilterChain arg2)
22              throws IOException, ServletException {
23          // TODO Auto-generated method stub
24
25      }
26
27      @Override
28      public void init(FilterConfig arg0) throws ServletException {
29          // TODO Auto-generated method stub
30
31      }
32
33  }
34
```

图 8-4　新建 Filter 类的框架

8.1.4　Filter 配置

Filter 首先通过配置文件 web.xml 中的 XML 标记来声明,然后映射到应用程序的 web.xml 中的 Servlet 名称或 URL 模式。

（1）Filter 声明

为了在 web.xml 文件中配置 Filter，在 web.xml 文件中找到<web-app>和</web-app>标记，然后在其中添加<filter>标记，用于在 Web 应用中声明一个 Filter。<filter>标记结构如图 8-5 所示。

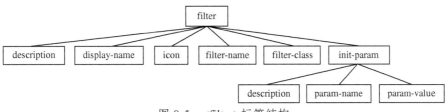

图 8-5　<filter>标签结构

<filter>的子标记相关说明如表 8-2 所示。

表 8-2　<filter>的子标记

子标记元素	说明
description	用于对 Filter 的<filter>标记进行文本描述；也可作为<init-param>的子标记，用于对 Filter 的<init-param>标记进行文本描述
display-name	用于对 Filter 的<filter>标记设置简短的名字，这个名字可以被某些工具所显示
icon	用于对 Filter 的<filter>标记指定一个图标，在图形界面可以用其表示此<filter>标记
filter-name	用于对 Filter 设置名称，该标记必须设置
filter-class	用于设置 Filter 所属类的全名

续表

子标记元素	说明
init-param	用于为 Filter 设置初始化参数，此标记可以有多个，用于设置多个参数
param-name	此标记为<init-param>的子标记，用于设置初始化参数名
param-value	此标记为<init-param>的子标记，用于设置初始化参数值

Filter 声明的基本语法格式：

```
<filter>
    <filter-name>Filter 名字</filter-name>
    <filter-class>Filter 类全名</filter-class>
    <init-param>
        <param-name>参数名</param-name>
        <param-value>参数值</param-value>
    </init-param>
    ...
    <init-param>
        <param-name>参数名</param-name>
        <param-value>参数值</param-value>
    </init-param>
</filter>
```

例如：

```
<filter>
    <filter-name>filter0</filter-name>
    <filter-class>com.Filter0</filter-class>
<init-param>
    <param-name>userName</param-name>
    <param-value>Jack</param-value>
    </init-param>
</filter>
```

（2）Filter 映射

添加 Filter 的<filter>标记后，用<filter-mapping>标记指定 Filter 关联的 URL 模式或者 Servlet。<filter-mapping>结构如图 8-6 所示。

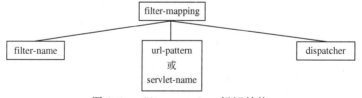

图 8-6　<filter-mapping>标记结构

<filter-mapping>的子标记相关说明如表 8-3 所示。

表 8-3　<filter-mapping>的子标记

子标记元素	说明
filter-name	用于指定设置映射的 Filter，值为设置映射的 Filter 名字，其值必须为在<filter>标记中声明的过滤器名字
url-pattern	用于设置 Filter 关联的资源文件 URL 模式

续表

子标记元素	说明
servlet-name	用于设置 Filter 关联的 Servlet，其属性值为 Servlet 名字。此标记与<url-pattern>可以设置一个
dispatcher	用于设置 Filter 对应的请求方式，最多可以设置 4 种方式。请求方式包括 REQUEST、INCLUDE、FORWARD 和 ERROR，默认值为 REQUEST

<dispatcher>标记设置的 4 种方式具体说明如表 8-4 所示。

表 8-4 <dispatcher>标记的请求方式

名称	说明
REQUEST	设置此种请求方式后，用户直接访问页面时，Web 引擎调用 Filter
INCLUDE	设置此种请求方式后，用户以 RequestDispatch 的 include()方法访问时，Web 引擎调用 Filter
FORWARD	设置此种请求方式后，用户以 RequestDispatch 的 forward()方法访问时，Web 引擎调用 Filter
ERROR	设置此种请求方式后，用户访问异常处理机制资源文件异常时，Web 引擎调用 Filter

Filter 映射的基本语法格式：

①
```xml
<filter-mapping>
<filter-name>Filter 名字</filter-name>
<url-pattern>URL 模式</url-pattern>
<dispatcher>请求方式</dispatcher>
...
<dispatcher>请求方式</dispatcher>
</filter-mapping>
```

②
```xml
<filter-mapping>
<filter-name>Filter 名字</filter-name>
<servlet-name>Servlet 名字</servlet-name>
<dispatcher>请求方式</dispatcher>
...
<dispatcher>请求方式</dispatcher>
</filter-mapping>
```

例如：

```xml
<filter-mapping>
   <filter-name>filter1</filter-name>
   <url-pattern>/*.jsp</url-pattern>
   <dispatcher>REQUEST</dispatcher>
   <dispatcher>ERROR</dispatcher>
   </filter-mapping>
```

【例 8-2】在例 8-1 的基础上，添加过滤操作，并对过滤器进行配置测试。
Filter0.java（过滤器）：

```java
package com;
import java.io.IOException;
import java.io.PrintWriter;
import javax.servlet.Filter;
import javax.servlet.FilterChain;
import javax.servlet.FilterConfig;
import javax.servlet.ServletException;
import javax.servlet.ServletRequest;
import javax.servlet.ServletResponse;
public class Filter0 implements Filter {
```

```java
    @Override
    public void destroy() {
        // TODO Auto-generated method stub
    }
    @Override
    public void doFilter(ServletRequest arg0, ServletResponse arg1, FilterChain arg2)
throws IOException, ServletException {
        // TODO Auto-generated method stub
         arg1.setContentType("text/html; charset=utf-8");
    PrintWriter out=arg1.getWriter();
    out.print("<%@ page language=\"java\" contentType=\"text/html; charset=utf-8\"%>\r\n" +
            "<%@ page autoFlush=\"false\" %>\r\n" +
            "<!DOCTYPE html>\r\n" +
            "<html>\r\n" +
            "<head>\r\n" +
            "<meta charset=\"ISO-8859-1\">\r\n" +
            "<title>Test Filter!</title>\r\n" +
            "</head>\r\n" +
            "<body>\r\n" +
            "Test Filter! \r\n" +
            "</body>\r\n" +
            "</html>");
    }
    @Override
    public void init(FilterConfig arg0) throws ServletException {
        // TODO Auto-generated method stub
    }
}
```

8-2.jsp（被过滤网页）：

```jsp
<%@ page language="java" contentType="text/html; charset=utf-8"%>
<!DOCTYPE html>
<html>
<head>
<meta charset="ISO-8859-1">
<title>Test Filter!</title>
</head>
<body>
8-2.jsp内容正常显示!
</body>
</html>
```

运行结果如图 8-7 所示。

web.xml 中声明 Filter0 过滤器并映射到 8-2.jsp，添加具体代码如下：

```xml
<filter>
    <filter-name>filter0</filter-name>
    <filter-class>com.Filter0</filter-class>
</filter>
<filter-mapping>
    <filter-name>filter0</filter-name>
    <url-pattern>/8-2.jsp</url-pattern>
<dispatcher>REQUEST</dispatcher>
</filter-mapping>
```

运行结果如图 8-8 所示。

图 8-7　未配置过滤器的运行结果 　　　图 8-8　配置过滤器后的运行结果

程序分析：

① 在页面过滤之前，页面的内容正常显示；被过滤后，显示的是 Filter 向其输出的内容，原有页面内容不再显示。

② 在运用 doFilter()方法向被过滤页面输出信息时，注意避免中文字符集编码的乱码问题，利用 doFilter()方法的 ServletResponse 类型参数处理，ServletResponse 类型对象的 setContentType 方法可以设置响应数据内容的类型及编码格式。

8.1.5　FilterConfig 接口

当引擎对 Filter 对象进行初始化时，引擎调用 Filter 的 init 方法，并传入一个实现 FilterConfig 接口的对象。Filter 可使用该对象获得一些有用的信息。FilterConfig 接口包含以下方法。

（1）public String getFilterName()

该方法用于获得 Filter 在配置文件 web.xml 中所设置的名称，也就是返回<filter-name>标记的设置值。

（2）public String getInitParameter()

该方法用于获得 Filter 在配置文件 web.xml 中所设置的某个名称的初始化参数值，如果指定名称的初始化参数不存在，则返回 null。

（3）public Enumeration getInitParameterNames()

该方法用于获得一个枚举集合对象，用来遍历 Filter 的所有初始化字符串。如果 Filter 没有初始化参数，该方法将返回一个空的枚举集合。

（4）public ServletContext getServletContext()

该方法用于获得 Filter 所属 Web 应用的 Servlet 上下文对象引用。

【例 8-3】使用 Filter 校验表单的输入数据是否为空，若为空跳转回原网页，否则跳转至验证页面。

8-3-main.jsp（注册信息输入页面）：

```jsp
<%@ page language="java" contentType="text/html; charset=utf-8"%>
<!DOCTYPE html>
<html>
<head>
<meta charset="utf-8">
<title>Insert title here</title>
</head>
<body>
    <form action="8-3-check.jsp" method="post" name="info">
        <p>用户名: <input type="text" name="userName" value="${param.userName}"></p>
        <p>密码: <input type="password" name="passWord1" value="${param.passWord1}"></p>
```

```html
        <p>确认密码：<input type="password" name="passWord2" value="${param.passWord2}"></p>
        <p>
            <input type="submit" name="sumbit" value="提交">
            <input type="reset" name="sumbit" value="重置">
        </p>
    </form>
</body>
</html>
```

8-3-check.jsp（验证页面）：

```jsp
<%@ page language="java" contentType="text/html; charset=utf-8"%>
<!DOCTYPE html>
<html>
<head>
<meta charset="ISO-8859-1">
<title>Insert title here</title>
</head>
<body>
注册结果：${param.passWord1==param.passWord2?"注册成功！":"两个输入密码不一致！"}
</body>
</html>
```

RegisterFilter.java（过滤器）：

```java
package com;
import java.io.IOException;
import java.io.PrintWriter;
import javax.servlet.Filter;
import javax.servlet.FilterChain;
import javax.servlet.FilterConfig;
import javax.servlet.RequestDispatcher;
import javax.servlet.ServletException;
import javax.servlet.ServletRequest;
import javax.servlet.ServletResponse;
public class RegisterFilter implements Filter {
    private String fail_uri="";
    @Override
    public void init(FilterConfig arg0) throws ServletException {
        // TODO Auto-generated method stub
        fail_uri=arg0.getInitParameter("fail_uri");
    }
    @Override
    public void doFilter(ServletRequest arg0, ServletResponse arg1, FilterChain arg2)
            throws IOException, ServletException {
        // TODO Auto-generated method stub
        String userName=arg0.getParameter("userName");
        String passWord1=arg0.getParameter("passWord1");
        String passWord2=arg0.getParameter("passWord2");
        RequestDispatcher dis=arg0.getRequestDispatcher(fail_uri);
        if(userName.equals("")||passWord1.equals("")||passWord2.equals("")) {
            arg1.setContentType("text/html; charset=utf-8");
            PrintWriter out=arg1.getWriter();
            out.println("注册信息输入不完整！<br>");
            dis.include(arg0, arg1);
            return;
```

```
        }
        arg2.doFilter(arg0, arg1);
    }

    @Override
    public void destroy() {
        // TODO Auto-generated method stub
    }
}
```
web.xml
```xml
<?xml version="1.0" encoding="utf-8"?>
<web-app id="RegisterFilter" version="3.1" xmlns="http://xmlns.jcp.org/xml/ns/javaee"
xmlns:xsi="http://www.w3.org/2001/XMLSchema-instance" xsi:schemaLocation="http://xmlns.
jcp.org/xml/ns/javaee  http://xmlns.jcp.org/xml/ns/javaee/web-app_3_1.xsd">
    <filter>
        <filter-name>filter</filter-name>
        <filter-class>com.RegisterFilter</filter-class>
        <init-param>
          <param-name>fail_uri</param-name>
          <param-value>/8-3-main.jsp</param-value>
        </init-param>
    </filter>
    <filter-mapping>
        <filter-name>filter</filter-name>
        <url-pattern>/8-3-check.jsp</url-pattern>
        <dispatcher>REQUEST</dispatcher>
    </filter-mapping>
</web-app>
```

运行结果如图 8-9～图 8-11 所示。

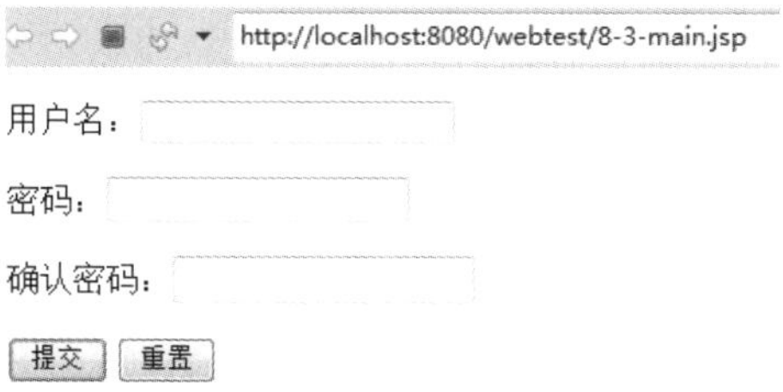

图 8-9　第一次运行注册信息输入页面结果 　　图 8-10　信息输入不完全时运行结果

图 8-11　完整信息输入后验证结果

程序分析：

① 运用 Filter 的 doFilter()方法对 8-3-main.jsp（注册信息输入页面）向 8-3-check.jsp（验证页面）提交的信息进行输入完整性验证。通过 doFilter()方法的 ServletRequest 型参数获取注册信息输入页面的提交数据，然后验证是否有空项。当注册信息输入不完整时，利用 RequestDispatcher 对象的 include()方法重定向注册信息输入页面，并将请求的信息与响应返

回给 8-3-main.jsp。跳回注册信息输入页面时，运用 EL 及其隐含 param 对象设置输入框显示回传的上次输入值，运行结果如图 8-10 所示。

② web.xml 配置过滤器时，运用<init-param>标记设置过滤器参数，此参数设置重定向页面的路径，并在 RegisterFilter 类中通过 init(FilterConfig arg0)方法获取此参数值。init(FilterConfig arg0)方法通过 FilterConfig 参数的 getInitParameter 方法获得参数值，并将其赋值给 RegisterFilter 对象的属性，便于在 doFilter()方法中使用。

③ 如果注册信息输入页面信息输入完整，则会通过过滤器跳转至验证页面，执行结果如图 8-11 所示。

8.1.6 Filter 链

在一个 Web 应用程序中，一个 Filter 可以过滤任意多个资源，一个资源也可以被任意多个 Filter 过滤，如果配置多个 Filter，则可组成一个 Filter 链（过滤器链）。一个 Filter 链中的每个 Filter 都有特定的操作，请求和响应在浏览器（客户端）和目标资源之间按照 web.xml 配置中声明的 Filter 顺序（在 Filter 之间）进行传递，即过滤顺序与在 web.xml 中配置的顺序一致，如图 8-12 所示。

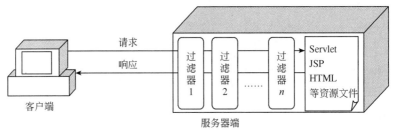

图 8-12　Filter 链工作原理

Filter 链应用 javax.servlet.FilterChain 接口实现 Filter 按 web.xml 配置中声明的顺序调用，通过 Web 引擎将 FilterChain 接口实例作为参数传入目前准备执行过滤操作的 Filter 对象的 doFilter()方法中，此 Filter 对象使用 FilterChain 对象的 doFilter()方法调用 Filter 链中的下一个 Filter 对象。若当前执行过滤操作的 Filter 对象是 Filter 链中的最后一个过滤器，则在其执行完过滤操作后 FilterChain 对象的 doFilter()方法将调用目标资源。

【例 8-4】设计一个 Filter 链，包括两个 Filter：一个用于设置中文编码格式；另一个用于表单数据提交时验证，信息输入正确，进入显示页面，否则跳转回输入页面。

编码过滤器（EncodingFilter.java）：

```
package com;
import java.io.IOException;
import javax.servlet.Filter;
import javax.servlet.FilterChain;
import javax.servlet.FilterConfig;
import javax.servlet.ServletException;
import javax.servlet.ServletRequest;
import javax.servlet.ServletResponse;
public class EncodingFilter implements Filter {
    private String encode="";
    @Override
```

```java
    public void destroy() {
        // TODO Auto-generated method stub
    }
    @Override
    public void doFilter(ServletRequest request, ServletResponse response, FilterChain chain)
            throws IOException, ServletException {
        // TODO Auto-generated method stub
        request.setCharacterEncoding(encode);
        response.setCharacterEncoding(encode);
        chain.doFilter(request, response);
    }
    @Override
    public void init(FilterConfig filterConfig) throws ServletException {
        // TODO Auto-generated method stub
        this.encode=filterConfig.getInitParameter("encode");
    }
}
```

表单校验过滤器（CheckFilter.java）：

```java
package com;

import java.io.IOException;
import java.io.PrintWriter;
import javax.servlet.Filter;
import javax.servlet.FilterChain;
import javax.servlet.FilterConfig;
import javax.servlet.RequestDispatcher;
import javax.servlet.ServletException;
import javax.servlet.ServletRequest;
import javax.servlet.ServletResponse;
public class CheckFilter implements Filter {
    private String fail_uri="";
    @Override
    public void destroy() {
        // TODO Auto-generated method stub
    }
    @Override
    public void doFilter(ServletRequest request, ServletResponse response, FilterChain chain)
            throws IOException, ServletException {
        // TODO Auto-generated method stub
        String name=request.getParameter("name");
        String number=request.getParameter("number");
        String age=request.getParameter("age");
        String message="";
        String regex="[0-9]+";
        RequestDispatcher dis=request.getRequestDispatcher(fail_uri);
        if(name.equals(""))
            message=message+"未输入姓名!<br>";
        if(number.equals(""))
            message=message+"未输入学号!<br>";
        else{
```

```java
            if(!number.matches(regex))
                message=message+"学号含有非数字字符!<br>";
        }
        if(age.equals(""))
            message=message+"未输入年龄!<br>";
        else{
            if(!age.matches(regex))
                message=message+"年龄含有非数字字符!<br>";
            else {
             if(Integer.parseInt(age)<0||Integer.parseInt(age)>100)
                message=message+"年龄输入不在 0~100 之间!<br>";
            }
        }
        if(!message.equals("")) {
            response.setContentType("text/html; charset=utf-8");
            PrintWriter out=response.getWriter();
            out.println(message);
            dis.include(request, response);
            return;
        }
        chain.doFilter(request, response);
    }
    @Override
    public void init(FilterConfig filterConfig) throws ServletException {
        // TODO Auto-generated method stub
        this.fail_uri=filterConfig.getInitParameter("fail_uri");
    }

}
```

表单页面（8-4-main.jsp）：

```jsp
<%@ page language="java" contentType="text/html; charset=utf-8"%>
<!DOCTYPE html>
<html>
<head>
<meta charset="ISO-8859-1">
<title>Insert title here</title>
</head>
<body>
<form action="8-4-show.jsp" method="post" name="info">
    <p>
        姓名: <input type="text" name="name" value="${param.name}">
    </p>
    <p>
        学号: <input type="number" name="number" value="${param.number}">
    </p>
    <p>
        年龄: <input type="number" name="age" value="${param.age}">
    </p>
    <p>
        <input type="submit" name="sumbit" value="提交">
        <input type="reset" name="sumbit" value="重置">
    </p>
</form>
```

```
</body>
</html>
```

表单提交页面(8-4-show.jsp):

```jsp
<%@ page language="java" contentType="text/html; charset=utf-8"%>
<!DOCTYPE html>
<html>
<head>
<meta charset="ISO-8859-1">
<title>Insert title here</title>
</head>
<body>
姓名:${param.name}<br>
学号:${param.number}<br>
年龄:${param.age}
</body>
</html>
```

Filter 链配置(web.xml):

```xml
<?xml version="1.0" encoding="utf-8"?>
<web-app id="RegisterFilter" version="3.1" xmlns="http://xmlns.jcp.org/xml/ns/javaee" xmlns:xsi="http://www.w3.org/2001/XMLSchema-instance" xsi:schemaLocation="http://xmlns.jcp.org/xml/ns/javaee http://xmlns.jcp.org/xml/ns/javaee/web-app_3_1.xsd">
    <filter>
        <filter-name>firstFilter</filter-name>
        <filter-class>com.EncodingFilter</filter-class>
        <init-param>
          <param-name>encode</param-name>
          <param-value>utf-8</param-value>
        </init-param>
    </filter>
    <filter-mapping>
        <filter-name>firstFilter</filter-name>
        <url-pattern>/8-4-show.jsp</url-pattern>
        <dispatcher>REQUEST</dispatcher>
    </filter-mapping>
    <filter>
        <filter-name>secondFilter</filter-name>
        <filter-class>com.CheckFilter</filter-class>
        <init-param>
          <param-name>fail_uri</param-name>
          <param-value>/8-4-main.jsp</param-value>
        </init-param>
    </filter>
    <filter-mapping>
        <filter-name>secondFilter</filter-name>
        <url-pattern>/8-4-show.jsp</url-pattern>
        <dispatcher>REQUEST</dispatcher>
    </filter-mapping>
</web-app>
```

运行程序如图 8-13~图 8-15 所示。

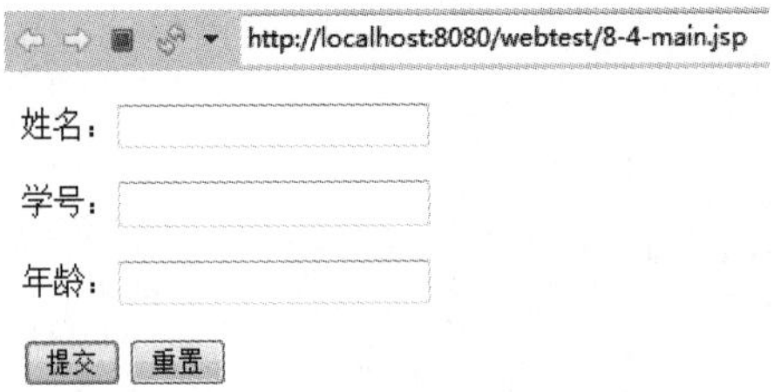

图 8-13 表单页面初始运行结果

图 8-14 表单提交非法数据验证结果

图 8-15 表单提交正确数据的显示结果

程序分析：

① 定义编码过滤器类 EncodingFilter.java，运用 ServletRequest 对象及 ServletResponse 对象的 setCharacterEncoding 方法设置请求及响应数据的中文编码格式，避免表单提交时中文数据出现乱码。数据在验证前，应首先保证其正确性，因此 web.xml 中配置此过滤器为第一个过滤器时，运用<init-param>标记设置过滤器参数，此参数值为中文编码格式名称。应用 FilterChain 对象的 doFilter()方法进行下一项过滤。

② 定义表单校验过滤器类 CheckFilter.java，在 doFilter()方法中设置数据验证操作：表单数据填写是否完全；学号和年龄提交数据是否含有非法字符；年龄数据是否在正常范围内。web.xml 中配置此过滤器为第二个过滤器时，运用<init-param>标记设置过滤器参数，此参数值为数据未通过校验跳转的页面路径。在过滤器中应用 FilterChain 对象的 doFilter()方法进行下一项过滤。

③ 运用 EL 标记在表单页面及表单提交页面显示提交和响应的数据。

④ 通过运行结果可以看出 Filter 链中过滤器执行顺序与 web.xml 文件配置顺序一致。

8.2 Listener

许多程序设计语言都具有 Listener（监听器），监听观察某个事件（程序）的发生情况，当被监听的事件真的发生时，事件发生者（事件源）就会给注册该事件的监听者（监听器）发送消息，告诉监听者某些信息，同时监听者也可以获得一个事件对象，根据这个对象可以获得相关属性和执行相关操作。JSP 一样具有监听器，用于监听一些 Web 应用中重要事件的发生。

8.2.1 Servlet 事件监听器概述

JSP 的 Listener 即 Servlet 监听器，是 Web 应用程序事件模型的一部分，Servlet 的 Listener 用于监听 Web 应用中发生的一些重要事件，Listener 对象可以在事情发生前、发生后，当 Servlet 引擎发生相应事件时，Listener 对象用来处理这些事件。Listener 实现监听过程如图 8-16 所示，当 Web 应用程序启动监听时：Listener 类实例化 Listener 对象；为被监听对象注册此 Listener 对象；当操作被监听对象时，事件被触发，生成事件对象，并把此对象传递给与之关联的 Listener 对象，该对象具有事件处理器；事件处理器启动并执行相关的代码来处理该事件对象。

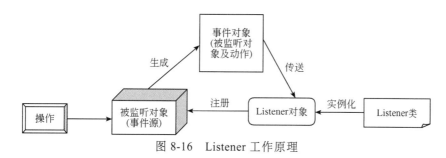

图 8-16　Listener 工作原理

Servlet API 提供了一系列的事件和事件监听接口，这里监听的所有事件都继承自 java.util.Event 对象且归属于 javax.servlet.*。Servlet API 中定义了 8 个 Listener，根据监听对象的类型和范围可以分为 3 类：ServletContext 事件监听器、HTTPSession 事件监听器和 ServletRequest 事件监听器。8 个 Listener 接口及其说明如表 8-5 所示。

表 8-5　Listener 接口及其说明

名称	监听对象	说明
ServletRequestListener	ServletRequest	该监听器用于监听内置对象 request 的创建与销毁，可用于读取 request 参数，记录访问历史
ServletRequestAttributeListener		该监听器用于监听内置对象 request 的属性变化
ServletContextListener	ServletContext	该监听器监听 Web 应用程序 Servlet 上下文的创建与销毁，可在启动时获取 web.xml 中配置的初始化参数，可用于定时器、加载全局属性对象、创建全局数据库连接、加载缓存信息等
ServletContextAttributeListener		该监听器用于监听 Web 应用程序 Servlet 上下文的属性变化
HttpSessionListener	HTTPSession	该监听器监听 session 的创建与销毁，可用于统计在线人数、记录访问日志等
HttpSessionAttributeListener		该监听器用于监听 session 的属性变化
HttpSessionBindingListener		某对象实现了此接口，当这个对象被绑定到 session 或从 session 中删除时，Servlet 引擎会通知这个对象，这个对象在接收到通知后，做初始化操作或清除操作
HttpSessionActivationListener		session 的某个对象实现了此接口，当 session 的这个对象被钝化或活化时，通知此对象

8 个 Listener 还可根据监听的事件划分为被监听对象自身的创建和销毁、被监听对象中属性变化及 session 中被监听对象变化三类。

8.2.2 任务

(1) ServletRequest 的 Listener

① ServletRequestListener。此 Listener 用于监听 request 内置对象的创建与销毁。当 Web 应用程序注册了此 Listener，客户端每次请求，将生成通知。当请求即将进入 Web 应用程序的 Filter 链第一个 Filter 或 Servlet 时，该请求进入监听范围，request 内置对象创建触发创建事件，将执行 requestInitialized() 方法；当请求退出 Filter 链最后一个 Filter 或 Servlet 后，该请求超出范围而失效，request 对象处理完毕自动销毁前，触发 request 对象销毁事件，执行 requestDestroyed() 方法。requestInitialized() 和 requestDestroyed() 是此 Listener 定义的创建和销毁事件触发的执行方法。

　　a. public void requestInitialized(ServletRequestEvent sre)：当产生的 request 内置对象准备进入 Web 应用程序作用范围时，监听此事件的 ServletRequestListener 被激活，此方法执行。

　　b. public void requestDestroyed(ServletRequestEvent sre)：当产生的 request 内置对象准备超出 Web 应用程序作用范围时，监听此事件的 ServletRequestListener 被激活，此方法执行。

上述两个方法中的参数均为 ServletRequestEvent 类型，ServletRequestEvent 类是一个事件类，其有两个常用方法。

　　a. ServletContext getServletContext()：返回当前 Web 应用的 context 对象。

　　b. ServletRequest getServletRequest()：返回当前请求对应的 ServletRequest 对象。

② ServletRequestAttributeListener。此接口用于监听 request 内置对象的属性变化。当被监听的 request 内置对象中添加、更新及移除属性时，将分别执行 attributeAdded、attributeReplaced、attributeRemoved 方法。

　　a. public void attributeAdded(ServletRequestAttributeEvent srae)：当被监听的 request 内置对象增加新的属性时，监听此事件的 ServletRequestAttributeListener 被激活，此方法执行。

　　b. public void attributeReplaced(ServletRequestAttributeEvent srae)：当被监听的 request 内置对象修改属性时，监听此事件的 ServletRequestAttributeListener 被激活，此方法执行。

　　c. public void attributeRemoved(ServletRequestAttributeEvent srae)：当被监听的 request 内置对象删除属性时，监听此事件的 ServletRequestAttributeListener 被激活，此方法执行。

上述三个方法中的 ServletRequestAttributeEvent 类与 ServletRequestEvent 类具有的常用方法相同。

【例 8-5】通过 ServletRequestListener 和 ServletRequestAttributeListener 两个监听器监听某个应用程序的 request 内置对象，并把监听信息记录在日志文件中。

request 监听器（RequestAllListener.java）：

```java
package com;
import java.io.FileWriter;
import java.util.*;
import javax.servlet.*;
public class RequestAllListener implements ServletRequestListener, ServletRequest-
AttributeListener {
    @Override
    public void attributeAdded(ServletRequestAttributeEvent arg0) {
        // TODO Auto-generated method stub
    recordWrite(new Date()+": 增加属性\r\n");
    }
    @Override
```

```java
        public void attributeRemoved(ServletRequestAttributeEvent arg0) {
            // TODO Auto-generated method stub
            recordWrite(new Date()+": 删除属性\r\n");
        }
        @Override
        public void attributeReplaced(ServletRequestAttributeEvent arg0) {
            // TODO Auto-generated method stub
            recordWrite(new Date()+": 修改属性\r\n");
        }
        @Override
        public void requestDestroyed(ServletRequestEvent arg0) {
            // TODO Auto-generated method stub
            recordWrite(new Date()+": 销毁\r\n");
        }
        @Override
        public void requestInitialized(ServletRequestEvent arg0) {
            // TODO Auto-generated method stub
            recordWrite(new Date()+": 创建\r\n");
        }
        public void recordWrite(String s) {
            // TODO Auto-generated method stub
            try {
                FileWriter file=new FileWriter("8-5.txt",true);
                file.write(s);
                file.close();
            }
            catch (Exception e) {
                // TODO: handle exception
                e.printStackTrace();
            }
        }
```

请求页面（8-5.jsp）：

```jsp
<%@ page language="java" contentType="text/html; charset=utf-8"%>
<!DOCTYPE html>
<html>
<head>
<meta charset="ISO-8859-1">
<title>Insert title here</title>
</head>
<body>
<%request.setAttribute("userName", "李雷");%>
${userName}<br>
<%request.setAttribute("userName", "LiLei");%>
${userName}<br>
<%request.removeAttribute("userName");%>
${userName}<br>
</body>
</html>
```

监听器配置（web.xml）：

```xml
<?xml version="1.0" encoding="utf-8"?>
<web-app version="3.1" xmlns="http://xmlns.jcp.org/xml/ns/javaee" xmlns:xsi="http://www.w3.org/2001/XMLSchema-instance" xsi:schemaLocation="http://xmlns.jcp.org/xml/ns/javaee
```

```
    http://xmlns.jcp.org/xml/ns/javaee/web-app_3_1.xsd">
    <listener>
        <listener-class>com.RequestAllListener</listener-class>
    </listener>
</web-app>
```

运行结果如图 8-17、图 8-18 所示。

图 8-17　请求页面运行结果　　　　　图 8-18　日志记录结果

程序分析：

a. 定义编码 request 监听器 RequestAllListener.java，引入 ServletRequestListener 及 ServletRequestAttributeListener 接口，在触发的不同事件对应的执行方法中调用 recordWrite()方法将监听到的信息写入日志。

b. web.xml 中通过<listener>标记配置监听器，此标记不用为监听器对象命名，只需通过<listener-class>设置 Listener 的类全名即可。

c. 定义请求页面（8-5.jsp），分别定义增加属性、修改属性及删除属性操作，并通过标签在相应操作后输出属性值。通过图 8-17 可知，删除属性后，无属性输出内容。

d. 通过图 8-18 可以看出，监听 request 内置对象时，先触发创建事件，最后触发销毁事件。当在 request 内置对象中没有增加属性，运用 setAttribute()方法第一次设置 userName 属性时，由于没有此属性可以修改，才执行增加操作。因此在日志记录结果中（图 8-18），先执行修改操作，触发修改事件，无此属性，才执行增加 userName 属性操作，触发增加事件。

（2）ServletContext 的 Listener

① ServletContextListener。此 Listener 用于监听上下文对象 context 的创建与销毁，context 代表当前 Web 应用程序。当 Web 应用程序注册了此 Listener，context 对象发生初始化及销毁时，将生成通知。当服务器启动 context 所属的 Web 应用程序时，该 context 对象进入监听范围，context 对象创建，触发创建事件，将执行 contextInitialized(ServletContextEvent sce)方法；当服务器关闭时，context 对象准备销毁，触发销毁事件，执行 contextDestroyed(ServletContextEvent sce)方法。该监听器可用于启动时获取 web.xml 中配置的初始化参数，可用于定时器、加载全局属性对象、创建全局数据库连接、加载缓存信息等。

contextInitialized()和 contextDestroyed()是此 Listener 定义的创建和销毁事件触发的执行方法。

a. public void contextInitialized(ServletContextEvent sce)：当 Web 应用程序进入初始化，执行此监听的 ServletContextListener 被激活，此方法执行，通知所有 ServletContext 对象进入初始化阶段。该方法执行在 Web 应用程序的所有 Filter 和 Servlet 初始化之前。

b. public void contextDestroyed(ServletContextEvent sce)：当 Web 应用程序进入结束阶段，执行此监听的 ServletContextListener 被激活，此方法执行，通知所有 ServletContext 对象进入销毁阶段。该方法执行在 Web 应用程序的所有 Filter 和 Servlet 销毁以后。

上述两个方法中的参数均为 ServletContextEvent 类型，ServletContextEvent 类是一个事件类，当 Web 应用程序启动或关闭时，Servlet 引擎将事件包装成 ServletContextEvent 对象，并将该对象作为参数传递给 ServletContextListener 的两个方法。ServletContextEvent 类常用方法为 ServletContext getServletContext()，返回触发当前事件的 context 对象。

ServletContextListener 工作过程如图 8-19 所示。

a．启动 Servlet 引擎时，Servlet 引擎为每个包含 Servlet 的 Web 应用实例化一个 ServletContext 对象，根据 web.xml 配置文件描述，实例化监听器。

b．Servlet 引擎向其所有 Web 应用的 ServletContextListener 发送 contextInitialized()事件消息。

c．关闭 Servlet 引擎时，Servlet 引擎向其所有应用的 ServletContextListener 发送 context Destroyed()事件消息。

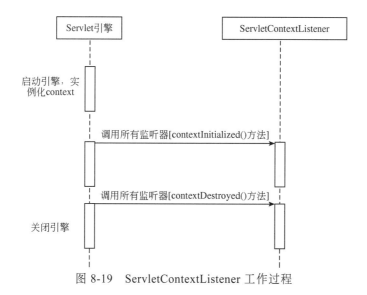

图 8-19　ServletContextListener 工作过程

② ServletContextAttributeListener。此接口用于监听 context 上下文对象的属性变化。当被监听的 context 对象中添加、更新及移除属性时，将分别执行 attributeAdded()、attributeReplaced()、attributeRemoved()方法。

a．public void attributeAdded(ServletContextAttributeEvent scab)：当被监听的上下文对象增加新的属性时，监听此事件的 ServletContextAttributeListener 被激活，此方法执行。

b．public void attributeReplaced(ServletContextAttributeEvent scab)：当被监听的上下文对象更改属性时，监听此事件的 ServletContextAttributeListener 被激活，此方法执行。

c．public void attributeRemoved(ServletContextAttributeEvent scab)：当被监听的上下文对象删除属性时，监听此事件的 ServletContextAttributeListener 被激活，此方法执行。

上述三个方法中的 ServletContextAttributeEvent 类与 ServletContextEvent 类具有的常用方法相同。

ServletContextAttributeListener 工作过程如图 8-20 所示。

a．启动 Servlet 引擎时，Servlet 引擎为每个包含 Servlet 的 Web 应用实例化一个 ServletContext 对象，根据 web.xml 配置文件描述，实例化 ServletContextAttributeListener。

b．当调用 ServletContext 对象的 setAttribute()方法为 ServletContext 对象设置属性时，如果属性不存在，将会新增属性，Servlet 引擎调用 ServletContextListener 的 attributeAdded()方法；如果属性已存在，将会修改属性，Servlet 引擎调用 ServletContextListener 的

attributeReplaced()方法。

c. 当调用 ServletContext 对象的 RemoveAttribute()方法为 ServletContext 对象删除属性时，Servlet 引擎调用 ServletContextListener 的 attributeRemoved()方法；如果属性已存在，将会修改属性，Servlet 引擎调用 ServletContextListener 的 attributeReplaced()方法。

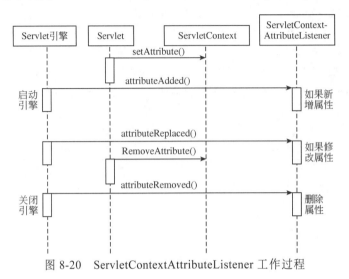

图 8-20　ServletContextAttributeListener 工作过程

【例 8-6】通过 ServletContextListener 和 ServletContextAttributeListener 两个监听器监听 Web 应用程序的上下文对象，并把监听信息记录在日志文件中。

context 对象监听器（ContextAllListener.java）：

```java
package com;
import java.io.FileWriter;
import java.util.*;
import javax.servlet.*;
package com;
import java.io.FileWriter;
import java.util.Date;
import javax.servlet.ServletContextAttributeEvent;
import javax.servlet.ServletContextAttributeListener;
import javax.servlet.ServletContextEvent;
import javax.servlet.ServletContextListener;
public class ContextAllListener implements ServletContextListener, ServletContextAttributeListener {
    @Override
    public void attributeAdded(ServletContextAttributeEvent arg0) {
        // TODO Auto-generated method stub
        recordWrite(new Date()+": 增加属性"+arg0.getName()+"\r\n");
    }
    @Override
    public void attributeRemoved(ServletContextAttributeEvent arg0) {
        // TODO Auto-generated method stub
        recordWrite(new Date()+": 删除属性"+arg0.getName()+"\r\n");
    }
    @Override
    public void attributeReplaced(ServletContextAttributeEvent arg0) {
        // TODO Auto-generated method stub
```

```
        recordWrite(new Date()+": 修改属性"+arg0.getName()+"\r\n");
    }
    @Override
    public void contextDestroyed(ServletContextEvent arg0) {
        // TODO Auto-generated method stub
        recordWrite(new Date()+": 销毁\r\n");
    }
    @Override
    public void contextInitialized(ServletContextEvent arg0) {
        // TODO Auto-generated method stub
        recordWrite(new Date()+": 创建\r\n");
    }
    public void recordWrite(String s) {
        // TODO Auto-generated method stub
        System.out.println(s);
        try {
            FileWriter file=new FileWriter(8-6.txt",true);
            file.write(s);
            file.close();
        }
        catch (Exception e) {
            // TODO: handle exception
            e.printStackTrace();
        }
    }
}
```

8-6.jsp：

```
<%@ page language="java" contentType="text/html; charset=utf-8"%>
<!DOCTYPE html>
<html>
<head>
<meta charset="ISO-8859-1">
<title>Insert title here</title>
</head>
<body>
<%pageContext.getServletContext().setAttribute("score", "95");%>
高数成绩：${score}<br>
<%pageContext.getServletContext().setAttribute("score", "90");%>
高数成绩：${score}<br>
<%pageContext.getServletContext().removeAttribute("score");%>
高数成绩：${score}<br>
</body>
</html>
```

监听器配置（web.xml）：

```
<?xml version="1.0" encoding="UTF-8"?>
<web-app version="3.1" xmlns="http://xmlns.jcp.org/xml/ns/javaee" xmlns:xsi="http://www.w3.org/2001/XMLSchema-instance" xsi:schemaLocation="http://xmlns.jcp.org/xml/ns/javaee http://xmlns.jcp.org/xml/ns/javaee/web-app_3_1.xsd">
    <listener>
    <listener-class>com.ContextAllListener</listener-class>
    </listener>
</web-app>
```

运行结果如图 8-21、图 8-22 所示。

图 8-21　网页运行结果

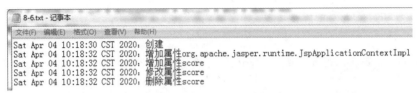

图 8-22　日志记录结果

程序分析：

a．定义 context 对象监听器 ContextAllListener.java，引入 ServletContextListener 及 ServletContextAttributeListener 接口，将在触发的不同事件对应的执行 recordWrite()方法中监听到的事件信息写入外部日志文件。

b．web.xml 中通过<listener>标记配置此监听器。

c．定义页面 8-6.jsp，分别定义增加属性、修改属性及删除属性操作，并通过标记在相应操作后输出属性值。通过图 8-21 可以看出，删除属性后，无属性输出内容。

d．通过图 8-22 可以看出：监听 context 内置对象时，先触发创建事件；当在 context 内置对象中没有增加属性，运用 setAttribute()方法第一次设置属性时，由于没有此属性可以修改，才执行增加操作。因此在日志的记录中（图 8-22），无此属性，直接执行增加属性操作，触发增加事件。

（3）HTTPSession 的 Listener

① HttpSessionListener。此 Listener 用于监听 session 内置对象的创建与销毁。当 Web 应用程序注册了此 Listener，session 对象发生初始化及销毁时，将生成通知。当服务器启动 session 对象所属的 Web 应用程序时，该对象进入监听范围，session 对象创建，触发创建事件，将执行 sessionCreated(HttpSessionEvent se)方法；超时执行 sessionDestroyed(HttpSession-Event se)方法。该监听器可用于统计在线人数、记录访问日志等。

sessionCreated()和 sessionDestroyed()是此 Listener 定义的创建和销毁事件触发的执行方法。这两个方法中的参数均为 HttpSessionEvent 类型，HttpSessionEvent 类也是一个事件类，当 Servlet 引擎监听到 session 对象的创建、超时及销毁事件时，将事件包装成 HttpSessionEvent 对象，并将该对象作为参数传递给监听器的两个方法。HttpSessionEvent 类常用方法为 HttpSession getSession()，返回触发当前事件的 session 对象。

② HttpSessionAttributeListener。此接口用于监听 session 对象的属性变化。当被监听的 context 对象中添加、更新及移除属性时，将分别执行 attributeAdded()、attributeReplaced()、attributeRemoved()方法。

a．public void attributeAdded(HttpSessionBindingEvent hsbe)：当被监听的 session 对象增加新的属性时，监听此事件的监听器被激活，此方法执行。

b．public void attributeReplaced(HttpSessionBindingEvent hsbe)：当被监听的 session 对象更改属性时，监听此事件的监听器被激活，此方法执行。

c. public void attributeRemoved(HttpSessionBindingEvent hsbe)：当被监听的 session 对象删除属性时，监听此事件的监听器被激活，此方法执行。

上述三个方法中的参数均为 HttpSessionBindingEvent 对象来通知监听器发生的事件具体信息，该监听器利用 HttpSessionBindingEvent 对象访问与之相联系的 HttpSession 对象。HttpSessionBindingEvent 类主要包括如下方法。

a. public HttpSessionBindingEvent(HttpSession session,String name)：构造一个事件，通知对象它已经被绑定到会话，或者已经从会话中取消了对它的绑定。要接收该事件，对象必须实现 HttpSessionBindingListener 接口，后面将对 HttpSessionBindingListener 接口进行详细介绍。

b. public HttpSessionBindingEvent(HttpSession session,String name,Object value)：构造一个事件，通知对象它已经被绑定到会话，或者已经从会话中取消了对它的绑定。要接收该事件，对象必须实现 HttpSessionBindingListener 接口。

c. public HttpSession getSession()：此方法用来获得当前监听的 session 对象。

d. public String getName()：获得当前发生变化的 session 属性名。

e. public Object getValue()：获得当前发生变化的 session 属性值，如果发生修改事件，则返回的是旧属性值。

③ HttpSessionActivationListener。当 session 中的对象被钝化时，执行 sessionWillPassivate(HttpSessionEvent se) 方法。当对象被重新加载（活化）时，执行 sessionDidActivate(HttpSessionEvent se)方法。对象必须实现该监听接口。

④ HttpSessionBindingListener。某对象实现了此接口，当这个对象被绑定到 session 或从 session 中删除时，Servlet 引擎会通知这个对象，这个对象在接收到通知后，做初始化操作或清除操作。

HttpSessionBindingListener 接口提供以下两种方法：

a. public void valueBound(HttpSessionBindingEvent event)：当对象被放到 session 中时，执行此方法绑定到某个会话并标识会话。

b. public void valueUnbound(HttpSessionBindingEvent event)：当对象被从 session 中移除时，执行此方法取消绑定到某个会话并标识会话。

上述方法中的 HttpSessionBindingEvent 类型参数已经在前面介绍过，此处不再详细介绍。

【例 8-7】通过 HttpSessionBindingListener 实现在线人数统计。用户登录成功后，显示欢迎信息，并同时显示当前在线的总人数。

用户监听类（UserSessionListener.java）：

```java
package com;
import javax.servlet.http.HttpSessionBindingEvent;
import javax.servlet.http.HttpSessionBindingListener;
public class UserSessionListener implements HttpSessionBindingListener{
    private String name;
    private UserSessionList usl=UserSessionList.getUserSessionList();
    public UserSessionListener() {}
    public UserSessionListener(String name) {
        this.name=name;
    }
    public String getName() {
        return name;
    }
    public void setName(String name) {
```

```java
        this.name = name;
    }
    @Override
    public void valueBound(HttpSessionBindingEvent event) {
        // TODO Auto-generated method stub
        usl.addUser(name);
    }
    @Override
    public void valueUnbound(HttpSessionBindingEvent event) {
        // TODO Auto-generated method stub
        usl.removeUser(name);
    }
}
```

用户列表类（UserSessionList.java）：

```java
package com;
import java.util.*;
public class UserSessionList {
    private static final UserSessionList userList = new UserSessionList();
    private Vector<String> list;
    public UserSessionList() {
        // TODO Auto-generated constructor stub
        list = new Vector<String>();
    }
    public static UserSessionList getUserSessionList() {
        return userList;
    }
    public void addUser(String name) {
        if (name != null)
            list.add(name);
    }
    public void removeUser(String name) {
        if (name != null) {
            list.remove(name);
        }
    }
    public int getUserCount() {
        return list.size();
    }
    public Vector<String> getList(){
        return list;
    }
}
```

登录验证（UserCheckFilter.java）：

```java
package com;
import java.io.IOException;
import java.io.PrintWriter;
import javax.servlet.Filter;
import javax.servlet.FilterChain;
import javax.servlet.FilterConfig;
import javax.servlet.RequestDispatcher;
import javax.servlet.ServletException;
import javax.servlet.ServletRequest;
```

```java
import javax.servlet.ServletResponse;
import javax.servlet.http.HttpServletRequest;
import javax.servlet.http.HttpSession;
public class UserCheckFilter implements Filter {
    private String fail_uri="";
    public UserCheckFilter() {
        // TODO Auto-generated constructor stub
    }
    @Override
    public void destroy() {
        // TODO Auto-generated method stub
    }
    @Override
    public void doFilter(ServletRequest request, ServletResponse response, FilterChain chain)
            throws IOException, ServletException {
        // TODO Auto-generated method stub
        String name=request.getParameter("name");
        String passWord=request.getParameter("passWord");
        String message="";
        RequestDispatcher dis=request.getRequestDispatcher(fail_uri);
        if(name.equals(""))
            message=message+"未输入姓名!<br>";
        if(passWord.equals(""))
            message=message+"未输入密码!<br>";
        if(!message.equals("")) {
            response.setContentType("text/html; charset=utf-8");
            PrintWriter out=response.getWriter();
            out.println(message);
            dis.include(request, response);
            return;
        }
        HttpServletRequest request2=(HttpServletRequest)request;
        HttpSession session=request2.getSession();
        UserSessionListener user=(UserSessionListener)session.getAttribute("user");
        if(user==null||!name.equals(user.getName())) {
            user=new UserSessionListener(name);
            session.setAttribute("user", user);
        }
        chain.doFilter(request, response);
    }
    @Override
    public void init(FilterConfig filterConfig) throws ServletException {
        // TODO Auto-generated method stub
        this.fail_uri=filterConfig.getInitParameter("fail_uri");
    }
}
```

登录界面(8-7-login.jsp):

```jsp
<%@ page language="java" contentType="text/html; charset=utf-8"%>
<!DOCTYPE html>
<html>
<head>
<title>Insert title here</title>
```

```
</head>
<body>
<form action="8-7-show.jsp" method="post" name="login">
<p>用户名：<input type="text" name="name"></p>
<p>密码：<input type="password" name="passWord"></p>
<p><input type="submit" name="sumbit1" value="登录">
   <input type="reset" name="sumbit2" value="重置">
</p>
</form>
</body>
```

显示界面（8-7-show.jsp）：

```
<%@ page language="java" contentType="text/html; charset=utf-8"%>
<%@ page import="java.util.*" %>
<%@ page import="com.*" %>
<!DOCTYPE html>
<html>
<head>
<meta charset="ISO-8859-1">
<title>Insert title here</title>
</head>
<body>
欢迎用户
<%=request.getParameter("name")%>登录<br>
```

当前在线用户列表：

```
<%
UserSessionList usl=UserSessionList.getUserSessionList();
Enumeration<String> users=usl.getList().elements();
while(users.hasMoreElements()) {
    out.println(users.nextElement());
}
%>
<br>
```

当前在线用户数：

```
<%=usl.getUserCount()%><br>
</body>
</html>
```

运行结果如图 8-23 所示。

图 8-23　例 8-7 运行结果

程序分析：

a．定义用户监听类（UserSessionListener.java），引入 HttpSessionBindingListener 接口实现监听，当某个用户被绑定到 session 或从 session 中删除时，更新用户名单。

b．定义用户列表类（UserSessionList.java），用来存储和获取在线用户的列表，并且这个列表对于所有网页来说都是同一个。其构造方法是私有的，避免外部利用该类的构造方法直接构造多个实例，自行实例化并向整个系统提供仅此一个实例。利用静态方法 getUserSessionList() 可以直接获取用户列表。多个用户在线登录时会产生多线程，为了保证多线程运行时同步所有用户信息，因此定义了利用 vector 类型 list 变量存储用户列表。在构造方法中进行 list 初始化，用户信息存储用户名，因此 vector 存储 String 类型对象。此类中定义了操作用户列表的各种方法：addUser(String name)用于添加新用户；removeUser(String name)用于删除用户；getUserCount()用于获取在线用户数量；getList()用于获取整个用户列表。

c．登录验证类（UserCheckFilter.java），此类引入了 Filter 接口，通过过滤器实现登录验证。判断用户是否为空及用户是否已经登录，如果是新登录用户将应用 session.setAttribute("user", user)方法将新用户对象绑定到 session 中，此时 Servlet 引擎将会调用 UserSessionListener.java 中的 valueBound()方法实现用户添加到 UserSessionList.java 的 list 中。

d．从运行结果（图 8-23）可知，依次打开两个登录界面，登录两个不同用户，用户列表将会记录两个用户。需要注意的是本例中实现删除用户是在 session 超时后，Servlet 引擎将会调用 UserSessionListener.java 中的 valueUnbound()方法，关闭浏览器无法启动删除用户功能。

8.3 本章小结

本章主要讲解了过滤器和监听器技术，着重讲解了两类组件的配置及使用方法。通过本章讲述的内容可以了解到，过滤器执行对用户请求进行认证、对用户发送的数据进行过滤或替换、对发送的数据进行审核等操作；而监听器监听各种事件，某个事件执行时触发相应操作。读者在学习过程中，在掌握两种技术的同时，应注意二者的区别。

第9章 数据库连接池与DBUtils工具

- 理解数据库连接池的概念、工作原理及影响因素。
- 了解 DataSource 接口的概念,理解其与数据库连接池之间的关系,熟练应用其建立数据库连接的方法。
- 掌握 DBCP 及 C3P0 数据库连接池的使用方法,了解二者的区别。
- 了解 DBUtils 工具的作用,掌握其使用方法。
- 了解 QueryRunner 类的用途,掌握其常用方法。
- 理解 ResultSetHandler 接口与 QueryRunner 类协同工作方式,熟悉自定义类实现方法。
- 掌握常用 ResultSetHandler 实现类的使用方法。

应用传统的 JDBC 技术重复创建单个数据库连接,是一件非常消耗时间和资源的事情,在多用户的交互 Web 应用程序中尤为明显。为了解决这类问题,减少数据库连接的创建并复用已创建连接,数据库连接池(简称连接池)技术应运而生,现今常用的数据库连接池技术包括 Apache 开发的 DBCP(Date Base Connection Pool,数据库连接池)、优化的 JDBC 连接池 C3P0。本章首先介绍了数据库连接池相关概念及 DataSource(数据源)接口,然后详细讲解了常用 DBCP 及 C3P0 如何应用于数据库操作。同时,为了简化数据库的 SQL 操作,介绍了 DBUtils 工具,最后详细讲解了应用 DBUtils 工具的 QueryRunner 类与 ResultSetHandler 接口对数据库操作的技术,为后续的学习奠定了基础。

9.1 数据库连接池

建立一个数据库连接是一件非常消耗时间和资源的事情，这一点在多用户的网页应用程序中体现得尤为突出。对数据库连接的管理能显著影响整个应用程序的伸缩性和健壮性，甚至影响程序的性能指标。之所以会这样，是因为连接到数据库服务器需要经历几个"漫长"的过程：建立物理通道（例如套接字或命名管道），与服务器进行连接初始化（发送初始化数据包），分析连接字符串信息，由服务器对连接进行身份验证，运行检查以便在当前事务中登记等。既然新建一个连接如此费时费力，那么为什么不重复利用已有的连接呢？数据库连接池正是针对这个问题提出来的解决方法。

9.1.1 什么是数据库连接池

（1）概述

数据库连接池是一个负责分配、管理和释放数据库连接的容器，它允许应用程序重复使用一个现有的数据库连接，而不是再重新建立一个；释放空闲时间超过最大空闲时间的数据库连接来避免因为没有释放数据库连接而引起的数据库连接遗漏。这项技术能明显提高数据库操作的效率。Java 提供了一些开源的数据库连接池，如 DBCP、C3P0、Proxool、BoneCP、DDConnectionBroker、DBPool、XAPool、Primrose 及 SmartPool 等。后面小节中将会介绍较为常用的数据库连接池（DBCP 及 C3P0）。

（2）原理

连接池基本的工作原理是在系统初始化时，将数据库连接作为对象存储在内存中，当用户需要访问数据库时，无须建立一个新的连接，而是从连接池中取出一个已建立的空闲连接对象。如图 9-1 所示，一个新用户需要访问数据库连接，若连接 1 为空闲状态，则使用连接 1 连接数据源；使用完毕后，用户也并非将连接关闭，而是将连接放回连接池中，以供下一

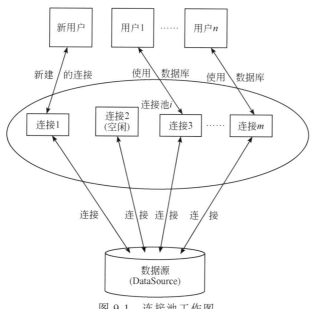

图 9-1 连接池工作图

个请求访问使用，连接的建立、断开都由连接池自身来管理。与此同时，还可以通过设置连接池的参数来控制连接池中的初始连接数、连接的上下限数，以及每个连接的最大使用次数、最大空闲时间等；也可以通过其自身的管理机制来监视数据库连接的数量、使用情况等。

连接池的主要工作包括创建、分配与释放及配置，具体过程如下。

① 创建。首先创建一个静态的连接池，静态是指在系统初始化时分配后无法任意关闭。可以应用 Java 提供的开源数据连接池，也可以应用 Vector 及 Stack 等 Java 提供的容器创建连接池。在系统初始化时，创建连接并放置在连接池中，以后所使用的连接都是从该连接池中获取的，这样可以避免不断重新建立及关闭连接带来的资源开销。

② 分配与释放。创建好连接池后，需要为其设定好自定义的分配及释放数据库连接的方法，保证数据库连接的有效复用。当用户请求数据库连接时，首先查看连接池中是否有空闲连接，如果存在空闲连接，则分配给用户，并做相应处理；若无空闲连接，可以在已经分配出去的连接中，寻找合适的连接分配给用户，此时一个连接在多个用户间复用。当某个用户释放与数据库之间的连接时，可以根据该连接是否需要被复用，决定如何进行处理，如果不被复用，则放回连接池中，而非将其关闭。

③ 配置。配置需要决定数据库连接池中放置的连接数量及连接耗尽后处理哪些连接。通常情况，配置之初就根据具体应用需求，给出初始的连接数量及最大连接数。

（3）影响因素

初始化数据库连接池时将在连接池中创建一定数量的数据库连接，连接数量受最小连接数的制约。这些连接无论是否被使用，连接池中都将一直保证至少最小连接数的连接。数据库连接池的最小连接数和最大连接数的设置要考虑下列几个因素。

① 最小连接数。此数值代表连接池必须保持的数据库连接数量。如果应用程序对数据库连接使用量不大，将有大量连接资源被浪费，为避免资源浪费设置此数值。

② 最大连接数。此数值代表连接池能申请的最大连接数量，如果数据库连接请求超过此数，后面的数据库连接请求将被加入等待队列。

③ 最小连接数与最大连接数差距。如果最小连接数与最大连接数相差太大，那么最先的连接请求会获利，之后超过最小连接数量的连接请求等价于建立一个新的数据库连接。大于最小连接数的数据库连接在使用完不会立即释放，将被放到连接池中等待重复使用或者超出空闲时间后被释放。

9.1.2 DataSource 接口

（1）概述

JDBC 2.0 提供了 javax.sql.DataSource 接口，它负责建立与数据库的连接，当在应用程序中访问数据库时，不必编写连接数据库的代码，直接引用 DataSource 获取数据库的连接对象即可，用于获取操作数据 Connection 对象。一个 DataSource 对象代表一个真正的数据源。数据源（DataSource）是 JNDI（Java Naming and Directory Interface，java 命名与目录接口）资源的一种，即将"DataSource"字符串名称与真正的 DataSource 对象绑定起来，方便获取。这里提到的 JNDI 是一个应用程序设计的 API，是为开发人员提供了查找和访问各种命名和目录服务的通用、统一的接口。简单地理解 JNDI，它是一种将对象和名字绑定的技术，即指定一个资源名称，将该名称与某一资源或服务相关联，当需要访问其他组件和资源时，就使用 JNDI 服务进行定位，应用程序可以通过名字获取对应的对象或服务。根据 DataSource 的实现方法，数据源可以是关系数据库、电子表格或表格形式的文件等。

配置 DataSource 对象由系统管理员或者有相应权限的人来进行，具体步骤包括：①设定 DataSource 的属性；②将它注册到 JNDI 中去，在注册 DataSource 对象的过程中，系统管理员需要把 DataSource 对象和一个逻辑名字关联起来。名字可以是任意的，通常以代表数据源并且简单易记的名字来命名。例如：数据源名字为 InventoryDB，逻辑名字通常在 JDBC 的子上下文下，全名即 "jdbc/ InventoryDB"。一旦配置好了数据源对象，应用程序设计者就可以用它来产生一个与数据源的连接。下面用一个简单的例子说明如何用 JNDI 上下文获得数据源对象，然后如何用数据源对象产生一个与数据源的连接。开始的两行用的是 JNDI API，第三行用的才是 JDBC 的 API。

示例：

```
Context ctx = new InitialContext();
// 获取与逻辑名相关联的数据源对象
    DataSource ds = (DataSource)ctx.lookup("jdbc/InventoryDB");
    Connection con = ds.getConnection("myUserName", "myPassword");
```

由上述示例可以看出，有关数据源的各类属性信息都可以包含在 DataSource 对象中，例如数据库服务器的名字及端口号等。在 JDBC 1.0 提供的 DriverManager 数据库连接对象中通常还要涵盖驱动信息，不便于数据源移植；而 DataSource 对象只需更改相关的属性即可，使用 DataSource 对象的代码不需要做任何改动。

（2）与连接池的关系

DataSource 数据源将会建立多个数据库连接，这些数据库连接会保存在数据库连接池中，当需要访问数据库时，只需要从数据库连接池中获取空闲的数据库连接，当程序访问数据库结束时，数据库连接会放回数据库连接池中。DataSource 对象的 getConnection 方法返回的 Connection 对象是否属于连接池中的连接取决于 DataSource 对象的实现方法。DataSource 对象如果实现与一个支持连接池的中间层的服务器一起工作，就会自动地返回连接池中的连接，这个连接也是可以重复利用的。

9.1.3　DBCP 连接池

（1）概述

DBCP 是 Apache 上的一个 Java 连接池项目，通过预先同数据库建立一些连接放在内存中（即连接池中），用户在建立数据库连接时直接从连接池中申请一个连接使用，用完后由连接池回收该连接，从而达到连接复用、减少资源消耗的目的。DBCP 是一个依赖 Commons-pool 对象池机制的数据库连接池，可以直接在应用程序中使用。

（2）使用

① 配置。Tomcat 服务器含有 DBCP 并兼容已有应用。接下来通过连接 MySQL 数据库为例来介绍如何通过 Tomcat 服务器配置 DBCP 连接池。

【例 9-1】配置 DBCP 连接池。

a. 配置 server.xml 文件。

打开 Tomcat 目录下的 server.xml 文件，如图 9-2 所示。

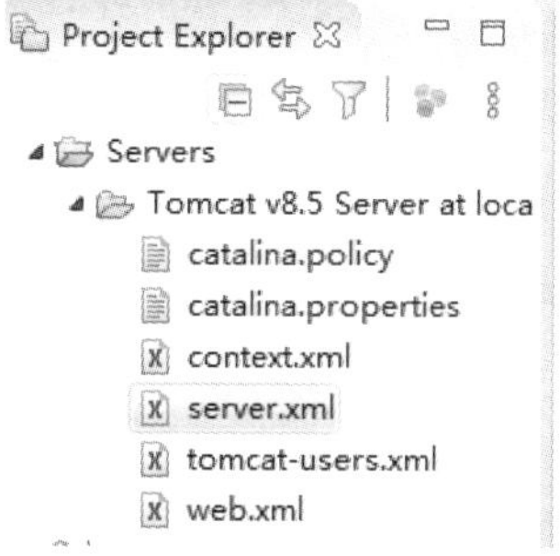

在 server.xml 文件中<host>和</host>标记之间添加以下代码：

图 9-2　server.xml 所在位置

```
<Context docBase="chapter09" path="/ chapter09"
reloadable="true" source="org.eclipse.jst. jee.server:chapter09">
<Resource
```

```
        name="jdbc/school"
        auth="Container"
        type="javax.sql.DataSource"
        driverClassName="com.mysql.jdbc.Driver"
        url="jdbc:mysql://localhost:3306/school"
        maxActive="100"
        maxIdle="30"
        maxWait="10000"
        username="root"
        password="root"
        />
</Context>
```

（a）<Context>标记常用属性：

path：指定应用程序路径。

docBase：指定应用程序文件根目录。

reloadable：设定当网页被更新时是否重新编译。

（b）<Resource>标记常用属性：

name：数据源的 JNDI 名称。

type：所使用的数据源类型。

auth：设定资源管理权限，主要分 Application 或 Container 两种。

driverClassName：数据库的驱动名称。

url：数据库连接串。

maxActive：设定连接池的最大数据库连接数。将值设为 0，表示没有连接数限制。

maxIdle：设定数据库连接的最大空闲时间，超过此空闲时间，数据库连接将被标记为不可用，然后被释放。将值设为 0 表示没有限制。

maxWait：设定最大建立连接等待时间，如果超过此时间连接异常。将值设为-1，表示没有限制。

username：访问数据库的用户名。

password：访问数据库的密码。

b．配置 web.xml 文件。

```
<?xml version="1.0" encoding="utf-8"?>
<web-app id="RegisterFilter" version="3.1" xmlns="http://xmlns.jcp.org/xml/ns/javaee"
xmlns:xsi="http://www.w3.org/2001/XMLSchema-instance"
xsi:schemaLocation="http://xmlns.jcp.org/xml/ns/javaee
http://xmlns.jcp.org/xml/ns/javaee/web-app_3_1.xsd">
<resource-ref>
<res-ref-name>jdbc/school</res-ref-name>
<res-type>javax.sql.DataSource</res-type>
<res-auth>Container</res-auth>
</resource-ref>
</web-app>
```

<resource-ref>标记子标记：

<res-ref-name>：引用资源名称。

<res-type>：引用资源的类型，与 server.xml 的<Resource>的 type 属性一致。

<res-auth>：指定资源需要的权限管理，主要分 Application 或 Container 两种。

② 使用配置的 DBCP。

【例 9-2】基于例 9-1 配置的数据库连接池,编写测试页面,测试数据库连接是否成功,代码如下:

```jsp
<%@ page language="java" contentType="text/html; charset=gb2312"
  import="java.sql.*,javax.naming.*,javax.sql.*"%>
<!DOCTYPE html>
<html>
<head>
<meta charset="ISO-8859-1">
<title>Insert title here</title>
</head>
<body>
<%
Context ctx=null;
DataSource ds=null;
Statement stmt=null;
ResultSet rs=null;
Connection con=null;
ResultSetMetaData md=null;
try{
    ctx=new InitialContext();
    ds=(DataSource)ctx.lookup("java:comp/env/jdbc/school");
    con=ds.getConnection();
    stmt=con.createStatement();
    rs=stmt.executeQuery("select * from student");
    md=rs.getMetaData();
    while(rs.next()){
        out.print(rs.getString(1)+" ");
        out.print(rs.getString(2)+" ");
        out.print(rs.getString(5)+"<br>");
    }
    if(rs!=null)rs.close();
    if(stmt!=null)stmt.close();
    if(con!=null)con.close();
    if(ctx!=null)con.close();
}
catch(SQLException e){
    out.println("创建数据库连接失败"+e.getMessage());
}
catch(Exception e){
    out.print(e);
}
%>
</body>
</html>
```

运行结果如图 9-3 所示。

程序分析:在 Tomcat 服务器中配置好数据源后,Tomcat 服务器会将这个数据源绑定到 JNDI 名称空间,然后通过 Context.lookup()方法来查找这个数据源,找到数据源之后,使用 getConnection()方法创建一个数据库连接,之后操作方式与使用 JDBC 操作数据库方法相同。另需注意,对数据库访问完毕

```
http://localhost:8080/webtest/9-2.jsp
s1 李涛 信息
s2 王林 计算机
s3 陈高 自动化
s4 张杰 自动化
s5 吴小莉 信息
s6 徐敏敏 计算机
```

图 9-3 例 9-2 运行结果

后释放资源,尤其是 Context 资源,将数据库连接返回连接池,同时释放 ctx,因此,rs、stmt 及 con 都将不可用。

9.1.4 C3P0 连接池

(1)概述

C3P0 是一个开放源代码的 Java 数据库连接池,它实现了数据源和 JNDI 的绑定,支持 JDBC 3.0 规范和 JDBC 2.0 的标准扩展。目前使用它的开源项目有 Hibernate、Spring 等。 C3P0 与 DBCP 的区别在于 DBCP 没有自动回收空闲连接的功能,C3P0 有自动回收空闲连接功能。

(2)使用

① 导入所需 jar 包。由于本书使用 MySQL 数据库,因此使用 C3P0 数据库连接池需要导入 c3p0-0.9.5.5.jar 及 mchange-commons-java-0.2.19.jar 包,将其放入项目的"WebContent/WEB-INF/lib"文件路径下,如图 9-4 所示。

② 配置。接下来通过连接 MySQL 数据库为例来介绍如何实现 C3P0 连接池配置。

【例 9-3】配置 C3P0 连接池。

在项目的 src 根目录创建 c3p0-config.xml,如图 9-5 所示。

图 9-4 C3P0 的 jar 包所在位置

图 9-5 c3p0-config.xml 所在位置

配置文件代码如下:

```xml
<?xml version="1.0" encoding="utf-8"?>
<c3p0-config>
  <default-config>
    <property name="driverClass">com.mysql.jdbc.Driver</property>
    <property name="jdbcUrl">jdbc:mysql://localhost:3306/school</property>
    <property name="user">root</property>
    <property name="password">root</property>
  </default-config>
    <property name="initialPoolSize">10</property>
    <property name="minPoolSize">10</property>
    <property name="acquireIncrement">5</property>
    <property name="maxPoolSize">100</property>
    <property name="maxIdleTime">30</property>
</c3p0-config>
```

a. <default-config>标记内 MySQL 数据库连接的各项属性:

driverClass: 数据库的驱动名称。

jdbcUrl: 数据库连接串。

user: 访问数据库的用户名。

password: 访问数据库的密码。

b. 其他常用属性,如配置数据库连接池的初始连接数、最小连接数、获取连接数、最大连接数、最大空闲时间。

initialPoolSize: 初始化时获取连接,取值应在 minPoolSize 与 maxPoolSize 之间。

minPoolSize: 连接池中保留的最小连接数。

acquireIncrement: 当连接池中的连接耗尽时 C3P0 一次同时获取的连接数。

maxPoolSize: 设定连接池的最大数据库连接数。将值设为 0,表示没有连接数限制。

maxIdleTime: 设定数据库连接的最大空闲时间,超过此空闲时间,数据库连接将被标记为不可用,然后被释放,若为 0 则永不丢弃,默认值为 0。

③ 使用配置的 DBCP。

【例 9-4】基于例 9-3 配置的数据库连接池,编写测试页面,测试数据库连接是否成功,代码如下:

```jsp
<%@ page language="java" contentType="text/html; charset=utf-8"
import="java.sql.*,javax.naming.*,javax.sql.*,com.mchange.v2.c3p0.ComboPooledDataSource"%>
<!DOCTYPE html>
<html>
<head>
<meta charset="ISO-8859-1">
<title>Insert title here</title>
</head>
<body>
<%
ComboPooledDataSource ds=null;
PreparedStatement stmt=null;
ResultSet rs=null;
Connection con=null;
try{
    ds=new ComboPooledDataSource();
    con=ds.getConnection();
    stmt=con.prepareStatement("select * from student");
    rs=stmt.executeQuery();
    while(rs.next()){
        out.print(rs.getString(1)+" ");
        out.print(rs.getString(2)+" ");
        out.print(rs.getString(5)+"<br>");
    }
    if(rs!=null)rs.close();
    if(stmt!=null)stmt.close();
    if(con!=null)con.close();
}
catch(SQLException e){
    out.println("创建数据库连接失败"+e.getMessage());
}
catch(Exception e){
    out.print(e);
}
%>
</body>
</html>
```

程序分析：与例 9-2 不同的是数据源对象为 ComboPooledDataSource 类型，其他操作均相同。运行结果与例 9-2 结果相同。

9.2 DBUtils 工具

在使用 DBUtils 之前，DAO（Database Accept Object，数据访问对象）层使用的技术是传统的 JDBC 技术。其弊端是数据库连接对象、SQL 语句操作对象、封装结果集对象会重复定义封装数据的代码，而且操作复杂，代码量大，以及释放资源的代码重复，最终导致程序员在开发时，有大量的重复劳动，开发的周期长，效率低。因此，出现了封装 JDBC 代码的简化 DAO 层操作的 DBUtils 工具。

9.2.1 DBUtils 工具介绍

（1）概述

DBUtils 工具是 Apache 软件基金会提供的一个对 JDBC 进行简单封装的开源工具类库，使用它能够简化 JDBC 应用程序的开发，同时也不会影响程序的性能。

DBUtils 是 Java 编程中的数据库操作实用工具，小巧、简单、实用。对于数据表的读操作，它可以把结果转换成 List、Array、Set 等集合，便于程序员操作；对于数据表的写操作，也变得很简单（只需写 SQL 语句）；可以使用数据源、JNDI 及数据库连接池等技术来优化性能，重用已经构建好的数据库连接对象。

（2）核心功能

① QueryRunner 中提供对 SQL 语句操作的 API。

② ResultSetHandler 接口用于定义 Select 操作后怎样封装结果集。

③ DBUtils 类是一个工具类，定义了关闭资源与事务处理的方法。

（3）导入工具

在使用 DBUtils 工具之前，需要导入相关 jar 包，如图 9-6 所示，将 DBUtils 的 jar 包放入项目的"WebContent/WEB-INF/lib"文件路径下。

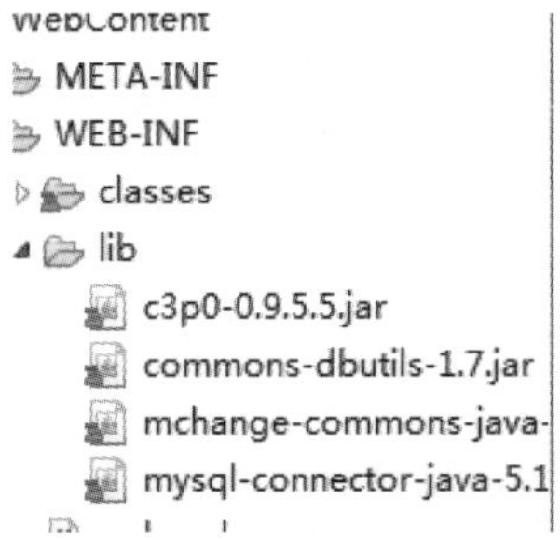

图 9-6 DBUtils 工具的 jar 包所在位置

DBUtils 工具要配合数据库连接池及数据库使用，因此应导入所要使用数据库连接池及数据库驱动的 jar 包，此项内容在之前的章节中已经讲过，此处不再赘述。

9.2.2 QueryRunner 类

QureryRunner 类（org.apache.commons.dbutils.QueryRunner）是 DBUtils 的核心类之一，它显著地简化了 SQL 查询，并与 ResultSetHandler 类协同工作将编码量大为减少，常用方法如下。

（1）构造方法

① QueryRunner()。创建一个与数据库无关的 QueryRunner 对象，后期在操作数据库时，需要手动给一个 Connection 对象，它可以手动控制事务。

② QueryRunner(DataSource ds)。创建一个与数据库关联的 QueryRunner 对象，后期在操

作数据库时，不需要 Connection 对象，自动管理事务。DataSource 型参数为关联数据源对象。

（2）query()方法

① query(Connection conn, String sql, Object[] params, ResultSetHandler rsh)：执行选择查询，在查询中，对象阵列的值被用来作为查询的置换参数。

② query(String sql, Object[] params, ResultSetHandler rsh)：方法本身不提供数据库连接，执行选择查询，在查询中，对象阵列的值被用来作为查询的置换参数。

③ query(Connection conn, String sql, ResultSetHandler rsh)：执行不需要参数的选择查询。Query()方法在应用时，需要 ResultSetHandler 类型参数，在 9.2.3 节具体介绍此方法的应用。

（3）update()方法

① update(Connection conn, String sql, Object[] params)：被用来执行插入、更新或删除（DML）操作，需要一个或多个替换参数及一个数据库连接来执行。

② update(Connection conn, String sql, Object params)：被用来执行插入、更新或删除（DML）操作，需要一个替换参数及一个数据库连接来执行。

③ update(Connection conn, String sql)：被用来执行插入、更新或删除（DML）操作，不需要替换参数。

【例 9-5】应用 QueryRunner 类对数据库进行更新，数据源及数据库连接池配置沿用例 9-3 中配置。

① ConUtils 类，用于获取数据库连接池中连接的类，代码如下：

```java
package com;
import java.sql.Connection;
import java.sql.SQLException;
import javax.sql.DataSource;
import com.mchange.v2.c3p0.ComboPooledDataSource;
public class ConUtils {
    private static ComboPooledDataSource ds = new ComboPooledDataSource();
    public static Connection getConnection() throws SQLException {
        return ds.getConnection();
    }
    public static DataSource getDataSource() {
        return ds;
    }
}
```

② UpdateServlet.java 类，用于处理网页提交的数据，添加到数据库，代码如下：

```java
package com;
import java.io.*;
import java.sql.SQLException;
import javax.servlet.ServletException;
import javax.servlet.annotation.WebServlet;
import javax.servlet.http.HttpServlet;
import javax.servlet.http.HttpServletRequest;
import javax.servlet.http.HttpServletResponse;
import org.apache.commons.dbutils.QueryRunner;
@WebServlet("/UpdateServlet")
public class UpdateServlet extends HttpServlet {
    private static final long serialVersionUID = 1L;
    protected void doGet(HttpServletRequest request, HttpServletResponse response) throws ServletException, IOException {
```

```java
        // TODO Auto-generated method stub
        request.setCharacterEncoding("utf-8");
        response.setCharacterEncoding("utf-8");
        response.setContentType("text/html");
        PrintWriter out=response.getWriter();
        String sno, sn, sex, dept;
        int age;
        sno=request.getParameter("sno");
        sn=request.getParameter("sn");
        sex=(request.getParameter("sex").equals("0")?"男":"女");
        dept=request.getParameter("dept");
        age=Integer.parseInt(request.getParameter("age"));
        QueryRunner qr = new QueryRunner(ConUtils.getDataSource());
        String sql = "insert into student values(?,?,?,?,?)";
        try {
        int update = qr.update(sql, sno, sn, sex, age,dept);
        if(update==1)
            out.println("数据库添加成功");
        else
            out.println("数据库添加失败");
        } catch (SQLException e) {
            out.println(e.getMessage());
        }
    }
        protected void doPost(HttpServletRequest request, HttpServletResponse response) throws ServletException, IOException {
        // TODO Auto-generated method stub
        doGet(request, response);
    }
}
```

程序分析：

a. 应用 QueryRunner(ConUtils.getDataSource())构造方法与要操作的数据库进行连接，不需要 Connection 对象，自动管理。

b. 后续以动态形式添加数据，定义 SQL 语句字符串时，添加的属性值以参数替代，一个"?"代表一个属性，如"insert into student values(?,?,?,?,?)"。后续要应用 QueryRunner 类的含有替换参数的 update()方法，并按照之前定义 SQL 语句字符串中设定问号的位置及个数添加参数值，如"qr.update(sql, sno, sn, sex, age,dept)"。

c. 需要特别注意的是，添加的每一个属性值要与对应表的属性设定类型相同。

③ web.xml 配置文件。

```xml
<?xml version="1.0" encoding="UTF-8"?>
<web-app id="RegisterFilter" version="3.1" xmlns="http://xmlns.jcp.org/xml/ns/javaee"
xmlns:xsi="http://www.w3.org/2001/XMLSchema-instance"
xsi:schemaLocation="http://xmlns.jcp.org/xml/ns/javaee
http://xmlns.jcp.org/xml/ns/javaee/web-app_3_1.xsd">
<servlet>
<servlet-name>UpdateServlet</servlet-name>
<servlet-class>com.UpdateServlet</servlet-class>
</servlet>
</web-app>
```

④ 信息添加页 9-5.jsp（如图 9-7 所示），代码如下：

```jsp
<%@ page language="java" contentType="text/html; charset=utf-8"%>
<!DOCTYPE html>
<html>
<head>
<meta charset="utf-8">
<title>Insert title here</title>
</head>
<body>
    <form action="UpdateServlet" method="post" name="info">
        <p>学号: <input type="text" name="sno"></p>
        <p>
            姓名: <input type="text" name="sn">
        </p>
        <p>
            性别: <input name="sex" type="radio" value="0" id="pass"/><label for="pass">男</label>
            <input name="sex" type="radio" value="1" id="no_pass" /><label for="no_pass">女</label>
        </p>
        <p>
            年龄: <input type="text" name="age">
        </p>
            <p>
            专业: <input type="text" name="dept">
        </p>
        <p>
            <input type="submit" name="sumbit" value="添加">
            <input type="reset" name="sumbit" value="重置">
        </p>
    </form>
</body>
</html>
```

运行结果如图 9-7～图 9-9 所示。

图 9-7　信息添加页　　　　　　　　　图 9-8　数据库添加结果

图 9-9　添加成功后网页提示

9.2.3 ResultSetHandler 接口

该接口用于封装数据的对象，主要用于将 QueryRunner 类查询数据库的结果封装转换并保存到另一个对象策略，例如将数据库保存在 User、数组及集合等 Java 提供的数据存储对象中。ResultSetHandler 接口提供了一个单独的方法，即 Object handle(ResultSet rs)，此方法要处理的是结果集，并将处理后的结果返回，待处理数据在 ResultSet 类参数中获取，可以利用此方法将获取的结果集以其他形式存储。

ResultSetHandler 接口可自定义类实现封装查询结果集，也可应用 DBUtils 提供的 ResultSetHandler 实现类，9.2.4 节将详细介绍实现类。下面通过一个例题自定义 ResultSetHandler 类，了解其工作原理。

【例 9-6】应用 QueryRunner 类对数据库进行查询，利用 ResultSetHandler 接口将查询结果封装在 List 中，并输出。采用例 9-3 的数据库连接池配置及例 9-5 的数据库连接类 ConUtils。

① Student 类，用于存储查询到的学生信息，代码如下：

```java
package com;
public class Student {
    private String sno, sn, sex, dept;
    private int age;
    public String getSno() {
        return sno;
    }
    public void setSno(String sno) {
        this.sno = sno;
    }
    public String getSn() {
        return sn;
    }
    public void setSn(String sn) {
        this.sn = sn;
    }
    public String getSex() {
        return sex;
    }
    public void setSex(String sex) {
        this.sex = sex;
    }
    public String getDept() {
        return dept;
    }
    public void setDept(String dept) {
        this.dept = dept;
    }
    public int getAge() {
        return age;
    }
    public void setAge(int age) {
        this.age = age;
    }
}
```

② MyHandler 类，自定义的 ResultSetHandler 接口实现类。结果集存储采用 List<Student> 泛型的形式，代码如下：

```java
package com;
import java.sql.ResultSet;
import java.sql.SQLException;
import java.util.ArrayList;
import java.util.List;
import org.apache.commons.dbutils.ResultSetHandler;

public class MyHandler implements ResultSetHandler<List<Student>> {

    @Override
    public List<Student> handle(ResultSet rs) throws SQLException {
        // TODO Auto-generated method stub
        List<Student> slist = new ArrayList<Student>();
            while(rs.next()){
                Student s = new Student();
            s.setSno(rs.getString(1));
            s.setSn(rs.getString(2));
            s.setSex(rs.getString(3));
            s.setAge(rs.getInt(4));
            s.setDept(rs.getString(5));
            slist.add(s);
            }
            return slist;
        }
    }
```

程序分析：

a. 此类引入 ResultSetHandler<T>接口时，其指定的泛型就是结果集的类型，此例中 ResultSetHandler<List<Student>>泛型为 List<Student>，代表 handle(ResultSet rs)方法返回的结果集类型必须为 List<Student>型。

b. handle(ResultSet rs)方法将会在后续执行 QueryServlet 类查询操作时被调用，其参数为数据库查询结果集。

③ QueryServlet 类，用于处理网页提交的数据，查询数据库，代码如下：

```java
package com;
import java.io.IOException;
import java.io.PrintWriter;
import java.sql.*;
import java.util.List;
import javax.servlet.ServletException;
import javax.servlet.annotation.WebServlet;
import javax.servlet.http.HttpServlet;
import javax.servlet.http.HttpServletRequest;
import javax.servlet.http.HttpServletResponse;
import org.apache.commons.dbutils.QueryRunner;

public class QueryServlet extends HttpServlet {
    private static final long serialVersionUID = 1L;
    protected void doGet(HttpServletRequest request, HttpServletResponse response)
 throws ServletException, IOException {
```

```java
        // TODO Auto-generated method stub
        request.setCharacterEncoding("utf-8");
        response.setCharacterEncoding("utf-8");
        response.setContentType("text/html");
        PrintWriter out=response.getWriter();
        String sno;
        sno=request.getParameter("sno");
        QueryRunner qr = new QueryRunner(ConUtils.getDataSource());
        String sql = "select * from student where sno=?";
        try {
        List<Student>slist=qr.query(sql,sno,new MyHandler());
        int i=0;
        out.print("查询结果: ");
        for(i=0;i<slist.size();i++) {
            Student s=slist.get(i);
            out.print(s.getSno()+" ");
            out.print(s.getSn()+" ");
            out.print(s.getSex()+" ");
            out.print(s.getAge()+" ");
            out.print(s.getDept()+"<br>");
        }
        } catch (SQLException e) {
            out.println(e.getMessage());
        }
    }
    protected void doPost(HttpServletRequest request, HttpServletResponse response) throws ServletException, IOException {
        // TODO Auto-generated method stub
        doGet(request, response);
    }
}
```

程序分析：此类应用 QueryServlet 类查询方法 query(String sql, Object[] params, ResultSetHandler rsh)，以学号为条件查询，执行 qr.query(sql,sno,new MyHandler())操作。此方法执行时会调用 MyHandler 对象的 handle(ResultSet rs)方法，并将结果集类型转换为 List<Student>返回给 query()方法，query()方法的返回值即为获取到的 List<Student>结果集。

④ 输入条件页面 9-6.jsp，代码如下：

```jsp
<%@ page language="java" contentType="text/html; charset=utf-8"%>
<!DOCTYPE html>
<html>
<head>
<meta charset="utf-8">
<title>Insert title here</title>
</head>
<body>
    <form action="QueryServlet" method="post" name="info">
        <p>
            学号: <input type="text" name="sno">
        </p>
        <p>
            <input type="submit" name="sumbit" value="查询">
            <input type="reset" name="sumbit" value="重置">
        </p>
```

```
        </form>
    </body>
</html>
```

⑤ 修改 web.xml 配置。

```xml
<?xml version="1.0" encoding="utf-8"?>
<web-app id="RegisterFilter" version="3.1" xmlns="http://xmlns.jcp.org/xml/ns/javaee"
    xmlns:xsi="http://www.w3.org/2001/XMLSchema-instance"
    xsi:schemaLocation="http://xmlns.jcp.org/xml/ns/javaee
    http://xmlns.jcp.org/xml/ns/javaee/web-app_3_1.xsd">
    <servlet>
        <servlet-name>UpdateServlet</servlet-name>
        <servlet-class>com.UpdateServlet</servlet-class>
    </servlet>
    <servlet>
        <servlet-name>QueryServlet</servlet-name>
        <servlet-class>com.QueryServlet</servlet-class>
    </servlet>
</web-app>
```

运行结果如图 9-10、图 9-11 所示。

图 9-10　查询条件输入页面　　　　图 9-11　查询结果页面

9.2.4　ResultSetHandler 实现类

DBUtils 工具提供给用户 10 个 ResultSetHandler 实现类，如表 9-1 所示。下面所有方法在应用时，与 9.2.3 节讲到的 ResultSetHandler 自定义类一样，确定结果集的泛型。

表 9-1　ResultSetHandler 实现类

类名	用途
ArrayHandler	将查询结果的第一行数据保存到 Object 数组中
ArrayListHandler	将查询的结果的每一行先封装到 Object 数组中，然后将数据存入 List 集合
BeanHandler	将查询结果的第一行数据封装到相应对象中
BeanListHandler	将查询结果的每一行封装到相应对象，然后再存入 List 集合
ColumnListHandler	将查询结果指定列的数据封装到 List 集合中
MapHandler	将查询结果的第一行数据封装到 Map 集合（key—列名，value—列值）
MapListHandler	将查询结果的每一行封装到 Map 集合（key—列名，value—列值），再将 Map 集合存入 List 集合
BeanMapHandler	将查询结果的每一行数据封装到相应对象，再存入 Map 集合中（key—列名，value—列值）
KeyedHandler	将查询结果的每一行数据封装到 Map1（key—列名，value—列值），然后将 Map1 集合（有多个）存入 Map2 集合（只有一个）
ScalarHandler	封装类似 count()、avg()、max()、min()、sum()…函数的执行结果

上述实现类中较为常用的是 BeanHandler、BeanListHandler 和 ScalarHandler，接下来通过具体例题讲解其应用。

【例 9-7】修改例 9-6 中部分代码，应用 BeanHandler、BeanListHandler 和 ScalarHandler 三个实现类完成查询男女生情况。

① QueryServlet 类，修改后代码如下：

```java
package com;
import java.io.IOException;
import java.io.PrintWriter;
import java.sql.*;
import java.util.List;
import javax.servlet.ServletException;
import javax.servlet.annotation.WebServlet;
import javax.servlet.http.HttpServlet;
import javax.servlet.http.HttpServletRequest;
import javax.servlet.http.HttpServletResponse;
import org.apache.commons.dbutils.*;
import org.apache.commons.dbutils.handlers.*;
public class QueryServlet extends HttpServlet {
    private static final long serialVersionUID = 1L;
    protected void doGet(HttpServletRequest request, HttpServletResponse response) throws ServletException, IOException {
        // TODO Auto-generated method stub
        request.setCharacterEncoding("utf-8");
        response.setCharacterEncoding("utf-8");
        response.setContentType("text/html");
        PrintWriter out=response.getWriter();
        String sex;
        sex=(request.getParameter("sex").equals("0")?"男":"女");
        QueryRunner qr = new QueryRunner(ConUtils.getDataSource());
        String sql = "select * from student where sex=?";
        try {
        Student s;
        s=qr.query(sql,sex,new BeanHandler<Student>(Student.class));
        out.print("所有"+sex+"生信息的第一行：");
        outStudent(s,out);
        out.print("所有"+sex+"生信息：<br>");
    List<Student>slist=qr.query(sql,sex,new BeanListHandler<Student>(Student.class));
        int i=0;
        for(i=0;i<slist.size();i++) {
            s=slist.get(i);
            outStudent(s,out);
        }
        sql="select count(*) from student where sex=?";
        Object count=qr.query(sql,sex,new ScalarHandler<Student>());
        out.print(sex+"生总数："+count);
        } catch (SQLException e) {
            out.println(e.getMessage());
        }
    }

    protected void doPost(HttpServletRequest request, HttpServletResponse response) throws ServletException, IOException {
```

```
        // TODO Auto-generated method stub
        doGet(request, response);
    }
    private void outStudent(Student s,PrintWriter out) {
        out.print(s.getSno()+" ");
        out.print(s.getSn()+" ");
        out.print(s.getSex()+" ");
        out.print(s.getAge()+" ");
        out.print(s.getDept()+"<br>");
    }

}
```

程序分析:

a．应用实现类 BeanHandler 存储第一行查询结果，而非集合。此例题完整泛型类为 BeanHandler<Student>，泛型为单个结果转换后的类型 Student。BeanHandler 类构造函数参数为单个结果对应的类名，此例中应用构造函数 new BeanHandler<Student>(Student.class)。

b．应用实现类 BeanListHandler 存储结果集，例题完整泛型类为 BeanListHandler<Student>，泛型同实现类 BeanHandler。BeanListHandler 类构造函数参数类型与实现类 BeanHandler 相同。

c．应用实现类 ScalarHandler 存储数据统计结果，例题完整泛型类为 ScalarHandler<Student>，泛型同实现类 BeanHandler。需注意的是，ScalarHandler 类构造函数为无参函数，此例中应用构造函数 new ScalarHandler<Student>()。另外，由于统计结果的类型无法确定，因此应用 ScalarHandler 类的查询方法返回结果为 Object 型，在输出时按照统计结果的实际类型输出：Object count=qr.query(sql,sex,new ScalarHandler<Student>())。

② 查询条件输入页面（9-7.jsp）：

```
<%@ page language="java" contentType="text/html; charset=utf-8"%>
<!DOCTYPE html>
<html>
<head>
<meta charset="utf-8">
<title>Insert title here</title>
</head>
<body>
<p>统计男女生情况</p>
    <form action="QueryServlet" method="post" name="info">
        <p>
        性别: <input name="sex" type="radio" value="0" id="pass"/><label for="pass">男</label>
            <input name="sex" type="radio" value="1" id="no_pass" /><label for="no_pass">女</label>
        </p>
        <p>
            <input type="submit" name="sumbit" value="统计">
            <input type="reset" name="sumbit" value="重置">
        </p>
    </form>
</body>
</html>
```

运行结果如图 9-12 和图 9-13 所示。

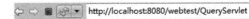

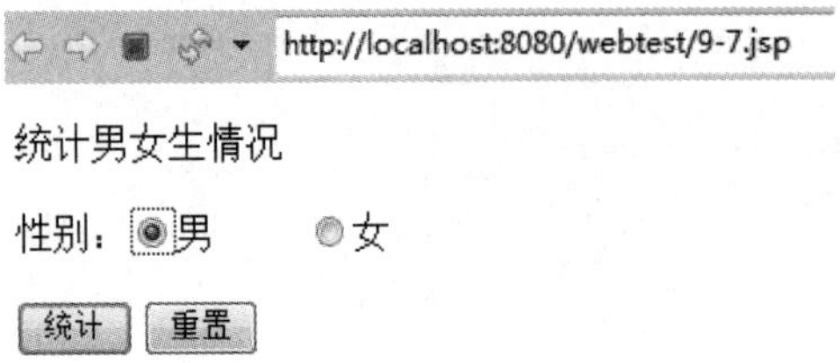

图 9-12　查询页面 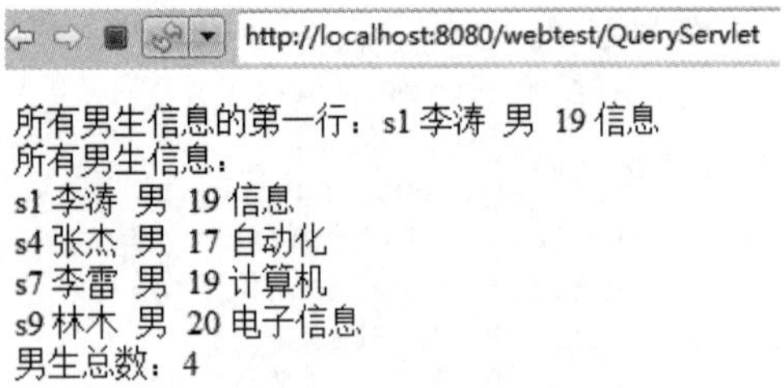　　　　　　　　图 9-13　统计结果页面

9.3　本章小结

本章主要讲解了数据库连接池的基本知识，包括 DataSource 接口、DBCP 及 C3P0 技术，共同使用它们完成对数据库的连接及连接复用。在上述技术应用的基础上，讲解了 DBUtils 工具对于查询及更新等操作的简化技术 QueryRunner 类及 ResultSetHandler 接口。希望读者对本章进行学习后能够掌握优化数据库操作性能的技术，更加熟练掌握 Web 项目开发中 MySQL 数据库的增、删、改、查操作。

第10章 JSP开发模型

- 了解非 MVC 设计模式的基本思想。
- 了解 MVC 设计模式的基本思想，掌握其应用，理解与非 MVC 设计模式的区别。
- 熟练应用 MVC 设计模式进行 Web 项目开发。

本章首先介绍了两种模型的基本思想及设计模式，对设计时如何划分模型（Model）、视图（View）及控制器（Controller）进行了介绍。结合实例对 MVC 设计模式进行了详细的讲解。

10.1 JSP 开发模型概述

软件开发模型(Software Development Model)是指软件开发全部过程、活动和任务的结构框架。无论开发软件的大小，都需要选择一个合适的软件开发模型，这种选择基于项目和应用的性质、采用的方法、需要的控制，以及要交付的产品的特点。

JSP 的开发模型即 JSP Model，在 Web 开发中，为了更方便地使用 JSP 技术，Sun 公司为 JSP 技术提供了两种开发模型：JSP Model 1 和 JSP Model 2。

JSP Model 1：简单轻便，适合小型 Web 项目的快速开发。

JSP Model 2：提供更清晰的分层，适用于多人合作开发的大型 Web 项目。

在早期使用 JSP 开发的 JavaWeb 应用中，JSP 文件是一个独立的、能自主完成所有任务的模块，它负责处理业务逻辑、控制网页流程和向用户展示页面等。

JSP Model 1 采用 JSP 和 JavaBean 技术，将页面显示和业务逻辑分开。在这种模型中，JSP 页面有两个作用，一个是作为控制器，另一个是显示结果，JavaBean 的角色是业务模型。JSP 直接调用后台模型进行业务处理，处理之后，后台程序将处理的结果再返回给 JSP 页面，由 JSP 页面展现给用户。JSP Model 1 请求结构如图 10-1 所示。

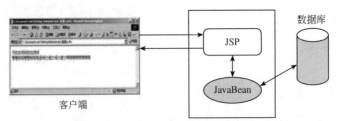

图 10-1　JSP Model 1 请求结构图

JSP Model 1 的特点是充分发挥了 JSP 页面的功能，但由于业务层和展示层没有分离，JSP 页面上经常出现大量的业务流程控制代码，而且对于请求转发的关系不明显，导致项目后期维护非常不方便。于是，JSP Model 2 应运而生。

什么是 JSP Model 2？

JSP Model 2 架构模型采用 JSP、Servlet 和 JavaBean 的技术，这种模型将 JSP Model 1 模型中 JSP 页面中的流程控制代码提取出来，封装到 Servlet 中，从而实现整个工程从页面显示到流程控制再到业务逻辑的彻底分离。

使用 Servlet 作为控制器，JSP 只负责显示处理结果，后台 JavaBean 作为业务模型，这是 JSP Model 2 模型的特点。

实际上 JSP Model 2 模型就是 MVC（模型-视图-控制器）设计模式的雏形，其中控制器的角色由 Servlet 实现，视图的角色由 JSP 页面实现，模型的角色由 JavaBean 实现。JSP Model 2 请求结构如图 10-2 所示。

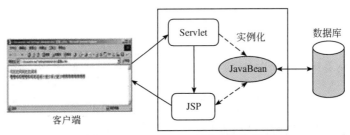

图 10-2　JSP Model 2 请求结构图

10.2　MVC 设计模式

MVC 设计模式是一种将应用程序的开发分解成三个独立部分的通用模型。MVC 是一种泛指的开发模型，并不是特别指定的 JSP 应用。

这三个部分分别是模型（Model）、视图（View）、控制器（Controller）。

模型（Model）的作用是封装数据并处理数据。在 J2EE 的开发中，模型泛指 JavaBean。模型负责管理应用程序的业务数据和定义访问控制以及修改这些数据的业务规则，当模型的状态发生改变时，它会通知视图发生改变，并为视图提供查询模型状态的方法。由于其实现与页面独立，因此模型只需提供接口供上层调用，更好地体现了面向对象设计的信息封装和隐藏的原则。

视图（View）的作用是解析模型，显示数据。在 J2EE 的开发中视图泛指 JSP。JSP 页面对 JSTL 和 EL 提供了强大的支持，专门和用户进行数据交互，是众多前端显示手段中应用最广泛的显示形式。视图负责与用户进行交互，它将从模型中获取的数据向用户展示，同时也能将用户请求传递给控制器进行处理，当模型的状态发生改变时，视图会对用户界面进行同步更新，从而保持与模型数据的一致性。由于多种视图可共享一个后台模型，MVC 设计模式也为实现多种用户界面提供了方便。

控制器（Controller）的作用是获取用户请求数据，调用模型，选择视图响应结果。在 J2EE 的开发中，控制器泛指 Servlet，专门进行请求的处理以及业务逻辑的实现。控制器是负责应用程序中处理用户交互的部分，它从视图中读取数据，控制用户输入，并向模型发送数据。控制器作为介于视图和后台模型间的控制组件，可更好地维护程序流程、选择业务模型和用户视图，使程序的调用规则更加清晰，很大程度上优化了系统结构。

JSP Model 2 其实就是一种 MVC 体系结构，可以认为是 MVC 设计模式的一个具体案例。其中，Servlet 处理所有请求，并执行业务逻辑，相当于控制器的作用；而 JavaBean 用于操作各种数据和对象，相当于模型；JSP 文件用于生成返回给客户端的页面，则相当于视图组件。

MVC 设计模式的请求结构如图 10-3 所示。MVC 设计模式的代码组织结构如下。

在 MVC 设计模式下，在实际的 Web 应用开发中，通常把代码分成三层，即模型层、显示层和控制层，模型层又可以分为两层，即 Service 层和 DAO 层，这两层的主要功能如下。

Service 层：负责一些业务处理，例如获取数据库连接、关闭数据库连接、事务回滚或者一些复杂的逻辑业务处理。

DAO 层：负责访问数据库，对数据进行操作，获取结果集，将结果集中的数据装到 OV（Object Value）对象中，之后再返回给 Service 层。

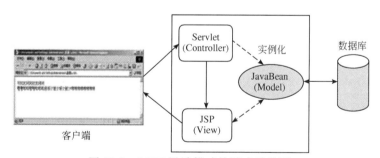

图 10-3　MVC 设计模式的请求结构图

在模型层，也就是 Service 层和 DAO 层中，代码的组织通常是先定义接口，再由实现类去执行具体操作，因为具体到某一个业务的 Service，它的实现并不唯一。使用接口组织代码可以使开发更灵活，这一点也再一次体现了 Java 的多态性。

图 10-4 所示为 MVC 设计模式下的代码组织结构，其中 entity 包是放 Java 实体类的，值得注意的是，简单的 Java 类中，最好也使用基本数据类型的包装类，并且也应该实现 java.io.Serializable 接口，以方便以后程序的拓展（例如序列化该类对象就需要实现该接口）。

图 10-4　MVC 设计模式下的代码组织结构

MVC 小案例如下。

(1) 前端页面

```xml
<?xml version="1.0" encoding="utf-8"?>
<web-app xmlns:xsi="http://www.w3.org/2001/XMLSchema-instance"
    xmlns="http://xmlns.jcp.org/xml/ns/javaee"
    xsi:schemaLocation="http://xmlns.jcp.org/xml/ns/javaee  http://xmlns.jcp.org/xml/ns/javaee/web-app_3_1.xsd"
    id="WebApp_ID" version="3.1">
    <display-name>MVCTest</display-name>
    <welcome-file-list>
        <welcome-file>index.html</welcome-file>
    </welcome-file-list>
    <servlet>
        <servlet-name>MVCTest</servlet-name>
        <servlet-class>com.kaixin.servlet.TestServlet</servlet-class>
    </servlet>
    <servlet-mapping>
        <servlet-name>MVCTest</servlet-name>
        <url-pattern>/test.do</url-pattern>
    </servlet-mapping>
</web-app>
```

(2) 后台代码

① 控制层：

```java
package com.kaixin.servlet;
import java.io.IOException;
import javax.servlet.ServletException;
import javax.servlet.http.HttpServlet;
import javax.servlet.http.HttpServletRequest;
import javax.servlet.http.HttpServletResponse;
```

```java
import com.kaixin.bean.TestBean;
import com.kaixin.service.ITestService;
import com.kaixin.service.impl.TestServiceImpl;
public class TestServlet extends HttpServlet {
    private static final long serialVersionUID = 1L;
    public TestServlet() {
        super();
    }
    protected void doGet(HttpServletRequest request, HttpServletResponse response)
            throws ServletException, IOException {
        doPost(request, response);
    }
    protected void doPost(HttpServletRequest request, HttpServletResponse response)
            throws ServletException, IOException {
        request.setCharacterEncoding("utf-8"); // 设置字符集，防止中文乱码
        TestBean testBean = new TestBean();// 获取数据集对象
        ITestService testService = new TestServiceImpl();// 获取业务层对象
        String s = request.getParameter("input");// 获取视图层提交的数据
        testBean.setInput(s);// 调用业务层，传入数据，接收返回结果
        request.setAttribute("outPut", s); // 将结果存入 request 域中
        request.getRequestDispatcher("test.jsp").forward(request, response);
// 跳转到视图层
    }}
```

② 业务层：

```java
package com.kaixin.service.impl;
import com.kaixin.bean.TestBean;
import com.kaixin.service.ITestService;
public class TestServiceImpl implements ITestService {
    @Override
    public String change(TestBean testBean) {
        // TODO Auto-generated method stub
        String s = testBean.getInput();// 从数据集中获取数据
        
        if (s != null && s != "") {// 如果有数据，则拼接字符串
            s += "--ysy";
        }
        return s;}}
```

③ 实体类：

```java
package com.kaixin.bean;

public class TestBean {
    private String input;

    public String getInput() {
        return input;
    }
    public void setInput(String input) {
        this.input = input;
    }}
```

④ 配置文件：

```xml
    <servlet>
        <servlet-name>MVCTest</servlet-name>
```

```xml
    <servlet-class>com.kaixin.servlet.TestServlet</servlet-class>
</servlet>
<servlet-mapping>
    <servlet-name>MVCTest</servlet-name>
    <url-pattern>/test.do</url-pattern>
</servlet-mapping>
```

10.3 本章小结

本章对比介绍了 JSP 两种开发模型以及 MVC 设计模式。通过本章学习，读者应该了解并体会到其各自的特点及发展历程。在 MVC 设计模式下，读者应了解并借鉴其代码组织结构，了解各个部分的角色和功能。虽然本书着重介绍和讲解 JSP 开发技术，但读者仍应按照本书中表达的代码包层次来组织开发，为今后的 J2EE 框架学习做好准备。

第11章 物业管理系统

- 熟练应用软件工程中需求分析方法制定系统需求。
- 熟练应用系统设计对系统结构及数据库进行设计。
- 掌握环境搭建方法。

通过前面章节的学习，回顾需求分析、系统设计及数据库设计等相关知识。在需求分析过程中，明确系统功能需求。系统设计时明确功能结构，数据库设计时明确处理的数据对象及属性。对环境搭建过程进行介绍，使读者学习环境搭建过程。

11.1 项目概述

物业管理公司多作为房地产开发公司的附属单位，担负着整个小区各家各户繁杂的服务工作。由于物业管理业务的复杂性，再加上"智慧小区"这一概念的兴起，物业管理逐渐趋于现代化、信息化、智能化。通过计算机网络和专业的软件对物业实施实时、规范、有效的管理，是构建物业管理系统的初衷和愿景。在引入物业管理系统后，将业主的档案管理也纳入软件管理的范围，通过在水、电、燃气的使用装置上读取数据即可实现远程自动抄表，会大大减少业主的麻烦。服务中心在接到业主报修消息后，会立刻打印出给工程部的报修单，大大提高了日常维护的服务效率。另外，物业管理系统也会提供一系列的数据统计和报表统计功能。

接下来的三个章节，将通过解读某小区物业管理系统，结合之前章节的技术内容，一步一步结合实际项目实操 Web 项目的开发。

11.1.1 需求分析

物业管理系统主要包括：

① 对小区所有房产资料的录入、删、改、查询等功能的实现，再基于小区的这些房产资料对小区进行管理。

② 对小区内业主的详细资料的管理，包括录入、删、改、查询等功能的实现，这些也是一个小区的基本资料，毕竟物业管理最后是针对小区的所有业主而言的。

③ 在具有了所有的基本资料信息后，需要实现实质性的物业管理。主要的管理业务包括物业设备管理、仪表（水、电、宽带）数据管理、收费管理、业主投诉管理、故障管理等。这些称为小区物业管理的主体。

11.1.2 功能结构

（1）系统用户管理功能

系统用户的添加，包括用户名、密码等信息。

（2）小区业主信息管理功能

① 业主基本信息的录入，包括业主电话、业主姓名、物业地址、身份证号、入住时间等。

② 业主基本信息的修改。

③ 业主基本信息的删除。

④ 业主基本信息的查询。

（3）小区房产信息管理功能

① 房产基本信息的录入，包括物业地址、使用面积、房屋结构、设备、出售信息等。

② 房产基本信息的修改。

③ 房产基本信息的删除。

④ 房产基本信息的查询。

（4）小区公告管理功能

① 公告信息的录入。

② 公告信息的修改。

③ 公告信息的删除。

④ 公告信息的查询。

（5）小区业主故障报修管理功能

① 住户故障报修基本信息的录入，包括住址、报修故障、经办人、处理时间、查询等。

② 住户故障报修基本信息的修改。

③ 住户故障报修基本信息的删除。

④ 住户故障报修基本信息的查询。

（6）退出

退出小区物业管理系统。

11.1.3 项目预览

项目运行界面见图 11-1，用户登录界面见图 11-2。

图 11-1　用户登录之后的主界面

图 11-2　系统登录界面

11.2　项目设计

11.2.1　系统设计

物业管理系统部分实体 E-R 图如图 11-3～图 11-5 所示。

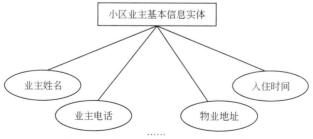

图 11-3　住户基本信息实体 E-R 图

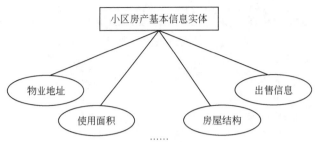

图 11-4 房屋基本信息实体 E-R 图

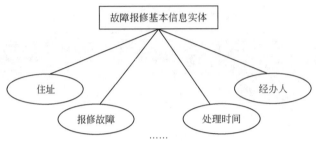

图 11-5 故障报修信息实体 E-R 图

本系统结构图如图 11-6 所示。

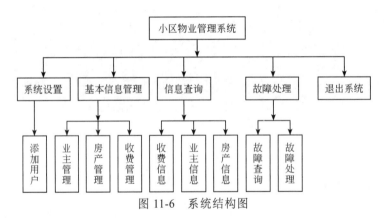

图 11-6 系统结构图

11.2.2 数据库设计

（1）管理员信息表

管理员信息表存放管理员的用户名和密码等信息。管理员是一类非常特殊的用户，它可以对整个系统进行配置，具体信息见表 11-1。

表 11-1 管理员信息表

字段名	数据类型	长度	可否为空	主键	字段含义
id	int	11	否	是	管理员 ID
name	varchar	50	否		用户名
password	varchar	50	否		密码
sex	varchar	50	否		性别
age	int	0	是		年龄

续表

字段名	数据类型	长度	可否为空	主键	字段含义
tel	varchar	50	是		电话号码
phone	varchar	50	是		手机号码
addr	varchar	50	是		地址
memo	varchar	100	是		备注

（2）业主基本信息表

业主基本信息表存放小区内所有业主的信息，这些信息也是小区物业管理的基本信息，在实现系统的各个功能中起非常重要的作用，具体信息见表 11-2。

表 11-2　业主基本信息表

字段名	数据类型	长度	可否为空	主键	字段含义
accountid	int	11	否	是	业主 ID
username	varchar	50	否		用户名
password	varchar	50	否		密码
ownerid	varchar	50	否		业主编号
carid	varchar	50	是		机动车牌号

（3）房产基本信息表

房屋基本信息表存放小区内的所有房屋的信息，其中包括已售出的房屋和未售出的房屋，具体信息见表 11-3。

表 11-3　房产基本信息表

字段名	数据类型	长度	可否为空	主键	字段含义
id	int	11	否	是	房屋 ID
num	varchar	50	否		门牌号
dep	varchar	50	否		楼号
type	varchar	50	否		类型
area	varchar	50	否		地区
sell	varchar	50	否		出售情况
unit	varchar	50	否		单元
floor	varchar	50	否		楼层
direction	varchar	50	否		朝向
memo	varchar	100			备注
ownerid	varchar	32			业主编号

（4）维修故障表

维修故障表存放小区内业主报修的各种故障的所有信息，具体信息见表 11-4。

表 11-4　维修故障表

字段名	数据类型	长度	可否为空	主键	字段含义
id	int	11	否	是	故障 ID
thing	varchar	50	否		报修物品

续表

字段名	数据类型	长度	可否为空	主键	字段含义
status	varchar	50	否		状态
homesnumber	varchar	50	否		房门号
sdate	date	0	否		报修时间
rdate	date	0	是		维修时间
tcost	double	0	否		预计花费
scost	double	0	是		实际花费
maintainer	varchar	32	否		报修人
smemo	varchar	100	是		报修详情

（5）公告信息表

公告信息表存放小区内住户的各种公告信息，具体信息见表 11-5。

表 11-5　公告信息表

字段名	数据类型	长度	可否为空	主键	字段含义
id	int	11	否	是	通知 ID
content	varchar	300	否		公告内容正文
ndate	Date	0	否		发布日期
title	varchar	50	否		公告题目
uper	varchar	32	否		发布者

11.2.3　项目环境搭建

本项目采用的开发环境清单如下：

开发语言及版本：java version "1.8.0_171"

开发工具 IDE：Eclipse IDE for Enterprise Java Developers
　　　　　　　Version: 2019-03 (4.11.0)

数据库：Server version: 5.6.21-log MySQL Community Server (GPL)

服务容器及版本：apache-tomcat-8.0.20-windows-x64

11.3　本章小结

本章从系统层面分析和解读了物业管理系统的总体设计思路，其中包括系统的需求、系统的功能、系统的数据库表结构及实体之间的关系等。开发一个实际项目之前，这些工作是必要的，有助于全面理解整个系统的层次。在接下来的章节中，将分前、后台两个部分来描述该系统的具体开发。

第12章 物业管理系统前台程序

- 掌握物业管理系统用户注册和登录模块的开发。
- 掌握物业管理系统业主信息管理模块的开发。
- 掌握物业管理系统房产信息管理模块的开发。
- 掌握物业管理系统小区公告信息管理模块的开发。
- 掌握物业管理系统故障处理管理功能模块的开发。

通过前面章节的学习，读者应该对物业管理系统的项目需求、功能结构及数据库的设计等有了一定的了解。物业管理系统包括前台和后台程序，其中前台程序也就是前台网站，用户利用前台程序可进行方便的可视化操作。本项目 Web 前端的显示采用 JSP 视图，后台数据的动态获取采用 JSTL 和 EL 技术。前端画面的渲染采用 CSS（层叠样式表）技术，前端动态效果采用 JS（JavaScript）技术。鉴于本书的目的，本章主要介绍 JSP 视图的功能、设计及技术实现，CSS 和 JS 部分只做简单介绍。

项目前端总体概况如图 12-1 所示。

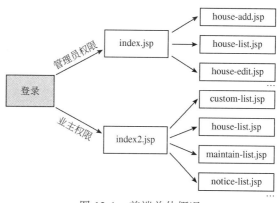

图 12-1　前端总体概况

12.1 管理员功能

判断一个用户 ID 是否是管理员,是否具有 admin 权限,是在 login.jsp 完成的。后台在接收到用户角色属性之后,会根据属性分发到不同的页面上,普通用户跳到 index.jsp 进行处理,管理员用户跳到 index2.jsp 进行处理。

管理员相关的功能分成三个页面:admin-list.jsp、admin-edit.jsp、admin-add.jsp。实际上,在上文列出的功能清单中,涉及管理员权限的功能也属于管理员的功能页面范畴。

① 前端输入用户属性的部分代码段如下:

```html
<div class="radio">
<label><input type="radio" name="usertype" value="user"
    checked><i class="glyphicon glyphicon-home"></i>业主登录
</label><label><input type="radio" name="usertype"
    value="admin"><i class="glyphicon glyphicon-cog"></i>
    管理员登录
</label>
</div>
```

此外,本系统前端页面上提供了判断用户 session 的功能,当用户登录成功后,后台会将用户信息保存在 session 中,前端页面除 login.jsp 之外,每个页面在第一次刷新时,首先要判断用户是否登录,如果没有,则自动跳到 login.jsp 请用户登录或重新登录。

② 前端判断用户 session 的部分代码段如下:

```jsp
<% if (session.getAttribute("admin")==null) response.sendRedirect("login.jsp");%>
```

③ 关于添加、修改和删除的功能。本书以房屋信息为例,来演示这些管理员权限操作的页面变化。

a. 页面(house-add.jsp)关于添加房产信息表单的代码示例:

```html
<form role="form" action="../house?action=houseAdd"
    data-toggle="validator" method="post">
<div class="form-group">
    <div class="input-group col-md-3">
        <label class="control-label">门牌号*</label><input type="text"
            class="form-control" name="num" required><span
            class="help-block with-errors"></span>
    </div>
</div>
<div class="form-group">
    <div class="input-group col-md-3">
        <label class="control-label">楼号*</label><input type="text"
            class="form-control" name="dep" required><span
            class="help-block with-errors"></span>
    </div>
</div>
<div class="form-group">
    <div class="input-group col-md-3">
        <label class="control-label">类型*</label><select
            data-rel="chosen" name="type">
            <option value="独栋">独栋</option>
            <option value="多层">多层</option>
```

```html
            <option value="小高层">小高层</option>
            <option value="高层">高层</option>
        </select>
    </div>
</div>
<div class="form-group">
    <div class="input-group col-md-3">
        <label class="control-label">地区*</label><input type="text"
            class="form-control" name="area" required><span
            class="help-block with-errors"></span>
    </div>
</div>
<div class="form-group">
    <div class="input-group col-md-3">
        <label class="control-label">出售状况*</label><select
            data-rel="chosen" name="sell">
            <option value="已售">已售</option>
            <option value="待售">待售</option>
        </select>
    </div>
</div>
<div class="form-group">
    <div class="input-group col-md-3">
        <label class="control-label">单元*</label><input type="text"
            class="form-control" name="unit" required><span
            class="help-block with-errors"></span>
    </div>
</div>
<div class="form-group">
    <div class="input-group col-md-3">
        <label class="control-label">楼层*</label><input type="number"
            class="form-control" name="floor" required><span
            class="help-block with-errors"></span>
    </div>
</div>
<div class="form-group">
    <div class="input-group col-md-3">
        <label class="control-label">朝向*</label><select
            data-rel="chosen" name="direction">
            <option value="南">南</option>
            <option value="东">东</option>
            <option value="西">西</option>
            <option value="北">北</option>
        </select>
    </div>
</div>
<div class="form-group">
    <div class="input-group col-md-3">
        <label class="control-label">业主编号</label><input type="text"
            class="form-control" name="ownerid"><span
            class="help-block with-errors"></span>
    </div>
</div>
<div class="form-group">
```

```html
        <div class="input-group col-md-4">
            <label class="control-label">备注</label><input type="text"
                class="form-control" name="memo"><span
                class="help-block with-errors"></span>
        </div>
    </div>

    <button type="submit" class="btn btn-info">提 交 </button>
</form>
```

b. house-edit.jsp 页面中表单的代码示例：

```html
        <form role="form" action="house?action=houseEdit" data-toggle="validator modal" method="post">
    <div class="form-group">
        <div class="input-group col-md-3">
            <label class="control-label">门牌号*</label>
            <input type="text" class="form-control" name="num" value ="${house.num }" required>
            <span class="help-block with-errors"></span>
        </div>
    </div>
    <div class="form-group">
        <div class="input-group col-md-3">
            <label class="control-label">楼号*</label>
            <input type="text" class="form-control" name="dep" value ="${house.dep }" required>
            <span class="help-block with-errors"></span>
        </div>
    </div>
        <div class="form-group">
            <div class="input-group col-md-3">
                <label class="control-label" >类型*</label>
                <select data-rel="chosen" name="type">
                <option value="${house.type }">${house.type }</option>
    <option value="独栋">独栋</option>
    <option value="多层">多层</option>
    <option value="小高层">小高层</option>
    <option value="高层">高层</option>
</select>
            </div>
    </div>
        <div class="form-group">
            <div class="input-group col-md-3">
                <label class="control-label" >地区*</label>
                <input type="text" class="form-control" name="area" value ="${house.area }" required>
                <span class="help-block with-errors"></span>
            </div>
    </div>
        <div class="form-group">
            <div class="input-group col-md-3">
                <label class="control-label">出售状况*</label>
                <select data-rel="chosen" name="sell">
                <option value="${house.sell }">${house.sell }</option>
```

```html
            <option value="待售">待售</option>
            <option value="已售">已售</option>
        </select>
            </div>
        </div>
            <div class="form-group">
                <div class="input-group col-md-3">
                    <label class="control-label" >单元*</label>
                    <input type="text" class="form-control" name="unit"  value ="${house.unit }" required>
                    <span class="help-block with-errors"></span>
                </div>
            </div>
            <div class="form-group">
                <div class="input-group col-md-3">
                    <label class="control-label" >楼层*</label>
                    <input type="number" class="form-control" name="floor"  value ="${house.floor }" required>
                    <span class="help-block with-errors"></span>
                </div>
            </div>
            <div class="form-group">
                <div class="input-group col-md-3">
                    <label class="control-label" >朝向*</label>
                    <select data-rel="chosen" name="direction">
                    <option value="${house.direction }">${house.direction }</option>
        <option value="南">南</option>
        <option value="东">东</option>
        <option value="西">西</option>
        <option value="北">北</option>
        </select>
                </div>
            </div>
            <div class="form-group">
                <div class="input-group col-md-3">
                    <label class="control-label" >业主编号</label>
                    <input type="text" class="form-control" name="ownerid" value ="${house.ownerid }">
                </div>
            </div>
            <div class="form-group">
                <div class="input-group col-md-4">
                    <label class="control-label" >备注</label>
                    <input type="text" class="form-control" name="memo" value ="${house.memo }">
                </div>
            </div>
            <input type="hidden" name="id"  value="${house.id}">
<button type="submit" class="btn btn-info">提 交 </button>
</form>
```

c. 删除房产信息。直接在页面（house-list.jsp）的表单上加一个列，请求后台删除功能，部分关键代码段如下：

```html
    <a class="btn btn-danger"
    href="#" data-href="house?action=houseDelete&
```

```
        id=${house.id}" data-toggle="modal" data-target="#myModal">
    <i class="glyphicon glyphicon-trash icon-white"></i>
删 除
    </a>
```

12.2 业主信息

业主信息的前台分成三个页面：custom-list.jsp、custom-edit.jsp、custom-add.jsp。其中 custom-list.jsp 显示全部业主信息。custom-edit.jsp、custom-add.jsp 的作用分别是编辑修改业主信息和添加一条业主信息，这两个 JSP 页面的操作需要判断是否有管理员权限，普通业主（User）不能操作这两个页面。

用户在登录成功之后，通过请求后台的 Controller，成功返回 custom-list.jsp 页面，同时还返回业主信息的所有数据。在 JSP 页面上，使用 JSTL 和 EL 循环显示出业主信息数据，显示数据的核心代码（custom-list.jsp）如下：

```
        <table class="table table-striped table-bordered bootstrap-datatable datatable responsive">
            <thead>
            <a class="btn btn-success" href="customAccount/custom-add.jsp">
                <i class="glyphicon glyphicon-plus icon-white"></i>
                 添 加 记 录
            </a>
            <br/>
            <br/>
            <tr>
                <th>用户名</th>
                <th>密码</th>
                <th>业主编号</th>
                <th>车牌号</th>
                <th>操作</th>
            </tr>
            </thead>
            <tbody>
            <!-- 使用 jstl 标签循环取得后台数据 -->
            <c:forEach var="customAccount" items="${customAccounts}" >
                <tr>
                    <td>${customAccount.username}</td>
                    <td>******</td>
                    <td>${customAccount.ownerid}</td>
                    <td>${customAccount.carid}</td>
                    <td class="center">
                        <a class="btn btn-info" href="custom?action=findById&accountid=${customAccount.accountid}">
                            <i class="glyphicon glyphicon-edit icon-white"></i>
                            编 辑
                        </a>
                        <a class="btn btn-danger" href="#" data-href="custom?action=customAccount-Delete&accountid=${customAccount.accountid}" data-toggle="modal" data-target="#myModal">
                            <i class="glyphicon glyphicon-trash icon-white"></i>
```

```
                删 除
            </a>
        </td>
    </tr>
</c:forEach>
    </tr>
  </tbody>
</table>
```

12.3 房产信息

房产信息的前台分成三个页面：house-list.jsp、house-edit.jsp、house-add.jsp。其中 house-list.jsp 显示全部房产信息。house-edit.jsp、house-add.jsp 的作用分别是编辑修改房产信息和添加一条房产信息，这两个 JSP 页面的操作需要判断是否有管理员权限，普通业主（User）不能操作这两个页面。

用户在登录成功之后，通过请求后台的 Controller，成功返回 house-list.jsp 页面，同时还返回房产信息的所有数据。在 JSP 页面上，使用 JSTL 和 EL 循环显示出房产信息数据。

显示数据的核心代码如下（house-list.jsp）：

```
    <table class="table table-striped table-bordered bootstrap-datatable datatable responsive dataTable">
    <thead>
    <a class="btn btn-success" href="house/house-add.jsp">
    <i class="glyphicon glyphicon-plus icon-white"></i>
 添 加 记 录
    </a>
    <br/>
    <br/>
    <tr>
    <th>门牌号</th>
    <th>楼号</th>
    <th>类型</th>
    <th>地区</th>
    <th>出售状况</th>
    <th>单元</th>
    <th>楼层</th>
    <th>朝向</th>
    <th>业主编号</th>
    <th>备注</th>
    <th>操作</th>
    </tr>
    </thead>
    <tbody>
    <!-- 使用 jstl 标签循环取得后台数据 -->
    <c:forEach var="house" items="${houses}" >
        <tr>
            <td>${house.num}</td>
            <td>${house.dep}</td>
            <td>${house.type}</td>
```

```
            <td>${house.area}</td>
            <td>${house.sell}</td>
            <td>${house.unit}</td>
            <td>${house.floor}</td>
            <td>${house.direction}</td>
            <td>${house.ownerid}</td>
            <td>${house.memo}</td>
        <td class="center">
        <a class="btn btn-info" href="house?action=findById&id=${house.id}">
        <i class="glyphicon glyphicon-edit icon-white"></i>
        编 辑
        </a>
        <a class="btn btn-danger" href="#" data-href="house?action=houseDelete&id=${house.id}" data-toggle="modal" data-target="#myModal">
        <i class="glyphicon glyphicon-trash icon-white"></i>
        删 除
        </a>
        </td>
        </tr>
    </c:forEach>

    </tr>
    </tbody>
    </table>
```

如上述代码所示，添加一条房产信息数据是直接用<a>标记跳到 house-add.jsp 页面的，而删除和修改一条房产信息数据，需要带着参数请求后台，请求成功后，由后台重定向到相关页面，这些操作普通的用户没有权限，需要管理员来完成，房产信息前台运行图如图 12-2 所示。

图 12-2 房产信息前台运行图

12.4 通知公告

通知公告的前台分成四个页面：notice-list.jsp、notice-edit.jsp、notice-add.jsp、notice-view.jsp。其中 notice-list.jsp 显示全部公告信息。notice-edit.jsp、notice-add.jsp 的作用分别是

编辑修改公告信息和添加一条公告信息,这两个 JSP 页面的操作需要判断是否有管理员权限,普通业主不能操作这两个页面。

用户在登录成功之后,通过请求后台的 Controller,成功返回 notice-list.jsp 页面,同时还返回公告信息的所有数据。在 JSP 页面上,使用 JSTL 和 EL 循环显示出公告信息数据。显示数据的核心代码(notice-list.jsp)如下:

```html
<table class="table table-striped table-bordered bootstrap-datatable datatable responsive">
<thead>
<a class="btn btn-success" href="notice/notice-add.jsp">
<i class="glyphicon glyphicon-plus icon-white"></i>
 添 加 记 录
</a>
<br/>
<br/>
<tr>
<th>公告题目</th>
<th>发布日期</th>
<th>发布者</th>
<th>操作</th>
</tr>
</thead>
<tbody>
<!-- 使用 jstl 标签循环取得后台数据 -->
<c:forEach var="notice" items="${notice}">
<tr>
<td align="center">${notice.title}</td>
<td align="center">${notice.ndate }</td>
<td align="center">${notice.uper}</td>
<td class="center">
<a class="btn btn-info" href="notice?action=noticeselect&id=${notice.id}">
<i class="glyphicon glyphicon-edit icon-white"></i>
编 辑
</a>
<a class="btn btn-danger" href="#" data-href="notice?action=noticedelete&id=${notice.id}" data-toggle="modal" data-target="#myModal">
<i class="glyphicon glyphicon-trash icon-white"></i>
删 除
</a>
</td>
</tr>
</c:forEach>
</tr>
</tbody>
</table>
```

如上述代码所示,添加一条公告信息数据是直接用<a>标记跳到 notice-add.jsp 页面的,而删除和修改一条公告信息数据,需要带着参数请求后台,请求成功之后,由后台重定向到相关页面,普通的用户没有权限进行这些操作,需要管理员来完成,公告信息前台运行图如图 12-3 所示。

图 12-3 公告信息前台运行图

12.5 故障报修

故障报修功能的前台分成三个页面：maintain-list.jsp、maintain-edit.jsp、maintain-add.jsp。其中 maintain-list.jsp 显示全部报修信息。maintain-edit.jsp、maintain-add.jsp 的作用分别是编辑修改报修信息和添加一条报修信息，普通业主也可以操作这两个页面。

用户在登录成功之后，通过请求后台的 Controller，成功返回 maintain-list.jsp 页面，同时还返回报修信息的所有数据。在 JSP 页面上，使用 JSTL 和 EL 循环显示出报修信息数据。显示报修信息数据的核心代码如下：

maintain-list.jsp 页面部分代码：

```
<table class="table table-striped table-bordered bootstrap-datatable datatable responsive">
<thead>
<a class="btn btn-success" href="maintain/maintain-add.jsp">
<i class="glyphicon glyphicon-plus icon-white"></i>
 添 加 记 录
</a>
<br/>
<br/>
<tr>
    <th>报修时间</th>
    <th>报修物品</th>
    <th>状态</th>
    <th>房门号</th>
    <th>维修时间</th>
    <th>预计花费</th>
    <th>实际花费</th>
    <th>报修人</th>
    <th>保修详情</th>
    <th>操作</th>
</tr>
</thead>
<tbody>
<c:forEach var="maintain" items="${maintains}" >
    <tr>
        <td>${maintain.sdate}</td>
        <td>${maintain.thing}</td>
```

```
            <td>${maintain.status}</td>
            <td>${maintain.homesnumber}</td>
            <td>${maintain.rdate}</td>
            <td>¥${maintain.tcost}</td>
            <td>¥${maintain.scost}</td>
            <td>${maintain.maintainer}</td>
            <td>${maintain.smemo}</td>
    <td class="center">
    <a class="btn btn-info" href="main?action=findById&id=${maintain.id}">
    <i class="glyphicon glyphicon-edit icon-white"></i>
    编 辑
    </a>
    <a class="btn btn-danger" href="#" data-href="main?action=maintainDelete&id=${maintain.id}"
data-toggle="modal" data-target="#myModal">
    <i class="glyphicon glyphicon-trash icon-white"></i>
    删 除
    </a>
    </td>
    </tr>
    </c:forEach>

    </tr>
    </tbody>
    </table>
```

如上述代码所示，添加一条维修信息数据是直接用<a>标记跳到 maintain-add.jsp 页面的，而删除和修改一条维修信息数据，需要带着参数请求后台，请求成功之后，由后台重定向到相关页面，故障报修前台运行图如图 12-4 所示。

图 12-4　故障报修前台运行图

12.6　其他功能

显示登录及退出登录功能的代码如下：

```
<div class="btn-group pull-right">
    <button class="btn btn-default dropdown-toggle" data-toggle="dropdown">
    <i class="glyphicon glyphicon-user"></i><span class="hidden-sm hidden-xs"> ${admin.name}</span>
    <span class="caret"></span>
```

```
</button>
<ul class="dropdown-menu">
<li><a href="user?action=logout">注销登录</a></li>
</ul>
    </div>
```

12.7 本章小结

本章从前端页面角度描述了物业管理系统的前端显示层的组织、功能及代码示例。本章着重描述 JSP 页面上的业务功能代码，关于页面渲染采用的 CSS 和动画效果采用的 JS 效果，请读者结合之前的学习，根据需要自定义添加，前端的渲染没有固定的格式和样式要求。

第13章 物业管理系统后台程序

- 掌握物业管理系统用户注册和登录功能的实现。
- 掌握物业管理系统业主信息管理功能的实现。
- 掌握物业管理系统房产信息管理功能的实现。
- 掌握物业管理系统小区公告信息管理功能的实现。
- 掌握物业管理系统故障报修管理功能的实现。

通过上一章的讲解，相信读者对物业管理系统的项目需求、数据库设计及前台功能页面有了一定的了解。然而在实际的项目中，只有前台页面是不够的，还需要后台程序对前台页面进行维护。前台页面主要用于和用户进行交互，满足用户的使用体验，而后台管理程序则对前台页面中的内容进行管理和维护。接下来，本章将针对物业管理系统的后台管理系统进行详细的讲解。

13.1 后台管理系统概述

本项目后台语言采用 Java，接收前台请求使用 Servlet 技术。后台总体的设计思路是 Servlet 接收前台发来的请求，并只负责将其转发到业务 Service，具体的业务处理由 Servlet 完成，需要交互数据库的部分，由 Servlet 请求到 DAO 层，由 DAO 接口的实现类完成对数据库的操作。连接操作数据库的方式采用 JDBC，本项目单独封装了一个 DBUtil 工具类，统一、标准化地完成对数据库的连接操作。涉及数据加密的部分，本项目特别封装了 MD5Util

类,完成对相关数据的加密工作。

后台请求逻辑图如图 13-1 所示。

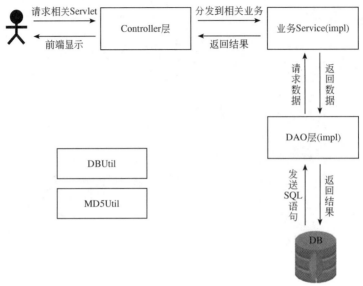

图 13-1　后台请求逻辑图

13.2　系统用户注册和登录功能模块

管理员账号相对于普通业主,除正常的查询功能之外,还具有对相关信息的增加、删除和修改功能。

这里以房产信息模块为例,分三个功能分别讲述增加房产信息、修改房产信息和删除房产信息的后台实现。

13.2.1　增加一条房产信息的后台实现

管理员账户请求到 house-list.jsp 页面之后,在页面上单击【添加记录】按钮,系统会跳转到 house-add.jsp 页面。在 house-add.jsp 中,表单上需要填写"门牌号""楼号""类型""地区""出售情况""单元""楼层""朝向""备注""业主编号"等信息,之后单击【提交】按钮请求 HouseServlet 上的 service()方法,service()根据参数"houseAdd"请求 IHouseService 接口的 add()方法,其实现类 HouseServiceImpl 请求 DAO 层的 IHouseDao 接口,其实现类 HouseDaoImpl 的 add()方法执行对数据库的具体操作。具体代码如下:

① Controller 层:

```java
public class HouseServlet extends HttpServlet{
    @Override
    protected void service(HttpServletRequest request, HttpServletResponse response)
            throws ServletException, IOException {
        request.setCharacterEncoding("utf-8");
        String action = request.getParameter("action");
        IHouseService ihs = new HouseServiceImpl();
        if("houseList".equals(action)){
```

```
         List<House> list = ihs.findAllHouse();
         request.setAttribute("houses", list);
         RequestDispatcher rd = request.getRequestDispatcher("house/house-list.jsp");
         rd.forward(request, response);

    }else if("houseAdd".equals(action)){
//       int id = Integer.parseInt(request.getParameter("id"));
         String num = request.getParameter("num");
         String dep = request.getParameter("dep");
         String type = request.getParameter("type");
         String area = request.getParameter("area");
         String sell = request.getParameter("sell");
         String unit = request.getParameter("unit");
         String floor = request.getParameter("floor");
         String direction = request.getParameter("direction");
         String memo = request.getParameter("memo");
         String ownerid = request.getParameter("ownerid");

         House h = new House();
//       h.setId(id);
         h.setNum(num);
         h.setDep(dep);
         h.setType(type);
         h.setArea(area);
         h.setSell(sell);
         h.setUnit(unit);
         h.setFloor(floor);
         h.setDirection(direction);
         h.setMemo(memo);
         h.setOwnerid(ownerid);

         ihs.add(h);

         response.sendRedirect("house?action=houseList");
    }
```

② Service 层:

```
    IHouseDao hdao=new HouseDaoImpl();
public List<House> findAllHouse() {
    List<House> list =hdao.getAllHouse();
    return list;
}

public void add(House h) {
    hdao.add(h);
}
```

③ DAO 层:

```
public void add(House h) {

    String sql = "insert into house(num,dep,type,area,sell,unit,floor,direction,memo,ownerid) " +
                 "values(?,?,?,?,?,?,?,?,?,?) ";
    Connection conn = DBUtil.getConnection();
```

```
        PreparedStatement stmt = null;
        try {
            stmt = conn.prepareStatement(sql);
            stmt.setString(1, h.getNum());
            stmt.setString(2, h.getDep());
            stmt.setString(3, h.getType());
            stmt.setString(4, h.getArea());
            stmt.setString(5, h.getSell());
            stmt.setString(6, h.getUnit());
            stmt.setString(7, h.getFloor());
            stmt.setString(8, h.getDirection());
            stmt.setString(9, h.getMemo());
            stmt.setString(10, h.getOwnerid());
            stmt.executeUpdate();
        } catch (SQLException e) {

            e.printStackTrace();
        }finally{
            DBUtil.close(stmt);
            DBUtil.close(conn);
        }
    }
```

13.2.2 修改/删除一条房产信息的后台实现

管理员账户请求到 house-list.jsp 页面之后，在页面上单击【编辑】按钮，系统会跳转到 house-edit.jsp 页面。该页面首先会回填该房产的所有信息，也就是按条件查询房产信息的请求过程。之后管理员修改需要修改的项，再单击【提交】按钮请求 HouseServlet 上的 service() 方法，service() 根据参数 "houseEdit" 请求 IHouseService 接口的 update() 方法，其实现类 HouseServiceImpl 请求 DAO 层的 IHouseDao 接口，其实现类 HouseDaoImpl 的 update() 方法执行对数据库的具体操作。按条件查询房产信息的请求过程和请求所有房产信息的过程类似，只不过查询语句中多了个 where 条件。

① Controller 层（整个 HouseServlet 的代码）：

```
    public class HouseServlet extends HttpServlet{
    @Override
    protected void service(HttpServletRequest request, HttpServletResponse response)
            throws ServletException, IOException {
        request.setCharacterEncoding("utf-8");
        String action = request.getParameter("action");
        IHouseService ihs = new HouseServiceImpl();
        if("houseList".equals(action)){
            List<House> list =  ihs.findAllHouse();
            request.setAttribute("houses", list);
            RequestDispatcher rd = request.getRequestDispatcher("house/house-list.jsp");
            rd.forward(request, response);

        }else if("houseAdd".equals(action)){

//          int id = Integer.parseInt(request.getParameter("id"));
            String num = request.getParameter("num");
            String dep = request.getParameter("dep");
```

```java
            String type = request.getParameter("type");
            String area = request.getParameter("area");
            String sell = request.getParameter("sell");
            String unit = request.getParameter("unit");
            String floor = request.getParameter("floor");
            String direction = request.getParameter("direction");
            String memo = request.getParameter("memo");
            String ownerid = request.getParameter("ownerid");

            House h = new House();
//          h.setId(id);
            h.setNum(num);
            h.setDep(dep);
            h.setType(type);
            h.setArea(area);
            h.setSell(sell);
            h.setUnit(unit);
            h.setFloor(floor);
            h.setDirection(direction);
            h.setMemo(memo);
            h.setOwnerid(ownerid);

            ihs.add(h);

            response.sendRedirect("house?action=houseList");
        }else if("findByOwnerid".equals(action)){
            String ownerid = request.getParameter("ownerid");

            List<House>  list = ihs.findByOwnerid(ownerid);

            request.setAttribute("houses", list);

            RequestDispatcher rd = request.getRequestDispatcher("house/user-house-list.jsp");
            rd.forward(request, response);


        }else if("houseEdit".equals(action)){
            int id = Integer.parseInt(request.getParameter("id"));
            String num = request.getParameter("num");
            String dep = request.getParameter("dep");
            String type = request.getParameter("type");
            String area = request.getParameter("area");
            String sell = request.getParameter("sell");
            String unit = request.getParameter("unit");
            String floor = request.getParameter("floor");
            String direction = request.getParameter("direction");
            String memo = request.getParameter("memo");
            String ownerid = request.getParameter("ownerid");
            House h = new House();

            h.setId(id);
            h.setNum(num);
            h.setDep(dep);
            h.setType(type);
```

```java
            h.setArea(area);
            h.setSell(sell);
            h.setUnit(unit);
            h.setFloor(floor);
            h.setDirection(direction);
            h.setMemo(memo);
            h.setOwnerid(ownerid);
            
            ihs.update(h);
            
            response.sendRedirect("house?action=houseList");
        }else if("houseDelete".equals(action)){
            String id = request.getParameter("id");
            ihs.delete(id);
            response.sendRedirect("house?action=houseList");
        }else if("findById".equals(action)){
            String id = request.getParameter("id");
            
            House h = ihs.findById(id);
            
            request.setAttribute("house",h);
            
            RequestDispatcher rd = request.getRequestDispatcher("house/house-edit.jsp");
            rd.forward(request, response);
            
        }
    }
}
```

② Service 层(完整 Service 层的代码):

```java
public class HouseServiceImpl implements IHouseService{
    IHouseDao hdao=new HouseDaoImpl();
    public List<House> findAllHouse() {
        List<House> list =hdao.getAllHouse();
        return list;
    }
    
    public void add(House h) {
        hdao.add(h);
    }
    
    public void delete(String id) {
        hdao.delete(id);
    }
    
    public void update(House h) {
        hdao.update(h);
    }
    
    public List<House> findByOwnerid(String oid) {
        List<House> list =hdao.getHouseByOwnerid(oid);
        return list;
    }
```

```java
public House findById(String id) {
    return hdao.findById(id);
}
}
```

③ DAO 层（完整 DAO 层的代码）：

```java
public class HouseDaoImpl implements IHouseDao{

    public List<House> getAllHouse() {

        String sql = "select * from house order by dep";
        Connection conn = DBUtil.getConnection();
        PreparedStatement stmt = null;
        ResultSet rs = null;

        List<House> list = new ArrayList<House>();
        try {
            stmt = conn.prepareStatement(sql);
            rs = stmt.executeQuery();
            while(rs.next()){
                House h = new House();
                h.setId(rs.getInt("id"));
                h.setNum(rs.getString("num"));
                h.setDep(rs.getString("dep"));
                h.setType(rs.getString("type"));
                h.setArea(rs.getString("area"));
                h.setSell(rs.getString("sell"));
                h.setUnit(rs.getString("unit"));
                h.setFloor(rs.getString("floor"));
                h.setDirection(rs.getString("direction"));
                h.setMemo(rs.getString("memo"));
                h.setOwnerid(rs.getString("ownerid"));
                list.add(h);
            }

        } catch (SQLException e) {
            e.printStackTrace();
        } finally{
            DBUtil.close(rs);
            DBUtil.close(stmt);
            DBUtil.close(conn);
        }
        return list;
    }
```

管理员账户请求到 house-list.jsp 页面之后，在页面上单击【删除】按钮，系统会弹出一个对话框，在对话框上单击【确定】按钮请求 HouseServlet 上的 service()方法，service()根据参数 "houseDelete" 请求 IHouseService 接口的 delete()方法，其实现类 HouseServiceImpl 请求 DAO 层的 IHouseDao 接口，其实现类 HouseDaoImpl 的 delete()方法执行对数据库的具体操作。具体代码如下：

```java
public List<House> getHouseByOwnerid(String oid) {
    String sql = "select * from house where ownerid = ?";
    Connection conn = DBUtil.getConnection();
    PreparedStatement stmt = null;
    ResultSet rs = null;
    
    List<House> list = new ArrayList<House>();
    House h;
    try {
        stmt = conn.prepareStatement(sql);
        stmt.setString(1, oid);
        rs = stmt.executeQuery();
        while(rs.next()){
            h = new House();
            h.setId(rs.getInt("id"));
            h.setNum(rs.getString("num"));
            h.setDep(rs.getString("dep"));
            h.setType(rs.getString("type"));
            h.setArea(rs.getString("area"));
            h.setSell(rs.getString("sell"));
            h.setUnit(rs.getString("unit"));
            h.setFloor(rs.getString("floor"));
            h.setDirection(rs.getString("direction"));
            h.setMemo(rs.getString("memo"));
            h.setOwnerid(rs.getString("ownerid"));
            list.add(h);
        }
        
    } catch (SQLException e) {
        e.printStackTrace();
    } finally{
        DBUtil.close(rs);
        DBUtil.close(stmt);
        DBUtil.close(conn);
    }
    return list;
}

public void add(House h) {
    
    String sql = "insert into house(num,dep,type,area,sell,unit,floor,direction,memo,ownerid) " +
                 "values(?,?,?,?,?,?,?,?,?,?) ";
    Connection conn = DBUtil.getConnection();
    PreparedStatement stmt = null;
    try {
        stmt = conn.prepareStatement(sql);
        stmt.setString(1, h.getNum());
        stmt.setString(2, h.getDep());
        stmt.setString(3, h.getType());
        stmt.setString(4, h.getArea());
        stmt.setString(5, h.getSell());
```

```java
            stmt.setString(6, h.getUnit());
            stmt.setString(7, h.getFloor());
            stmt.setString(8, h.getDirection());
            stmt.setString(9, h.getMemo());
            stmt.setString(10, h.getOwnerid());
            stmt.executeUpdate();
        } catch (SQLException e) {

            e.printStackTrace();
        }finally{
            DBUtil.close(stmt);
            DBUtil.close(conn);
        }
    }

    public void update(House h) {
        String sql = " update house set num=?,dep=?,type=?,area=?,sell=?,unit=?,floor=?,direction=?,memo=?,ownerid=?" + " where id = ? ";

        Connection conn = DBUtil.getConnection();
        PreparedStatement stmt = null;

        try {
            stmt= conn.prepareStatement(sql);
            stmt.setString(1, h.getNum());
            stmt.setString(2, h.getDep());
            stmt.setString(3, h.getType());
            stmt.setString(4, h.getArea());
            stmt.setString(5, h.getSell());
            stmt.setString(6, h.getUnit());
            stmt.setString(7, h.getFloor());
            stmt.setString(8, h.getDirection());
            stmt.setString(9, h.getMemo());
            stmt.setString(10, h.getOwnerid());
            stmt.setInt(11, h.getId());
            stmt.executeUpdate();
        } catch (SQLException e) {
            e.printStackTrace();
        }finally{
            DBUtil.close(stmt);
            DBUtil.close(conn);
        }
    }

    public void delete(String id) {
        String sql ="delete  from house where id= ?";
        Connection conn = DBUtil.getConnection();
        PreparedStatement stmt = null;

        try {
            stmt = conn.prepareStatement(sql);
            stmt.setString(1,id);
```

```java
            stmt.executeUpdate();
        } catch (SQLException e) {
            e.printStackTrace();
        }finally{
            DBUtil.close(stmt);
            DBUtil.close(conn);
        }
    }

    public House findById(String id) {
        String sql = "select * from house where id = ?";
        Connection conn = DBUtil.getConnection();
        PreparedStatement stmt = null;
        ResultSet rs = null;
        House h = null;
        try {
            stmt = conn.prepareStatement(sql);
            stmt.setString(1, id);
            rs = stmt.executeQuery();
            while (rs.next()){
                h=new House();
                h.setId(rs.getInt("id"));
                h.setNum(rs.getString("num"));
                h.setDep(rs.getString("dep"));
                h.setType(rs.getString("type"));
                h.setArea(rs.getString("area"));
                h.setSell(rs.getString("sell"));
                h.setUnit(rs.getString("unit"));
                h.setFloor(rs.getString("floor"));
                h.setDirection(rs.getString("direction"));
                h.setMemo(rs.getString("memo"));
                h.setOwnerid(rs.getString("ownerid"));
            }
        } catch (SQLException e) {
            e.printStackTrace();
        } finally{
            DBUtil.close(rs);
            DBUtil.close(stmt);
            DBUtil.close(conn);
        }
        return h;
    }
}
```

13.3 业主信息管理模块

对于普通的用户来说，本模块只提供查询功能；如果是管理员账户登录，可以实现对业主信息的增加、编辑和删除。用户账户性质的判断由 login 功能完成。

用户请求到 CustomAccountServlet，由 CustomAccountServlet 来判断参数，由于 CustomAccountServlet 继承自 HttpServlet，因此会默认执行 service()方法。在重写的 service()方法中，判断参数为 customAccountList 时，调用 ICustomAccountService 接口，由 CustomAccountServiceImpl 类完成具体的业务操作。在 CustomAccountServiceImpl 类中，根据其请求，调用 ICustomAccountDao 接口的 getALLcustomAccount()方法，具体的实现由 CustomAccountDaoImpl 的 getALLcustomAccount()方法完成，返回结果为 List<CustomAccount>。这个 List<CustomAccount>最终会返回给 CustomAccountServlet，CustomAccountServlet 接到数据之后，将其放入 request 中，之后转发到 custom-list.jsp 页面，完成显示。

具体代码如下：

① Controller 层：

```java
public class CustomAccountServlet extends HttpServlet{
@Override
protected void service(HttpServletRequest request, HttpServletResponse response)
        throws ServletException, IOException {
    request.setCharacterEncoding("utf-8");
    String action = request.getParameter("action");
    ICustomAccountService ca = new CustomAccountServiceImpl();
    if("customAccountList".equals(action)){
        List<CustomAccount> list = ca.findAllcustomAccount();
        request.setAttribute("customAccounts", list);
        RequestDispatcher rd = request.getRequestDispatcher("customAccount/custom-list.jsp");
        rd.forward(request,response);
    }
}
```

② Service 层：

```java
ICustomAccountDao cd = new CustomAccountDaoImpl();

public List<CustomAccount> findAllcustomAccount() {
    List<CustomAccount> list = cd.getALLcustomAccount();
    return list;
}
```

③ DAO 层：

```java
public List<CustomAccount> getALLcustomAccount() {
    String sql = "select * from custom_account order by username";
    Connection conn = DBUtil.getConnection();
    PreparedStatement stmt = null;
    ResultSet rs = null;
    
    List<CustomAccount> list = new ArrayList<CustomAccount>();
    try {
        stmt = conn.prepareStatement(sql);
        rs = stmt.executeQuery();
        while(rs.next()){
            CustomAccount c = new CustomAccount();
            c.setAccountid(rs.getInt("accountid"));
```

```
            c.setUsername(rs.getString("username"));
            c.setPassword(rs.getString("password"));
            c.setOwnerid(rs.getString("ownerid"));
            c.setCarid(rs.getString("carid"));
            list.add(c);
        }
    } catch (SQLException e) {
        e.printStackTrace();
    } finally{
        DBUtil.close(rs);
        DBUtil.close(stmt);
        DBUtil.close(conn);
    }
    return list;
}
```

13.4 房产信息管理模块

对于普通的用户来说，本模块只提供查询功能；如果是管理员账户登录，可以实现对房产信息的增加、编辑和删除。用户账户性质的判断由 login 功能完成。

用户请求到 HouseServlet，由 HouseServlet 来判断参数，由于 HouseServlet 继承自 HttpServlet，因此会默认执行 service()方法。在重写的 service()方法中，判断参数为 houseList 时，调用 IHouseService 接口，由 HouseServiceImpl 类去完成具体的业务操作。在 HouseServiceImpl 类中，根据其请求，调用 IHouseDao 接口的 getAllHouse()方法，具体的实现由 HouseDaoImpl 的 getAllHouse()方法完成，返回结果为 List<House>。这个 List<House> 最终会返回给 HouseServlet，HouseServlet 接到数据之后，将其放入 request 中，之后转发到 house-list.jsp 页面，完成显示。具体代码如下：

① Controller 层：

```
public class HouseServlet extends HttpServlet{
    @Override
    protected void service(HttpServletRequest request, HttpServletResponse response)
         throws ServletException, IOException {
        //处理字符集，防止乱码
        request.setCharacterEncoding("utf-8");
        //取得前台传参类型
        String action = request.getParameter("action");
        IHouseService ihs = new HouseServiceImpl();
        if("houseList".equals(action)){
            List<House> list = ihs.findAllHouse();
            request.setAttribute("houses", list);
        //结果转发到 house/house-list.jsp 页面
            RequestDispatcher rd = request.getRequestDispatcher("house/house-list.jsp");
            rd.forward(request, response);
        }

    }
```

② Service 层：

```
public class HouseServiceImpl implements IHouseService{
```

```java
IHouseDao hdao=new HouseDaoImpl();
public List<House> findAllHouse() {
    List<House> list =hdao.getAllHouse();
    return list;
}
```

③ DAO 层:

```java
public class HouseDaoImpl implements IHouseDao{

public List<House> getAllHouse() {
    //定义查询语句
    String sql = "select * from house order by dep";
    //取得数据库连接
    Connection conn = DBUtil.getConnection();
    PreparedStatement stmt = null;
    //定义结果集对象
    ResultSet rs = null;
    
    List<House> list = new ArrayList<House>();
    try {
        stmt = conn.prepareStatement(sql);
        rs = stmt.executeQuery();
        //循环取得数据
        while(rs.next()){
            House h = new House();
            h.setId(rs.getInt("id"));
            h.setNum(rs.getString("num"));
            h.setDep(rs.getString("dep"));
            h.setType(rs.getString("type"));
            h.setArea(rs.getString("area"));
            h.setSell(rs.getString("sell"));
            h.setUnit(rs.getString("unit"));
            h.setFloor(rs.getString("floor"));
            h.setDirection(rs.getString("direction"));
            h.setMemo(rs.getString("memo"));
            h.setOwnerid(rs.getString("ownerid"));
            list.add(h);
        }
        
    } catch (SQLException e) {
        e.printStackTrace();
    } finally{
        //关闭相关连接
        DBUtil.close(rs);
        DBUtil.close(stmt);
        DBUtil.close(conn);
    }
    return list;
}
```

后台房屋信息代码类图如图 13-2 所示。

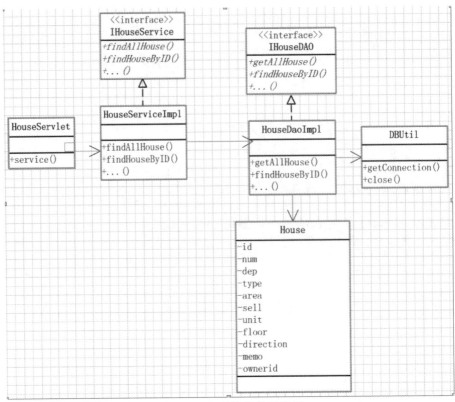

图 13-2　房产信息代码类图

13.5　通知公告管理模块

对于普通的用户来说，本模块只提供查询功能；如果是管理员账户登录，可以实现对公告信息的增加、编辑和删除。用户账户性质的判断由 login 功能完成。

用户请求到 NoticeServlet，由 NoticeServlet 来判断参数，由于 NoticeServlet 继承自 HttpServlet，因此会默认执行 service()方法。在重写的 service()方法中，判断参数为 noticelist 时，调用 INoticeService 接口，由 NoticeServiceImpl 类去完成具体的业务操作。在 NoticeServiceImpl 类中，根据其请求，调用 INoticeDao 接口的 FindAll()方法，具体的实现由 NoticeDaoImpl 的 FindAll()方法完成，返回结果为 List<Notice>。这个 List<Notice>最终会返回给 NoticeServlet，NoticeServlet 接到数据之后，将其放入 request 中，之后转发到 notice-list.jsp 页面，完成显示。具体代码如下：

① Controller 层：

```
public class NoticeServlet extends HttpServlet{
@Override
protected void service(HttpServletRequest request, HttpServletResponse response)
        throws ServletException, IOException {
    request.setCharacterEncoding("utf-8");
    response.setContentType("text/html;charset=utf-8");
    String action=request.getParameter("action");
    INoticeService noticeservice=new NoticeServiceImpl();
```

```java
        if("noticelist".equals(action)){
            List<Notice> list=new ArrayList<Notice>();
            list=noticeservice.FindAll();
            request.setAttribute("notice", list);
            RequestDispatcher rd=request.getRequestDispatcher("notice/notice-list.jsp");
            rd.forward(request,response);
        }
```

② Service 层：

```java
public class NoticeServiceImpl implements INoticeService{
INoticeDao notifydao=new NoticeDaoImpl();
//查询所有数据
public List<Notice> FindAll() {
    List<Notice> list = new ArrayList<Notice>();
    //调用查询所有数据接口
    list = notifydao.FindAll();
    return list;
}
```

③ DAO 层：

```java
public List<Notice> FindAll() {
    String sql="select id,content,date_format(ndate,'%Y-%m-%d') ndate,"+
"title,uper from NOTICE  order by ndate desc";
    List<Notice> list=new ArrayList<Notice>();
    //取得数据库连接
    Connection conn=DBUtil.getConnection();
    PreparedStatement stmt=null;
    ResultSet rs=null;
    try {
        stmt=conn.prepareStatement(sql);
        rs=stmt.executeQuery();
        //循环取得数据
        while(rs.next())
        {
            Notice n = new Notice();
            n.setId(rs.getInt("id"));
            n.setContent(rs.getString("content"));
            n.setNdate(rs.getString("ndate"));
            n.setTitle(rs.getString("title"));
            n.setUper(rs.getString("uper"));
            list.add(n);
        }
    } catch (SQLException e) {
        e.printStackTrace();
    }finally{
        //关闭相关连接
        DBUtil.close(rs);
        DBUtil.close(stmt);
        DBUtil.close(conn);
    }
    return list;
}
```

后台通知公告代码类图如图 13-3 所示。

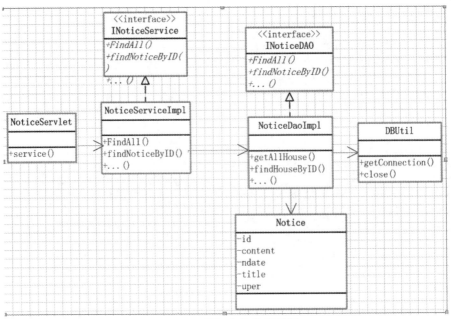

图 13-3 通知公告代码类图

13.6 故障报修管理模块

对于普通的业主来说，本模块系统具有故障申报功能，也就是用户登录系统向系统内添加一条故障记录。由于本系统没有做"审核"模块，因此用户添加的故障报修申请记录会直接显示在前端页面上。

用户请求到 MaintainServlet，由 MaintainServlet 来判断参数，由于 MaintainServlet 继承自 HttpServlet，因此会默认执行 service()方法。在重写的 service()方法中，判断参数为 maintainAdd 时，使用 request 对象的 getParameter()方法接收前端表单上传过来的各种参数。request 是 HttpServletRequest 的对象，这个在前面的章节已经提过。对于故障报修管理模块来说，前端会提交"维修时间""状态""房间号""报修时间""预计花费"等信息。后台程序接到这些参数之后，将其封装成一个实体类，之后调用 IMaintainService 接口的 save()方法，再由 MaintainServiceImpl 类去调用 IMaintainDao 接口的 save()方法完成对数据库的具体操作。

保存数据之后，MaintainServlet 会调用 response 的 sendRedirect()方法重新请求 MaintainServlet 的 service()方法，这次参数为 maintainList，由 MaintainServiceImpl 去调用 IMaintainDao 接口，并且由该接口的实现类去调用 getAllMaintain()方法，完成对所有故障报修信息的查询操作。之后把结果返回给 MaintainServlet。

当用户完成一条报修数据的添加之后，前端会自动显示所有的故障信息页面。具体代码如下：

① Controller 层：

```
public class MaintainServlet extends HttpServlet {
    protected void service(HttpServletRequest request, HttpServletResponse response)
        throws ServletException, IOException {
```

```java
        //处理字符集，防止乱码
        request.setCharacterEncoding("utf-8");
        response.setContentType("text/html;charset=UTF-8;");
        //取得前台传参类型
        String action = request.getParameter("action");
        IMaintainService maintainService = new MaintainServiceImpl();
        ICustomAccountService ca = new CustomAccountServiceImpl();
        if("maintainList".equals(action)){
            List<Maintain> list = maintainService.findAllMaintains();
            request.setAttribute("maintains", list);
            RequestDispatcher rd = request.getRequestDispatcher("maintain/maintain-list.jsp");
            rd.forward(request, response);
        }
        else if("maintainAdd".equals(action)){
            String thing = request.getParameter("thing");
            String status = request.getParameter("status");
            String homesnumber = request.getParameter("homesnumber");
            String sdate = request.getParameter("sdate");
            String rdate = request.getParameter("rdate");
            String tcost = request.getParameter("tcost");
            String scost = request.getParameter("scost");
            String maintainer = request.getParameter("maintainer");
            String smemo = request.getParameter("smemo");

            Double tt,st;
            if(tcost==null){tt=(double)0.0;}else{tt = Double.parseDouble(tcost);}
            if(scost==null||scost.equals("")){st=(double)0.0;}else{ st = Double.parseDouble(scost);}
            Maintain m = new Maintain();

            m.setThing(thing);
            m.setStatus(status);
            m.setHomesnumber(homesnumber);
            m.setSdate(sdate);
            m.setRdate(rdate);
            m.setTcost(tt);
            m.setScost(st);
            m.setMaintainer(maintainer);
            m.setSmemo(smemo);

            maintainService.save(m);
            //结果重定向
            response.sendRedirect("main?action=maintainList");
            return;
        }
```

② Service 层：

```java
    IMaintainDao ad = new MaintainDaoImpl();
    public List<Maintain> findAllMaintains() {
        List<Maintain> list = ad.getAllMaintain();
        return list;
    }

    public void save(Maintain a) {
```

```
        ad.save(a);
    }
```

③ DAO 层:

```java
public List<Maintain> getAllMaintain() {

        String sql = "select id,thing,status,homesnumber,date_format(sdate,'%Y-%m-%d')
sdate, date_format(rdate," + "'%Y-%m-%d') rdate,tcost,scost,maintainer,smemo from maintain
order by sdate";
        Connection conn = DBUtil.getConnection();
        PreparedStatement stmt = null;
        ResultSet rs = null;

        List<Maintain> list = new ArrayList<Maintain>();
        try {
            stmt = conn.prepareStatement(sql);
            rs = stmt.executeQuery();
            while(rs.next()){
                Maintain a = new Maintain();
                a.setId(rs.getInt("id"));
                a.setThing(rs.getString("thing"));
                a.setStatus(rs.getString("status"));
                a.setHomesnumber(rs.getString("homesnumber"));
                a.setSdate(rs.getString("sdate"));
                a.setRdate(rs.getString("rdate"));
                a.setTcost(rs.getDouble("tcost"));
                a.setScost(rs.getDouble("scost"));
                a.setMaintainer(rs.getString("maintainer"));
                a.setSmemo(rs.getString("smemo"));
                list.add(a);
            }

        } catch (SQLException e) {
            e.printStackTrace();
        } finally{
            DBUtil.close(rs);
            DBUtil.close(stmt);
            DBUtil.close(conn);
        }
        return list;
    }

    public void save(Maintain a) {
        //定义拼接 SQL 语句
        String sql = "insert into Maintain(THING,STATUS,HOMESNUMBER,SDATE,RDATE,TCOST,
SCOST,MAINTAINER,SMEMO) " +"values(?,?,?,str_to_date(?,'%Y-%m-%d'),str_to_date(?,'%Y-%m-
%d'),?,?,?,?)";
        //取得数据库连接
        Connection conn = DBUtil.getConnection();
        PreparedStatement stmt = null;
        try {
            stmt = conn.prepareStatement(sql);
            stmt.setString(1, a.getThing());
            stmt.setString(2, a.getStatus());
```

```
                stmt.setString(3, a.getHomesnumber());
                stmt.setString(4,  a.getSdate());
                stmt.setString(5, a.getRdate());
                stmt.setDouble(6, (Double) a.getTcost());
                stmt.setDouble(7, (Double) a.getScost());
                stmt.setString(8, a.getMaintainer());
                stmt.setString(9, a.getSmemo());
                stmt.executeUpdate();
            } catch (SQLException e) {

                e.printStackTrace();
            }finally{
                DBUtil.close(stmt);
                DBUtil.close(conn);
            }
        }
```

故障报修代码类图如图 13-4 所示。

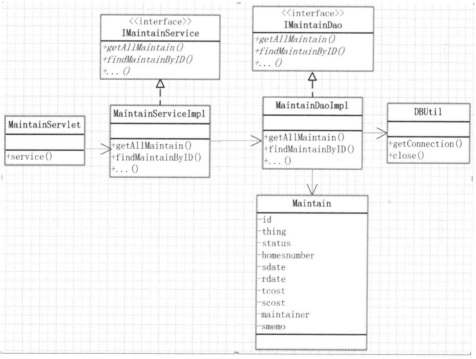

图 13-4　故障报修代码类图

13.7　物业管理系统后台的工具类

13.7.1　数据库连接工具

```
    package com.MVCTest.utils;
    import java.io.IOException;
```

```java
import java.io.InputStream;
import java.sql.Connection;
import java.sql.DriverManager;
import java.sql.ResultSet;
import java.sql.SQLException;
import java.sql.Statement;
import java.util.Properties;

public class DBUtil {
private static String username;
private static String password;
private static String url;
private static String driver;

static{
    Properties prop = new Properties();
    InputStream is = DBUtil.class.getClassLoader().getResourceAsStream("database.properties");
    try {
        prop.load(is);
        if(prop != null){
            username = prop.getProperty("username");
            password = prop.getProperty("password");
            url = prop.getProperty("url");
            driver = prop.getProperty("driver");
            Class.forName(driver);
        }
    } catch (Exception e) {
        e.printStackTrace();
    }
}

public static Connection getConnection(){
    Connection conn = null;
    try {
        conn = DriverManager.getConnection(url, username, password);
    } catch (SQLException e) {
        e.printStackTrace();
    }
    return conn;
}

public static void close(Connection conn){
    if(conn != null){
        try {
            conn.close();
        } catch (SQLException e) {
            e.printStackTrace();
        }
    }
}

public static void close(Statement stmt){
    if(stmt != null){
```

```java
            try {
                stmt.close();
            } catch (SQLException e) {
                e.printStackTrace();
            }
        }
    }

    public static void close(ResultSet rs){
        if(rs != null){
            try {
                rs.close();
            } catch (SQLException e) {
                e.printStackTrace();
            }
        }
    }
}
```

13.7.2 加密工具

```java
public class MD5Util {

    public static String encode(String orgStr){
        MessageDigest md = null;
        try {
            md = MessageDigest.getInstance("MD5");
        } catch (NoSuchAlgorithmException e) {
            e.printStackTrace();
        }
        byte[] dest = md.digest(orgStr.getBytes());
        BASE64Encoder base = new BASE64Encoder();
        return base.encode(dest);
    }

}
```

13.8 配置文件

后台配置文件 web.xml：

```xml
<?xml version="1.0" encoding="UTF-8"?>
<web-app xmlns:xsi="http://www.w3.org/2001/XMLSchema-instance"
    xmlns="http://java.sun.com/xml/ns/javaee"
    xmlns:web="http://java.sun.com/xml/ns/javaee/web-app_2_5.xsd"
    xsi:schemaLocation="http://java.sun.com/xml/ns/javaee http://java.sun.com/xml/ns/javaee/web-app_2_5.xsd"
    id="WebApp_ID" version="2.5">
    <display-name>MVCTest</display-name>
    <welcome-file-list>
        <welcome-file>index.jsp</welcome-file>
```

```xml
</welcome-file-list>
<servlet>
    <servlet-name>userServlet</servlet-name>
    <servlet-class>com.MVCTest.controller.UserServlet</servlet-class>
</servlet>
<servlet-mapping>
    <servlet-name>userServlet</servlet-name>
    <url-pattern>/user</url-pattern>
</servlet-mapping>
<servlet>
    <servlet-name>adminServlet</servlet-name>
    <servlet-class>com.MVCTest.controller.AdminServlet</servlet-class>
</servlet>
<servlet-mapping>
    <servlet-name>adminServlet</servlet-name>
    <url-pattern>/admin</url-pattern>
</servlet-mapping>

<servlet>
    <servlet-name>maintainServlet</servlet-name>
    <servlet-class>com.MVCTest.controller.MaintainServlet</servlet-class>
</servlet>
<servlet-mapping>
    <servlet-name>maintainServlet</servlet-name>
    <url-pattern>/main</url-pattern>
</servlet-mapping>

<servlet>
    <servlet-name>inspectionServlet</servlet-name>
    <servlet-class>com.MVCTest.controller.InspectionServlet</servlet-class>
</servlet>
<servlet-mapping>
    <servlet-name>inspectionServlet</servlet-name>
    <url-pattern>/inspection</url-pattern>
</servlet-mapping>

<servlet>
    <servlet-name>customServlet</servlet-name>
    <servlet-class>com.MVCTest.controller.CustomAccountServlet</servlet-class>
</servlet>
<servlet-mapping>
    <servlet-name>customServlet</servlet-name>
    <url-pattern>/custom</url-pattern>
</servlet-mapping>

<servlet>
    <servlet-name>NoticeServlet</servlet-name>
    <servlet-class>com.MVCTest.controller.NoticeServlet</servlet-class>
</servlet>
<servlet-mapping>
    <servlet-name>NoticeServlet</servlet-name>
    <url-pattern>/notice</url-pattern>
</servlet-mapping>
<servlet>
```

```xml
        <servlet-name>houseServlet</servlet-name>
        <servlet-class>com.MVCTest.controller.HouseServlet</servlet-class>
    </servlet>
    <servlet-mapping>
        <servlet-name>houseServlet</servlet-name>
        <url-pattern>/house</url-pattern>
    </servlet-mapping>
</web-app>
```

13.9　本章小结

本章从具体的编码层面解读和分析了该物业管理系统的代码结构，代码的实现肯定不是只有一条途径，上文中给出了比较常见的实现方式。读者通过本章学习，应仔细品味其中的业务流程，争取结合本书中相关的技术要点，能仿照示例代码独立编写出可实现的代码。

参 考 文 献

[1] 梁永先，陈滢生，尹校军. Java Web 程序设计教程. 2 版. 北京：人民邮电出版社，2021.
[2] 李西明，陈立为，邵艳玲. Java Web 开发技术教程. 北京：人民邮电出版社，2021.
[3] 孙卫琴. Tomcat 与 Java Web 开发技术详解. 3 版. 北京：电子工业出版社，2021.
[4] 宋晏，谢永红. Java Web 开发实用教程. 北京：机械工业出版社，2021.
[5] 马建红，李学相，等. JSP 应用与开发技术. 3 版. 北京：清华大学出版社，2019.
[6] 传智播客高教产品研发部. Java Web 程序开发进阶. 北京：清华大学出版社，2015.
[7] 耿祥义，张跃平. JSP 实用教程. 3 版. 北京：清华大学出版社，2015.
[8] 菜鸟教程. Servlet 简介. https://www.runoob.com/servlet/servlet-intro.html.
[9] 菜鸟教程. JSP 教程. https://www.runoob.com/jsp/jsp-tutorial.html.